新编21世纪高等职业教育精品教材
电子与信息类

Python 编程基础

主　编◎李纪云　张铁头
副主编◎董俊磊　马会杰
参　编◎曾丽娟　张　艳
　　　　王俊平　孙　睿
　　　　乔　陆　杨红心
　　　　屈　威

中国人民大学出版社
· 北京 ·

前言

党的二十大报告指出："推动战略性新兴产业融合集群发展，构建新一代信息技术、人工智能、生物技术、新能源、新材料、高端装备、绿色环保等一批新的增长引擎。"该报告对科技创新的重要性给予了高度重视，强调了计算机编程在推动国家经济社会发展、提高人民生活水平等方面的重要作用。

在计算机编程领域，Python 作为一种广泛应用的高级编程语言，掌握 Python 编程技术已经成为全球范围内的热门技能。学习 Python 编程，不仅能够提高个人的创新能力和实践能力，还有助于培养具有国际竞争力的高素质人才。正是在这样的背景下，《Python 编程基础》应运而生，旨在为广大学习者提供一套系统、全面、实用的 Python 编程知识体系。

本书紧密结合党的二十大精神，高度体现了产教融合的理念。在内容设置上，本书贴近实际需求，采用层层递进的方式，把握理论够用的深度，同时注重学生能力的进阶和思维拓展的广度。每章都设置"进阶学习""扩展阅读"或"扩展案例"部分，学生可以根据自己的需求来选择学习，教师也方便根据学生特点和专业需求分层次组织教学和因材施教。

本书关注行业动态，强化实践教学，每章都设置了贴合实际并能综合应用本章知识的"案例""习题""实训"（第一章无"案例"部分），以培养更多具备实际动手能力和创新精神的计算机编程人才。

本书在案例编写过程中选取了编者多年在实际课堂中应用效果良好、学生接受度高的诸多职业素养案例，例如"三天打鱼，两天晒网""三斜求积术""一万小时定律"等，使职业素养元素自然融入教材中，润物细无声。

编者在多年课堂实际教学中发现一些内容是初学者的易错点或容易忽略的地方，在书中对此部分设置了醒目的"注意""提示"标志进行强调，帮助学生少走弯路，节约宝贵的学习时间，也请学生重视这些标志的内容，进行重点关注。

本书由李纪云、张铁头担任主编，董俊磊、马会杰担任副主编，曾丽娟、张艳、王俊平、孙睿、乔陆、杨红心、屈威参与编写。在编写过程中，我们得到了众多专家、学者和教育工作者的热情支持和无私帮助，在此，向他们表示衷心的感谢！由于时间仓促，编者水平有限，书中难免存在疏漏和不足之处，请大家批评指正。我们也期待广大读者朋友对本书提出宝贵的意见和建议，共同推动我国计算机编程教育事业的繁荣发展。

编　者

2024 年 10 月

目录

第1章 Python 基础

欢迎来到 Python 编程世界。Python 是一门计算机编程语言的名字，它是迄今为止世界上最为流行的计算机编程语言之一。编程语言的诞生和发展离不开计算机的诞生和发展，现在就让我们从了解计算机及编程的相关历史和概念开始，逐步进入奇妙的 Python 编程世界吧！

学习目标

知识目标	1. 了解计算机及编程的发展 2. 了解 Python 的起源和发展 3. 掌握 Python 的安装和运行方法 4. 理解程序设计的概念和步骤 5. 了解 Python 常用的开发环境
技能目标	1. 具有 Python 开发环境搭建的能力 2. 具有命令行交互式编程的能力 3. 具有文本式编程的能力 4. 具有使用 Python 集成开发环境的能力
素养目标	1. 具有利用网络自主学习的能力 2. 具有强烈的技术探究精神 3. 具有良好的沟通合作能力

知识导图

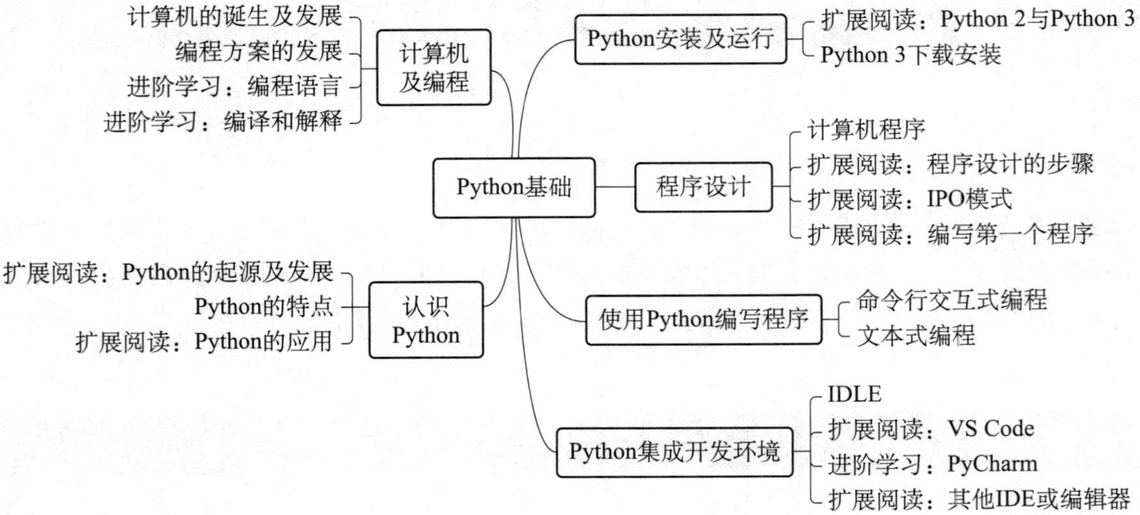

1.1 计算机及编程

1.1.1 计算机的诞生及发展

为了军事的需求，二战时期的一些发达国家开始研制高速电子计算机设备来代替人力更好更快地进行导弹的弹道数据计算等任务。其中美国宾夕法尼亚大学在 1946 年 2 月成功研制的“ENIAC”（Electronic Numerical Integrator And Computer）被认为是世界上第一台通用电子计算机，如图 1－1 所示。

图 1－1　世界上第一台通用电子计算机——ENIAC

ENIAC 作为通用的电子计算机，能够通过重新编程来解决各种计算问题。承担开发任务的人员有科学家约翰·冯·诺依曼和“莫尔小组”的工程师埃克特、莫希利、戈尔斯坦以及华人科学家朱传榘。

ENIAC 的主要元器件是电子管。电子管耗电量大且极不稳定，后来随着电子元器件的发展，计算机也由电子管时代发展到晶体管时代，然后又到集成电路及大规模集成电路时代。

1.1.2 编程方案的发展

虽然 ENIAC 可以重新编程，但是它的编程是通过重新调整布线接板来进行的，有时需要搭接几天，计算的快速度大大被这一工作抵消了。此外，这种通过搭接布线板进行编程的方案无法保存和重复使用，如果需要之前的程序，还要耗费同样时间重新搭接一遍。

1945 年，冯·诺依曼和他的研制小组在共同讨论的基础上，发表了一个全新的方案——“存储程序通用电子计算机方案”（Electronic Discrete Variable Automatic Computer，EDVAC）。在此方案中，他对计算机的许多关键性问题的解决作出了重要贡献，奠定了现代计算机的基础。

在 EDVAC 设计方案中，冯·诺依曼提出以下要点：

（1）将程序本身视为数据，以存储数据的方式，将程序预先存放到存储器中；

（2）计算机的数制采用二进制，计算机应该按照程序顺序执行。

冯·诺依曼提出的这些关于计算机的体系结构被称为冯·诺依曼体系结构，如图 1－2 所示。后来人们设计的计算机基本都沿用此体系结构，冯·诺依曼因此项贡献被称为“计算机之父”，成为计算机与计算机科学发展史上与图灵并驾齐驱的奠基人。

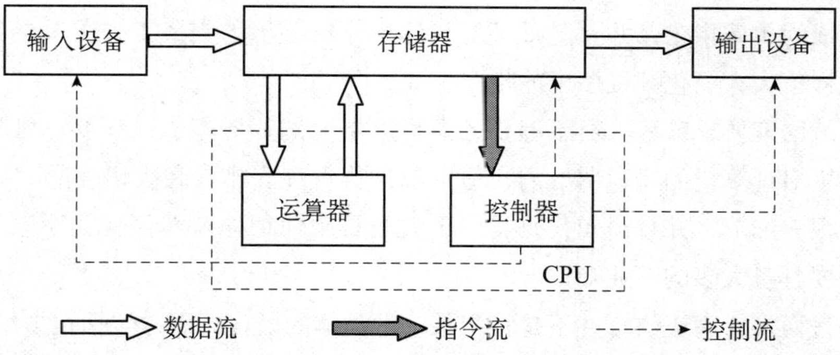

图 1－2 冯·诺依曼提出的计算机体系结构

相对于 ENIAC 初期的十进制方案，冯·诺依曼提出的计算机的数制采用二进制的方案更加适合当时非常不稳定的电子管元器件，大大提高了运行的稳定性。

相对于 ENIAC 的布线搭接方案的编程方法，冯·诺依曼提出增加存储器来存储数据，并且将程序也视为数据，可以存储到存储器中，这极大地方便了程序的编写和重复使用。编程也由原来的布线板“硬件”的搭接，改为“软件”的编写。

1.1.3 进阶学习：编程语言

在 EDVAC 设计方案中，计算机程序数据也被存储到存储器中，需要的时候可以多次执行。编写计算机的程序需要使用编程语言，通过编程语言实现人与计算机的沟通。

计算机编程语言的发展主要可以分为以下三个阶段。

1. 第一代语言：机器语言

机器语言是指一台计算机全部的指令集合。由于计算机本身是二进制，它的所有指令也是二进制。

在计算机发明之初，人和计算机沟通最直接的方法就是编写由“0”和“1”组成的指令序列，并将其交由计算机执行，这种计算机能够直接执行的语言，就是机器语言。

使用机器语言编写的程序就是直接可以执行的二进制文件。因为具有不同 CPU 的计算机的指令系统往往各不相同，所以在一台计算机上执行的程序，要想在另一台计算机上执行，必须重新编写程序，造成了重复工作。由于是针对特定型号的计算机编写的程序，故由机器语言编写的程序的运算效率是所有语言中最高的。

2. 第二代语言：汇编语言

由于机器语言实在难以记忆和使用，计算机专家们设计了一套助记符来代替晦涩难记的二进制指令，例如用“ADD”代表加法，“MOV”代表数据传递等，通过这套符号人们就可以相对容易地编写和维护程序，这种程序设计语言被称为汇编语言。

虽然符号代替二进制串减轻了编写程序的负担，但是计算机却不认识这些符号，这就需要一个专门的程序，负责将这些符号翻译成二进制数的机器语言，这种翻译程序被称为汇编程序。

汇编语言只是使用符号代替二进制指令，所以它同样十分依赖于机器硬件，虽然执行效率高，但是移植性差，编程人员需要非常了解计算机底层硬件。

3. 第三代语言：高级语言

现在我们在大多数场景中编程使用的语言都是高级语言。相对于汇编语言，高级语言不但将许多相关的机器指令合成为单条指令，并且隐藏了与具体操作有关但与完成工作无关的细节，例如使用堆栈、寄存器等，这样就大大简化了程序中的指令。

机器语言和汇编语言要求编程人员不但要考虑程序层面的业务逻辑，还要非常清楚计算机底层的硬件架构，通过人工对计算机的寄存器、内存等资源进行管理安排。高级语言的“高级”在于掩盖了计算机硬件相关的很多细节，并且语句代码类似于人类日常使用的自然语言，所以使用高级语言进行编程的人员也不需要具备太多的专业知识。

相对于汇编语言而言，高级语言并不是特指某一种具体的语言，而是包括很多编程语言，例如 Python、Java、C、C++等。

1.1.4 进阶学习：编译和解释

类似于需要使用汇编程序把汇编语言编写的源程序转换为计算机可执行的二进制指令，使用抽象层次更高的高级语言编写的程序，计算机更不认识，无法直接执行。这个时候也需要翻译转换，把高级语言编写的程序翻译成计算机（操作系统）可以识别和执行的代码。

把高级语言编写的程序源文件翻译成计算机能执行的代码（机器语言）的方案有两种，分别是编译和解释。

编译（Compile）：其过程是把整个源程序代码翻译成另外一种代码，翻译后的代码等待被执行或者被优化，编译的时机发生在运行之前，其产物是另一份代码。

解释（Interpret）：其过程是把源程序代码一行一行地读懂，然后一行一行地执行，解释的时机发生在运行时，其产物是运行结果。

编译和解释的过程中都需要一个专门的程序，分别叫做编译器（Compiler）和解释器（Interpreter）。

编译器只需要在程序员的电脑上安装，当程序员将程序进行编译后就会生成计算机可以直接执行的可执行文件（例如 Windows 操作系统下的 exe 文件），最终用户只需要获得可执行文件就可以随时运行此程序。用户无须安装和使用编译器。

解释器需要在程序员和最终用户的电脑上都安装，因为解释型语言编写的程序在每次运行时都需要解释器的解释执行。

C、C++是经典的编译型语言，Python、Java 是解释型语言。普通用户要想顺利地运行使用 Python 编写的程序，需要在电脑上先安装上 Python 解释器。

为了方便，Python 有相应的方案（例如：Pyinstaller，后续章节会专门介绍）可以把 Python 编写的程序和运行程序必需的 Python 解释器打包在一起，生成一个独立的可运行程序，这样用户的电脑不需要提前安装 Python 解释器即可直接运行 Python 程序。

1.2 认识 Python

随着人工智能和大数据的火热发展，Python 语言发展势头迅猛，越来越多的机构和个人开始使用它，它也被业界认为是最有前途的编程语言之一。Python 长期在编程语言排行榜中名列前茅。在 2024 年 8 月的 TIOBE 编程语言排行榜（TIOBE index）中，Python 在众多的程序设计语言中名列第一位，如图 1－3 所示。

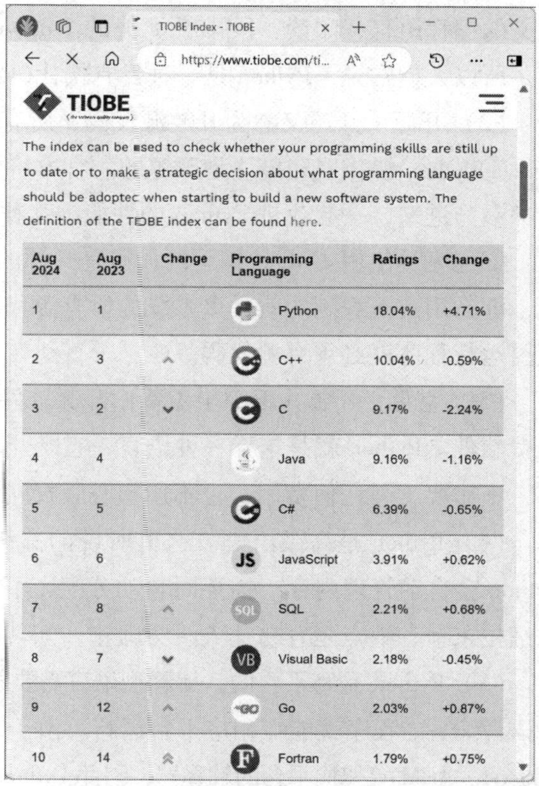

Aug 2024	Aug 2023	Change	Programming Language	Ratings	Change
1	1		Python	18.04%	+4.71%
2	3	^	C++	10.04%	-0.59%
3	2	v	C	9.17%	-2.24%
4	4		Java	9.16%	-1.16%
5	5		C#	6.39%	-0.65%
6	6		JavaScript	3.91%	+0.62%
7	8	^	SQL	2.21%	+0.68%
8	7	v	Visual Basic	2.18%	-0.45%
9	12	^	Go	2.03%	+0.87%
10	14	^^	Fortran	1.79%	+0.75%

图 1－3 TIOBE 编程语言排行榜（2024 年 8 月）

在 2024 年 8 月的 PYPL（PopularitY of Programming Language）排行榜中，Python 也稳居第一位，如图 1－4 所示。

1.2.1 扩展阅读：Python 的起源及发展

1982 年，吉多·范罗苏姆（Guido van Rossum）从阿姆斯特丹大学获得了数学和计算机硕士学位。Guido 很喜欢编程，在大学期间就接触并使用过诸如 Pascal、C、Fortran 等语言。Guido 认为这些语言都是从计算机角度来设计，并没有考虑人类思考问题的方式，主要是方便计算机运行而不是方便人类编写程序。1989 年，为了打发圣诞节无聊的时光，Guido 开始编写 Python 语言的编译器。详细内容可扫描右方二维码进行学习。

▶扩展阅读◀
Python 的起源及发展

1.2.2 Python 的特点

1. Python 的优点

（1）语法简单。和传统的 C、C++、Java、C#等语言相比，Python 语法非常自然，例如使用物理行对应逻辑语句行，这样可以省略每行结尾的行结束符；使用缩

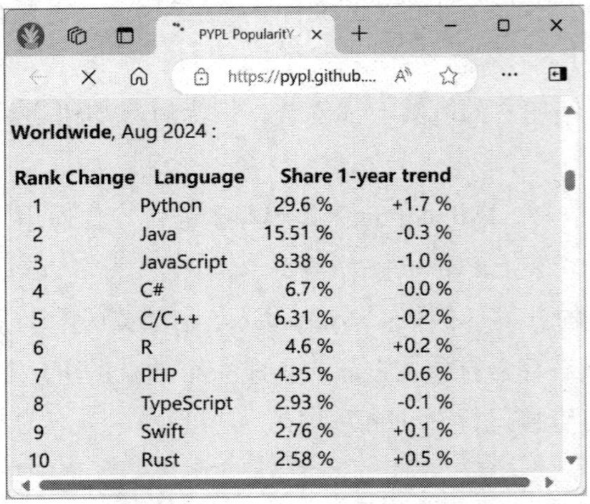

图 1-4　PopularitY of Programming Language（2024 年 8 月）

进代表逻辑层次，不再需要大括号，这样既简洁代码又强制代码的格式清晰。Python 是一种代表极简主义的编程语言，阅读一段排版优美的 Python 代码，就像阅读一个英文段落，非常贴近人类自然语言。所以人们常说，Python 是一种具有伪代码特质的编程语言。

（2）开源。开源又称为开放源代码，所有用户都可以看到源代码。Python 的开源体现在两方面：

①Python 解释器和模块是开源的。官方将 Python 解释器和模块的代码开源，是希望所有 Python 用户都参与进来，一起改进 Python 的性能，弥补 Python 的漏洞，代码被研究得越多就越健壮。

②程序员使用 Python 编写的代码是开源的。例如我们开发了一个 Web 系统放在互联网上让用户下载，那么用户下载到的就是该系统的所有源代码，并且可以随意修改。这也是解释型语言本身的特性，想要运行程序就必须有源代码。

（3）免费。开源并不等于免费，开源软件和免费软件是两个概念，只不过大多数的开源软件也是免费软件。Python 就是这样一种语言，它既开源又免费。用户使用 Python 进行开发或者发布自己的程序，不需要支付任何费用，也不用担心版权问题，即使作为商业用途，Python 也是免费的。

（4）Python 是高级语言。这里所说的高级，是指 Python 封装较深，屏蔽了很多底层细节，例如 Python 会自动管理内存（需要时自动分配，不需要时自动释放）。高级语言的优点是使用方便，不用顾虑细枝末节；缺点是容易让人浅尝辄止，知其然不知其所以然。

（5）Python 是跨平台的。解释型语言需要解释器才能运行，这样只要有不同平台的解释器，使用这个语言编写的程序就能在相应平台运行。由于 Python 官方提供了 Windows、Linux、Mac 等操作系统以及 X86/64、ARM 等架构平台的解释器，因此 Python 编写的程序可以不用修改直接在这些不同的平台上执行。

（6）Python 是面向对象的编程语言。面向对象是现代编程语言一般都具备的特性，否则在开发中大型程序时会捉襟见肘。Python 支持面向对象，但它不强制使用面向对象。Java 是典型的面向对象的编程语言，但是它强制必须以类和对象的形式来组织代码。

（7）Python 功能强大。Python 的模块众多，基本实现了所有常见的功能，从简单的字符串处理，到复杂的 3D 图形绘制，借助 Python 模块都可以轻松完成。Python 社区发展良好，除了 Python 官方提供的核心模块，很多第三方机构和个人也会参与进来开发模块。即使是一些小众的功能，Python 往往也有对应的开源模块，甚至可能不止一个模块。借助模块进行 Python 编程，使我们“站在了巨人的肩上”。

（8）Python 可扩展性强。Python 的可扩展性体现在它的模块上，Python 具有脚本语言中最丰富和强大的类库，这些类库覆盖了文件 I/O、GUI、网络编程、数据库访问、文本操作等绝大部分应用场景。这些类库的底层代码不一定都是 Python，还有很多 C、C++的身影。当需要一段关键代码运行速度更快时，就可以使用 C、C++语言实现，然后在 Python 中调用它们。因为 Python 能把其他语言“粘”在一起，所以被称为“胶水语言”。Python 依靠其良好的扩展性，在一定程度上弥补了运行效率慢的缺点。

2. Python 的缺点

（1）运行速度慢。运行速度慢是解释型语言的通病，Python 也不例外。Python 速度慢不仅仅是因为一边运行一边“翻译”源代码，还因为 Python 是高级语言，屏蔽了很多底层细节。这个代价也是很大的，Python 要多做很多工作，有些工作是很消耗资源的，例如管理内存。

但是速度慢在硬件和算力日益廉价的今天已经不算什么大问题。首先是计算机的硬件运行速度越来越快，多花钱就可以堆出高性能的硬件，硬件性能的提升可以弥补软件性能的不足。其次是有些应用场景可以容忍速度慢，例如网站，用户打开一个网页的大部分时间是在等待网络请求，而不是等待服务器执行网页程序。服务器花 1ms 执行程序和花 10 ms 执行程序，对用户来说是毫无感觉的，因为网络连接时间往往需要 100 ms 甚至 1 000 ms。

（2）代码加密困难。不像编译型语言的源代码会被编译成可执行程序，Python 是直接运行源代码，因此对源代码加密比较困难。取得 Python 开发软件的同时也直接取得了软件的源代码，不利于知识产权保护。

1.2.3 扩展阅读：Python 的应用

很多中大型互联网企业都在使用 Python，例如国内的百度、新浪、搜狐、腾讯、阿里巴巴、网易、淘宝、知乎、豆瓣、汽车之家、美团，国外的 Google、Youtube、Dropbox 等。详细内容可扫描右方二维码进行学习。

▶扩展阅读◀
Python 的应用

1.3 Python 安装及运行

Python 可以在绝大多数平台上运行，例如 Windows、Mac、Linux 等。和其他软件一样，使用 Python 开发需要在对应平台上安装 Python 运行环境。

1.3.1 扩展阅读：Python 2 与 Python 3

Python 发展至今，经历了很多版本。总的来说主要分为 Python 2. x 和 Python 3. x 两大版本。Python 3 相对于 Python 2 来说，更新改动较大，它们之间互相不兼容，采用 Python 2 版本语法编写的程序不能直接在 Python 3 环境下运行，反之亦然。详细内容可扫描右方二维码进行学习。

▶扩展阅读◀
Python 2 与
Python 3

1.3.2 Python 3 下载安装

1. 下载 Python

下载 Python 的首选方案是官方网站（https://www.python.org），如图 1-5 所示。

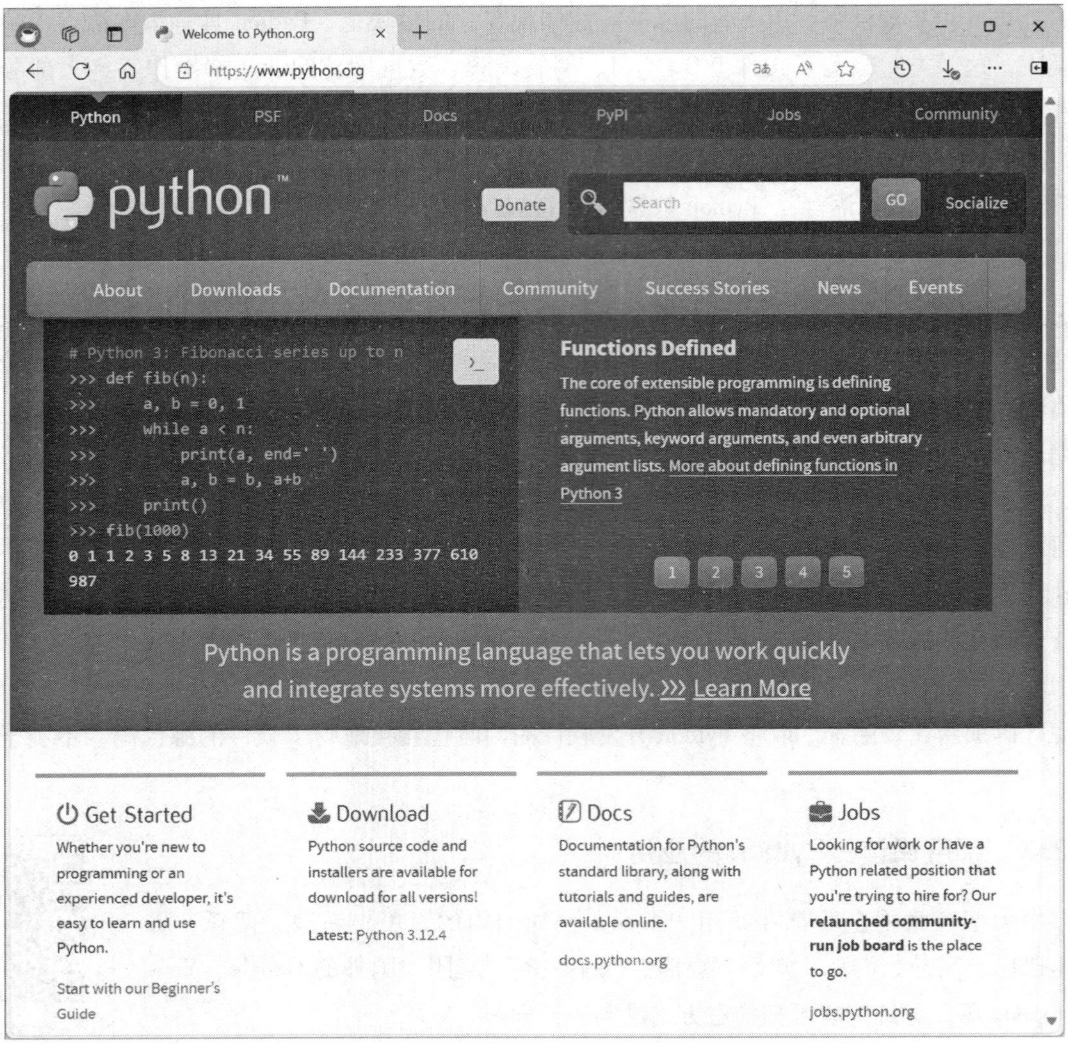

图 1-5　Python 官方网站

可以从首页直接下载 Python 的最新版本，或者进入 Download 页面，从版本列表中下载指定版本的 Python，如图 1-6 所示。

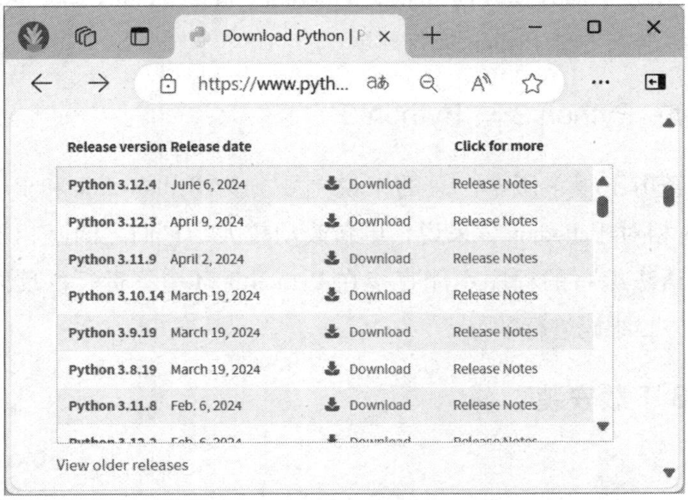

图 1-6　Python 不同版本的下载列表

注意 Python 3.9 + 版本不再支持 Windows 7 及之前版本的操作系统。Windows 7 操作系统请注意下载、使用 Python 3.8 及以下版本。

每个版本的 Python 都提供了若干种安装包（或者源码及帮助文件等），如图 1－7 所示。除非是 32 位的系统必须下载使用 32 位的安装包，64 位的 Windows 操作系统建议使用 64 位的安装包（Windows installer（64-bit））。

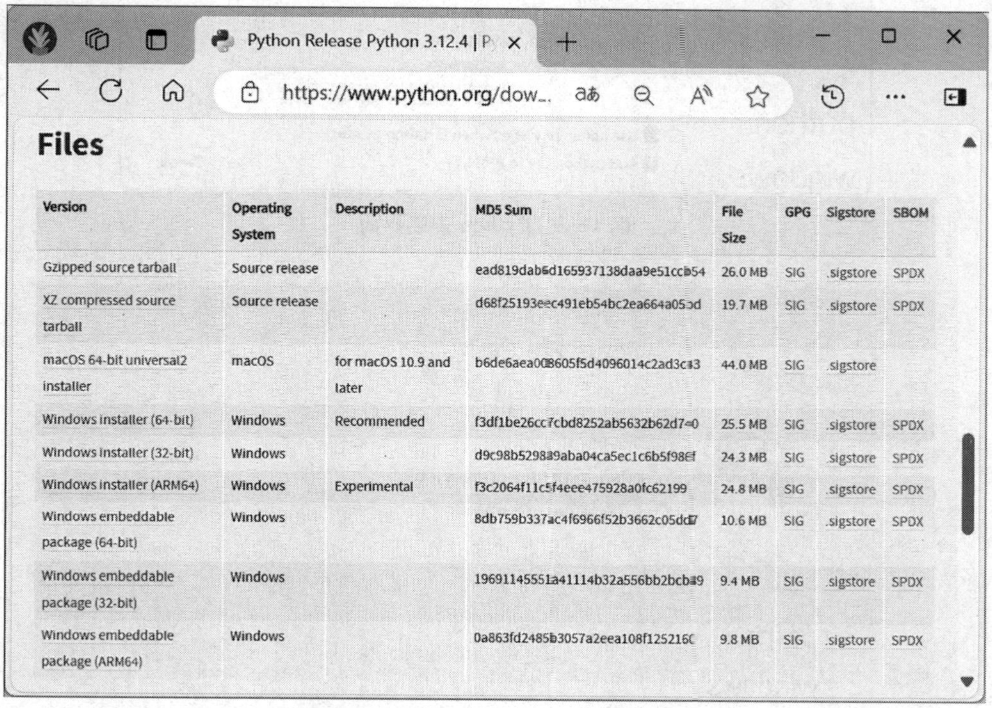

Version	Operating System	Description	MD5 Sum	File Size	GPG	Sigstore	SBOM
Gzipped source tarball	Source release		ead819dab6d165937138daa9e51ccb54	26.0 MB	SIG	.sigstore	SPDX
XZ compressed source tarball	Source release		d68f25193eec491eb54bc2ea664a05bd	19.7 MB	SIG	.sigstore	SPDX
macOS 64-bit universal2 installer	macOS	for macOS 10.9 and later	b6de6aea008605f5d4096014c2ad3c13	44.0 MB	SIG	.sigstore	
Windows installer (64-bit)	Windows	Recommended	f3df1be26cc7cbd8252ab5632b62d7c0	25.5 MB	SIG	.sigstore	SPDX
Windows installer (32-bit)	Windows		d9c98b529839aba04ca5ec1c6b5f98ef	24.3 MB	SIG	.sigstore	SPDX
Windows installer (ARM64)	Windows	Experimental	f3c2064f11c5f4eee475928a0fc62199	24.8 MB	SIG	.sigstore	SPDX
Windows embeddable package (64-bit)	Windows		8db759b337ac4f6966f52b3662c05dd7	10.6 MB	SIG	.sigstore	SPDX
Windows embeddable package (32-bit)	Windows		19691145551a41114b32a556bb2bcb39	9.4 MB	SIG	.sigstore	SPDX
Windows embeddable package (ARM64)	Windows		0a863fd2485b3057a2eea108f125216c	9.8 MB	SIG	.sigstore	SPDX

图 1－7　Python 不同平台的下载列表

2. 安装 Python

本书主要介绍基于 Windows 系统的 Python 安装。步骤如下：

（1）双击下载完成的 Python 安装文件，进入 Python 安装首界面，如图 1－8 所示。安装首界面提示有两种安装方式选项。第一个选项（Install Now）是默认安装，自动安装 Python 到默认位置，可选组件也是默认的选择。如果想安装到指定位置或自主选择安装的组件，可以使用第二个选项（Customize installation）来定制安装。

作为初学者，简单起见，我们使用默认安装。

提示 为了方便起见，建议在安装首界面勾选“Add Python. exe to PATH”复选框，让安装程序自动设置 Windows 操作系统的 PATH 环境变量，这样可以方便后续在任意路径的命令行下直接调用 Python 命令。

（2）单击“Intall Now”，进入安装过程（Setup Progress），如图 1－9 所示。

（3）安装完成后，单击“Close”按钮，关闭安装界面，如图 1－10 所示。

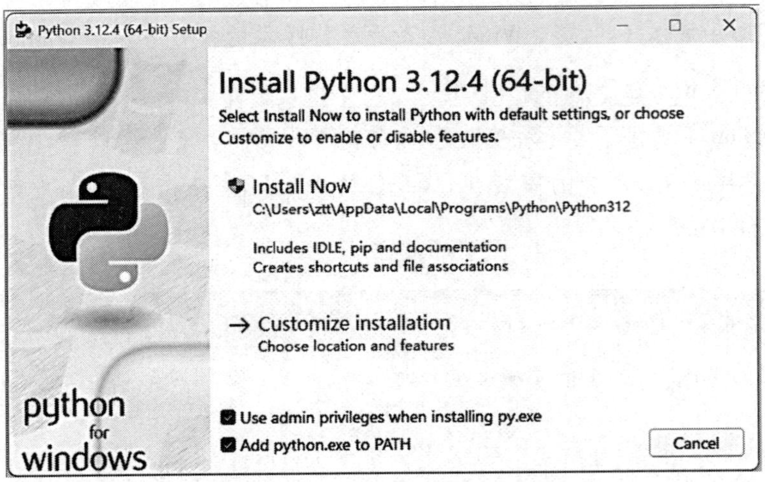

图 1－8　Python 安装界面

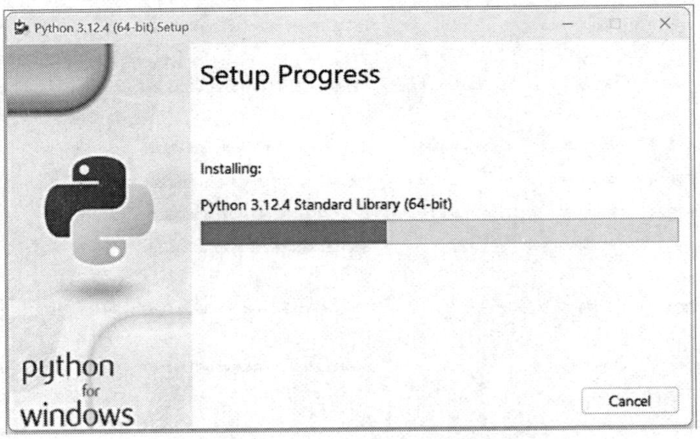

图 1－9　Python 安装过程界面

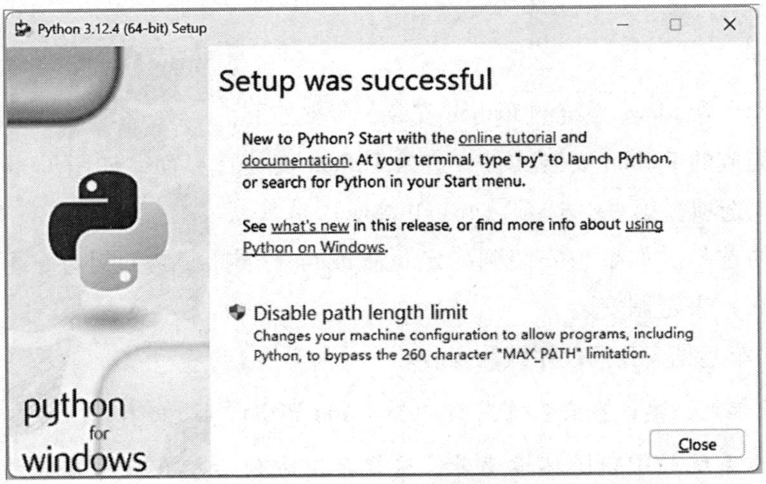

图 1－10　Python 安装成功界面

3. 运行 Python

安装成功后，在 Windows 的“开始”菜单中可以看到 Python 的菜单项，如图 1－11 所示。

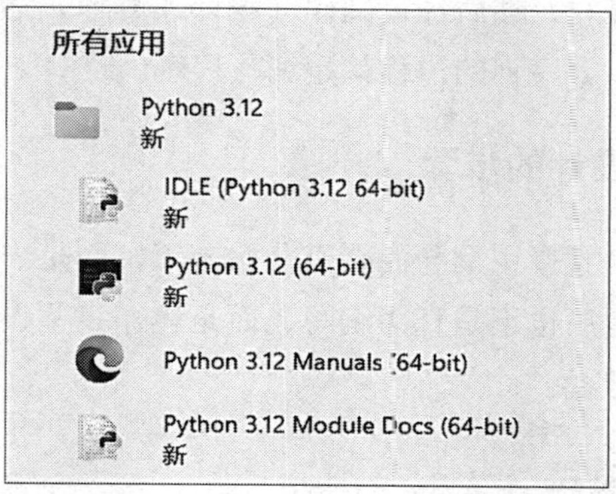

图 1-11 "开始"菜单项中的 Python

可以通过以下两种常用的方法打开 Python：

方法一：单击图 1-11Windows "开始" 菜单中的 Python 3. 12（64-bit）项，打开 Python 交互式命令行界面，如图 1-12 所示。

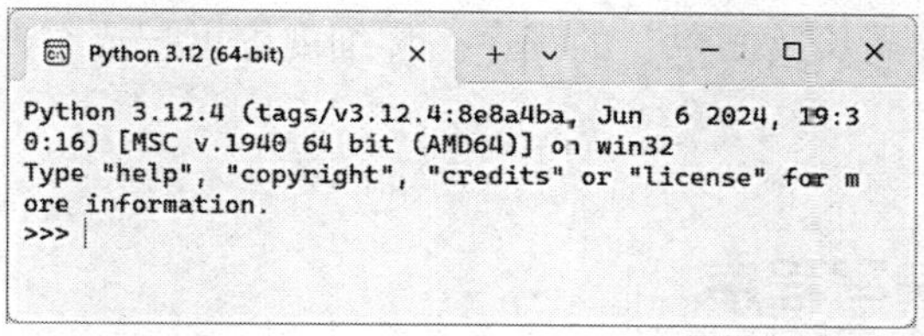

图 1-12 Python 交互式命令行界面

方法二：打开命令行窗口（cmd），输入 python（或 python. exe），然后按【Enter】键，可以看到 Python 的版本信息及三个大于号（>>>）的交互式命令提示符，说明 Python 已经安装成功，如图 1-13 所示。

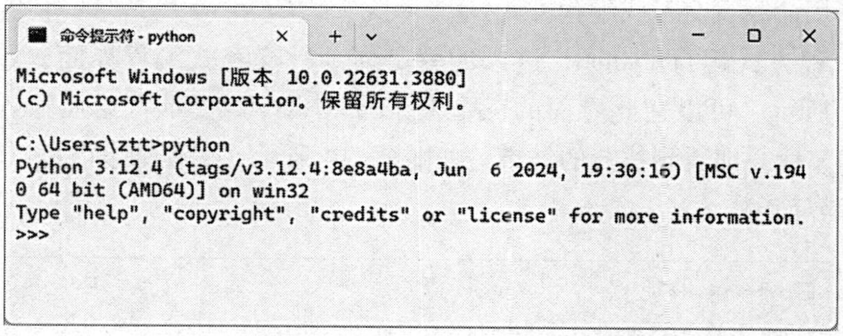

图 1-13 命令行窗口启动 Python 交互式界面

在交互式命令行界面的三个大于号（>>>）提示符后面输入"quit()"，可以退出 Python 交互式命令行界面。

1.4 程序设计

1.4.1 计算机程序

计算机程序是一组计算机能识别和执行的指令序列，运行于计算机上，满足人们某种需求的信息化工具。它以某些程序设计语言编写，然后经过翻译（编译或解释）后能被计算机执行。

程序员使用计算机语言编制指令序列的过程就是编写程序。

1.4.2 扩展阅读：程序设计的步骤

类似于建造一栋大楼，并不是直接用钢筋混凝土开始施工，而是需要根据大楼的使用需求先设计大楼的图纸。程序也不是直接编写，而是遵循一些设计步骤。详细内容可扫描右方二维码进行学习。

▶扩展阅读◀
程序设计的步骤

1.4.3 扩展阅读：IPO 模式

IPO 模式是分析设计一个程序的常用模式，把设计和实现一个程序分为 I、P、O 三个步骤（部分）。详细内容可扫描右方二维码进行学习。

▶扩展阅读◀
IPO 模式

1.4.4 扩展阅读：编写第一个程序

需求：编写一个“求圆的周长及面积”的程序。详细内容可扫描右方二维码进行学习。

▶扩展阅读◀
编写第一个程序

1.5 使用 Python 编写程序

使用 Python 编程有两种常用的方式，分别是命令行交互式编程和文本式编程。

1.5.1 命令行交互式编程

对于学习阶段为了及时看到每条语句的执行结果，或者只是为了解决比较简单任务的情况，可以采用命令行交互式编程方式。

通过上一节任一种方式运行 Python，进入的就是命令行交互式编程界面，如图 1－13 或图 1－14 所示。可以在此界面的三个大于号（>>>）提示符后面输入 Python 语句指令，回车后立即看到执行的结果，如图 1－14 所示。编程结束后可以输入 quit() 函数退出此命令行交互式编程界面。

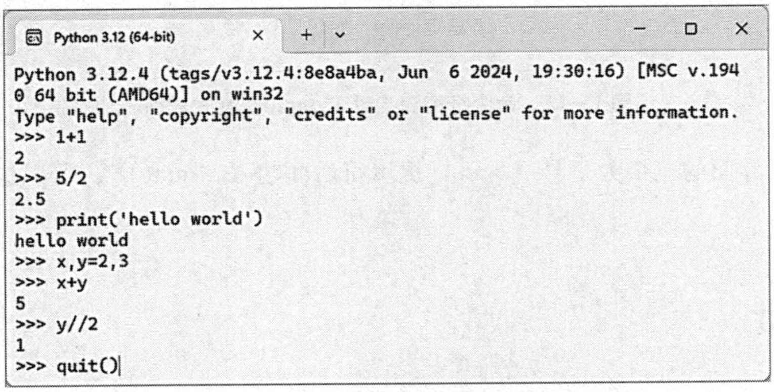

图 1－14　使用命令行交互式界面进行 Python 编程

使用命令行交互式编程的方式，在命令提示符“>>>”后面逐行输入 1.4.4 中“求圆的周长及面积”的程序代码，运行效果如图 1－15 所示。

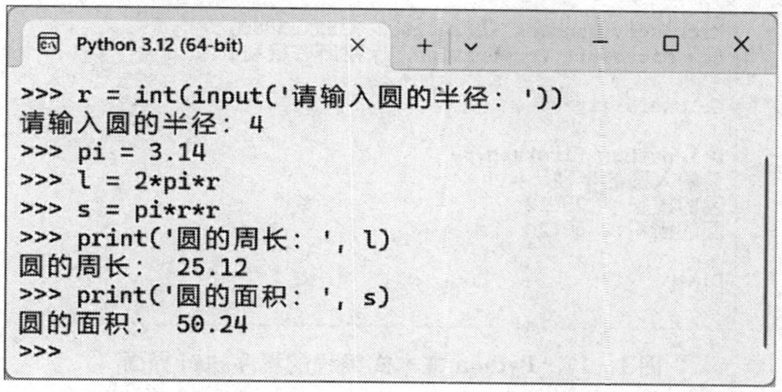

图 1－15　使用命令行交互式编程方式计算圆的周长及面积

1.5.2　文本式编程

文本式编程可以把 Python 程序存储在文本中，方便修改和重复运行。对于解决复杂任务或交付成品软件产品，需要使用文本式编程。

文本式编程是把 Python 语句指令按照语法格式的规范编写并存储在文本文件中，然后让 Python 解释器解释、执行这个文本文件，文本文件中的指令会被 Python 逐条解释并执行。下面按步骤介绍文本式编程。

（1）打开一个文本文件编辑器（例如 Windows 系统自带的记事本）。

（2）在编辑器中编写程序，一行书写一条语句，如图 1－16 所示。

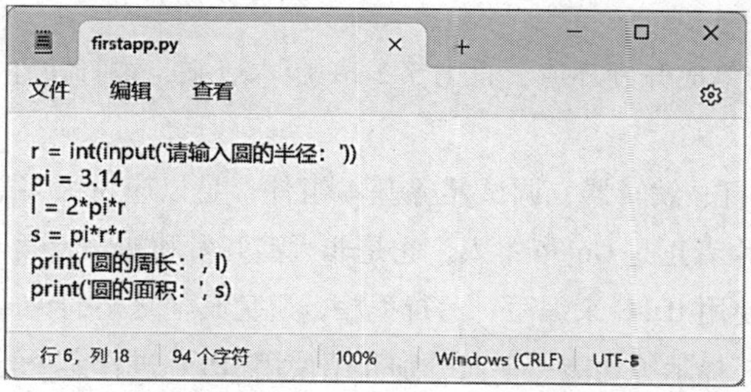

图 1－16　使用记事本编写 Python 程序

（3）编写完成后，以“firstapp. py”为文件名，关闭并保存此文件到 D 盘根目录。

（4）启动 Windows 命令行界面（cmd），输入“D:”后回车，切换当前工作目录为“firstapp. py”文件所在的路径。

（5）在命令提示符“D:\>”后面，执行“python firstapp. py”命令，即可看到文本式编程的程序执行结果，如图 1－17 所示。

提示（1）虽然 Python 程序的文件名没有硬性要求，但是建议使用“. py”作为文件的扩展名，这样方便文件类型识别和编辑。（2）Python 源程序建议使用 UTF-8 编码存储（大多数专门开发 Python 程序的 IDE 默认都是 UTF-8 编码，不用特别设置）。使用 Windows 自带的记事本编写 Python 程序，注意存储时选择“UTF-8”编码，否则程序中如果使用汉字会导致运行出错。

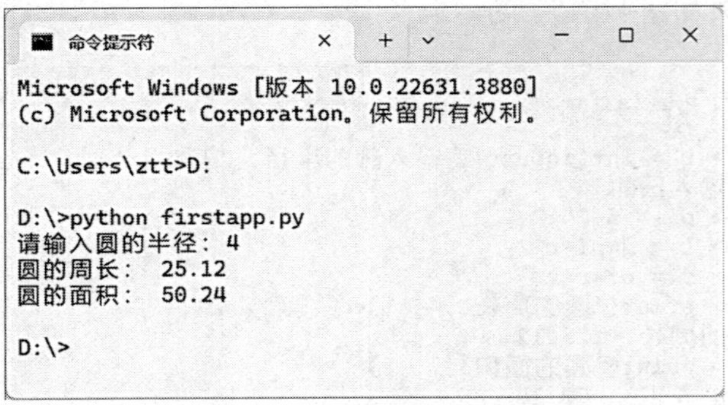

图 1-17　Python 文本式编程的程序执行界面

1.6 Python 集成开发环境

俗话说“工欲善其事，必先利其器”，虽然可以使用上一节介绍的命令行交互式编程或文本文件编辑器进行文本式编程，但是这样的开发效率较低。

Python 自带并默认安装的 IDLE（Integrated Development and Learning Environment，集成开发和学习环境）或一些第三方公司出品的 IDE（Integrated Development Environment，集成开发环境），例如 PyCharm、VS Code 等软件，集编辑、调试、运行等功能于一身，具有快捷编辑、自动缩进、语法高亮、语法提示、集成调试等功能，能帮助程序员极大地提高编程效率。

1.6.1 IDLE

IDLE 是 Python 自带的集成开发环境，自 1.5.2 b1 版本以来，被打包在 Python 安装程序中，默认自动安装。

IDLE 包括交互式命令行、编辑器、调试器等基本组件，足以应付大多数简单开发场景。IDLE 是用 Python 编写的，最初的作者正是 Guido 本人。它是非大型开发和初学者学习 Python 的最佳选择之一。

本书推荐在学习阶段使用 IDLE 来编写、运行程序，避免其他复杂的集成开发环境喧宾夺主或使自己过度依赖其强大的辅助、提示等功能。下面分别介绍使用 IDLE 进行命令行交互式编程和文本式编程的操作方法。

1. 使用 IDLE 进行命令行交互式编程

通过“开始”菜单项中 IDLE（Python 3. X 64-bit）可以启动 IDLE，此界面可以直接输入 Python 指令进行交互式编程，如图 1-18 所示。

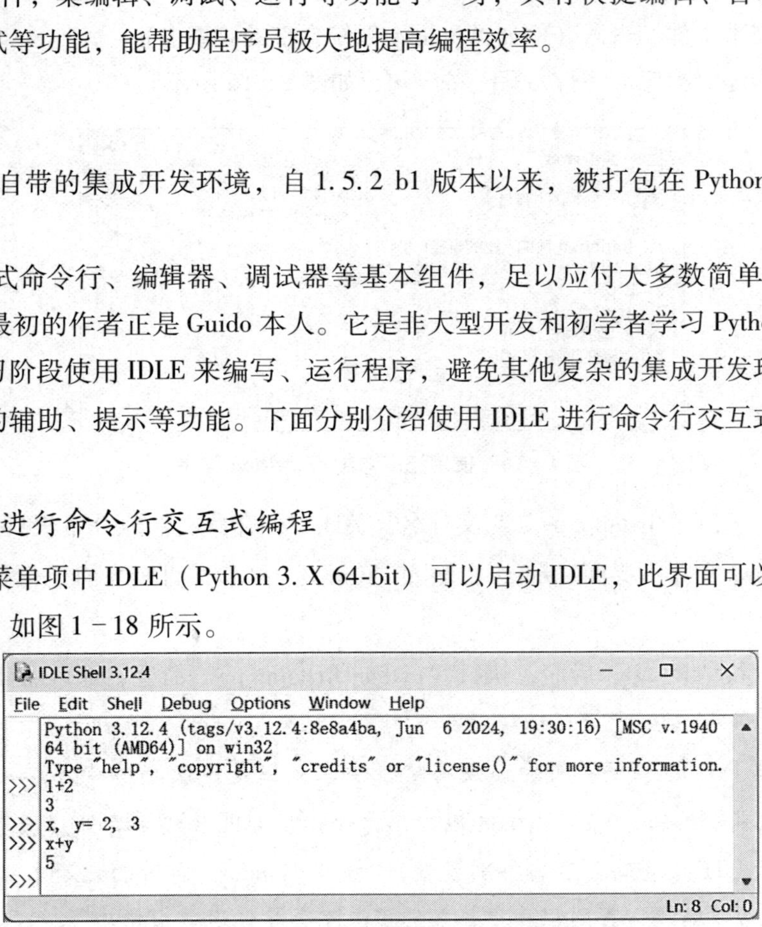

图 1-18　IDLE 命令行交互式编程界面

2. 使用 IDLE 进行文本式编程

（1）在 IDLE 主界面中依次选择“File”→“New File”菜单命令，打开源代码编辑器，输入如下代码后依次选择“File”→“Save”菜单命令或者按【Ctrl + S】快捷键将文件保存至适合的位置。

```
for i in range(5):
    print(' '*(5-i),'$'*(2*i-1),sep='')
```

（2）在此界面依次选择“Run”→“Run Module”菜单命令或者按【F5】快捷键运行程序，如图 1-19 所示。

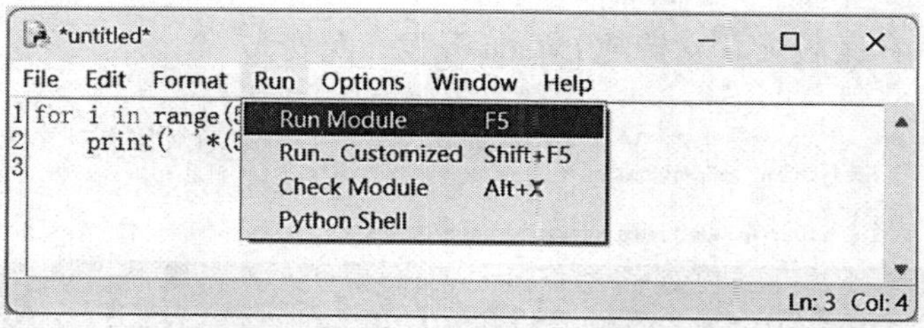

图 1-19　IDLE 文本式编程运行命令

（3）如果文件没有保存，IDLE 会提示保存文件，如图 1-20 所示。单击“确定”按钮，保存文件到合适的位置。

图 1-20　IDLE 提示保存文件

（4）在 IDLE 主界面即可查看程序运行结果，如图 1-21 所示。

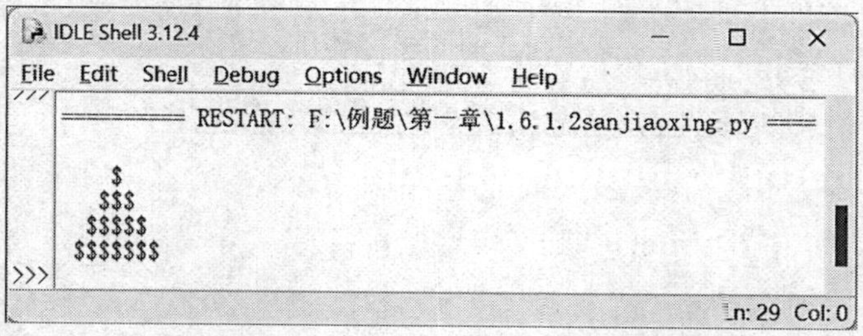

图 1-21　IDLE 文本式编程查看运行结果

1.6.2　扩展阅读：VS Code

Visual Studio Code（简称 VS Code）是 Microsoft 在 2015 年 4 月 30 日 Build 开发者大会上正式宣布一个针对编写现代 Web 和云应用的跨平台源代码编辑器，可在桌面上运行，并且可用于 Windows、MacOS 和 Linux。

详细内容可扫描右方二维码进行学习。

▶扩展阅读◀
VS Code

1.6.3 进阶学习：PyCharm

PyCharm 是由 JetBrains 打造的一款 Python IDE。PyCharm 具备一般 Python IDE 的功能，例如调试、语法高亮、项目管理、代码跳转、智能提示、自动完成、单元测试、版本控制等。另外，PyCharm 还提供了一些很好的功能用于 Django 开发，同时支持 Google App Engine、IronPython。PyCharm 得到了很多 Python 开发人员的青睐。

PyCharm 官方下载地址：https://www.jetbrains.com/，官方网站下载页面如图 1－22 所示。从此页面可以看到 PyCharm 分为“Professional”专业版（功能全面，支持科学和 Web 开发，收费，可以试用 30 天）和“Community”社区版（只支持纯 Python 开发，免费）。

图 1－22 PyCharm 官方网站下载页面

相对于 VS Code 来说，由于 PyCharm 是专门针对 Python 语言编程的编辑器，因此不需要再安装特别的插件，只要系统提前安装好 Python 环境即可使用。本书推荐同学们可以在学习和工作期间使用此编辑器，其界面如图 1－23 所示。

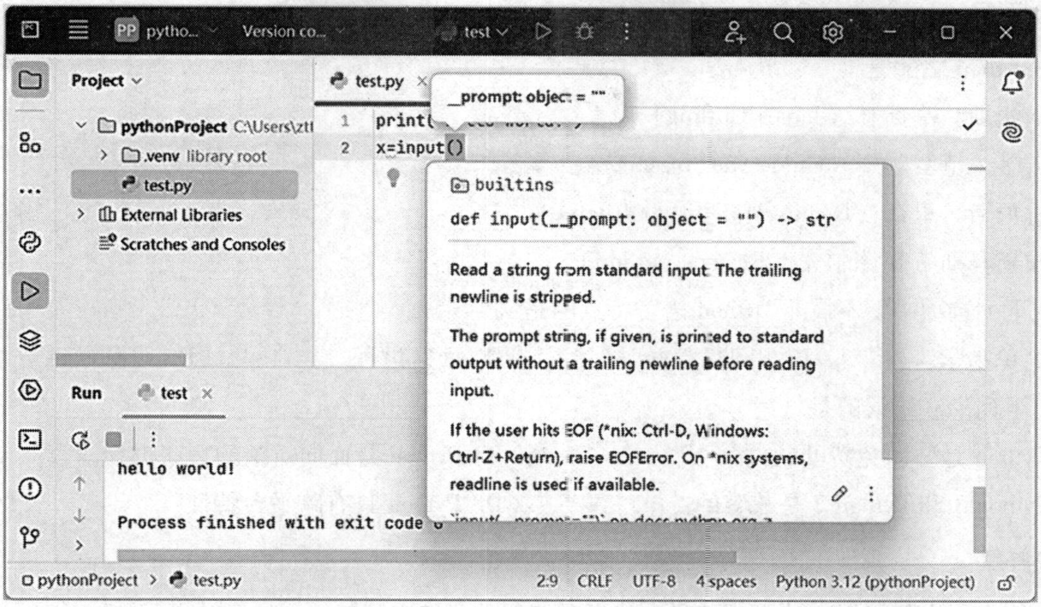

图 1－23　PyCharm 编辑器界面

1.6.4　扩展阅读：其他 IDE 或编辑器

各种 IDE 主要功能都是类似的，对于 IDE 的选择没有统一的标准，自己习惯就是最好的。本节列出一些较常用的 IDE，供参考。

详细内容可扫描右方二维码进行学习。

▶扩展阅读◀
其他 IDE 或编辑器

习题

1. 判断题

（1）Python 是解释型语言。（　　）

（2）Python 2. x 版本和 Python 3. x 版本是兼容的。（　　）

（3）Python 是商业软件。（　　）

（4）可以使用“记事本”软件编辑 Python 程序的源代码。（　　）

（5）Python 程序可以直接在计算机上运行（无论是否安装 Python）。（　　）

2. 填空题

（1）Python 源文件的默认扩展名是____________。

（2）Python 3. x 版本的默认编码是____________。

（3）退出 Python 的命令行交互式编程界面的函数是____________。

（4）Python 命令行交互式编程界面的提示符是____________。

（5）Python 诞生的时间是____________。

3. 选择题

（1）Python 之父是（　　）。

A. 詹姆斯·高斯林（James Gosling）

B. 吉多·范罗苏姆（Guido van Rossum）

C. 丹尼斯·里奇（Dennis MacAlistair Ritchie）

D. 拉斯马斯·勒德尔夫（Rasmus Lerdorf）

（2）下列选项中，不属于 Python 语言特点的是（　　）。

A. 简单易学　　B. 开源　　C. 面向过程　　D. 可移植性

（3）下列说法错误的是（　　）。

A. Python 是开源免费的软件　　B. Python 是面向对象的程序设计语言

C. Python 3 和 Python 2 是兼容的　　D. Python 具有跨平台特性

4. 简答题

（1）简述什么是编译、什么是解释，编译和解释的优缺点。

（2）简述 Python 语言的优缺点。

（3）简述什么是程序设计的 IPO 模式。

（4）简述 Python 的两种编程方式。

实训

1. 输出个人信息

编写程序，输出自己的姓名、班级、年龄，如下所示：

```
姓名:张三
班级:计应　2201
年龄:19
```

2. 输出矩形

编写程序，输出如下图所示的效果：

```
++++++++++++++
+            +
+            +
++++++++++++++
```

3. 抄写代码并观察运行结果 1

抄写下列代码并观察运行结果：

```
print('\n'.join(['\t'.join([f"{i}*{j}={i*j:2}" for j in range(1,i+1)]) for i in range(1,10)]))
```

运行结果如下：

```
IDLE Shell 3.12.4
File Edit Shell Debug Options Window Help
.
>>> print('\n'.join(['\t'.join([f"{i}*{j}={i*j:2}" for j in range(1,i+1)])
for i in range(1,10)]))
1*1= 1
2*1= 2  2*2= 4
3*1= 3  3*2= 6  3*3= 9
4*1= 4  4*2= 8  4*3=12  4*4=16
5*1= 5  5*2=10  5*3=15  5*4=20  5*5=25
6*1= 6  6*2=12  6*3=18  6*4=24  6*5=30  6*6=36
7*1= 7  7*2=14  7*3=21  7*4=28  7*5=35  7*6=42  7*7=49
8*1= 8  8*2=16  8*3=24  8*4=32  8*5=40  8*6=48  8*7=56  8*8=64
9*1= 9  9*2=18  9*3=27  9*4=36  9*5=45  9*6=54  9*7=63  9*8=72  9*9=81
>>>
                                                        Ln: 2  Col: 72
```

4. 抄写代码并观察运行结果 2

抄写下列代码并观察运行结果（推断此程序的功能）：

```
lb = [ ]
n = 0
for x in range(100, 999):
    s = str(x)
    if s[0] != s[-1]:
        continue
    lb.append(x)
    n += 1
    if n == 30: break
print(lb)
```

运行结果如下：

```
IDLE Shell 3.12.4
File Edit Shell Debug Options Window Help
[101, 111, 121, 131, 141, 151, 161, 171, 1
81, 191, 202, 212, 222, 232, 242, 252, 262
, 272, 282, 292, 303, 313, 323, 333, 343,
353, 363, 373, 383, 393]
>>>
                                  Ln: 16  Col: 0
```

5. 抄写代码并观察运行结果 3

抄写下列代码并观察运行结果：

```
from turtle import *
color('red', 'yellow')
begin_fill()
while True:
    forward(200)
```

```
        left(170)
        if abs(pos()) < 1:
            break
end_fill()
done()
```

运行结果如下：

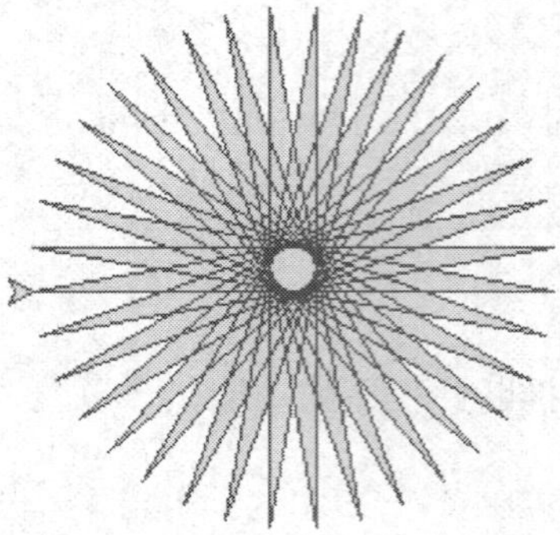

第2章 Python基本语法

要想掌握一门编程语言，首先需要了解该语言的基本语法和语义规范。Python 语法结合了 C 语言、Shell 脚本等的优点，简单、易学，又有自己的特色。本章主要讲解 Python 语言的基本语法，包括基本语法元素、变量和数据类型、运算符等内容。

学习目标

知识目标	1. 掌握 Python 的基本语法元素 2. 理解变量和数据类型的概念 3. 掌握标识符的命名规则 4. 理解数据类型及其相互转换 5. 掌握运算符及其功能
技能目标	1. 具有编写正确语法程序的能力 2. 具有选择正确的类型和名称定义变量的能力 3. 具有选择合适的运算符完成正确运算的能力
素养目标	1. 具有解决问题的能力 2. 具有强烈的技术探究精神 3. 具有良好的沟通合作能力

知识导图

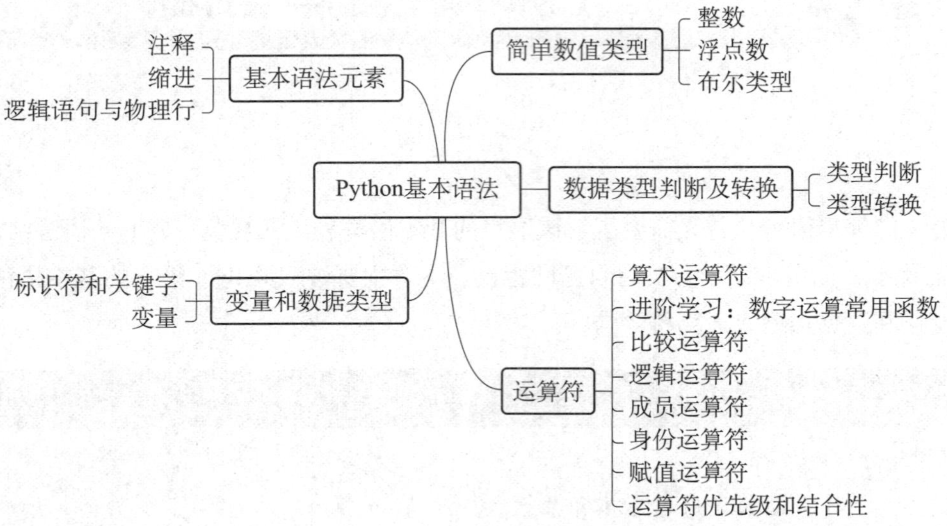

2.1 基本语法元素

语法就是语言的结构规律。类似于自然语言，只有按照正确的语法进行表达，别人才能理解。计算机语言的基本语法是编写程序的最基本的规范，只有掌握了基本语法，并按其要求编写程序，计算机才能顺利执行。

2.1.1 注释

注释（Comments）用来向用户提示或解释某些代码的作用和功能。尽管 Python 是可读性最好的语言之一，但这并不意味着代码中的注释可以省略。良好的注释可以给自己和团队留下清晰的说明，写注释是很多公司的硬性要求。Python 解释器在执行代码时会忽略注释，不做任何处理，就好像它不存在一样。

Python 的注释可以出现在代码中的任何位置，有单行注释和多行注释两种形式。

1. 单行注释

单行注释以“#”开头，其后的内容为注释。单行注释可以写在当前语句的末尾（“#”和代码之间至少空一个空格），也可以单独占一行，如图 2－1 所示。

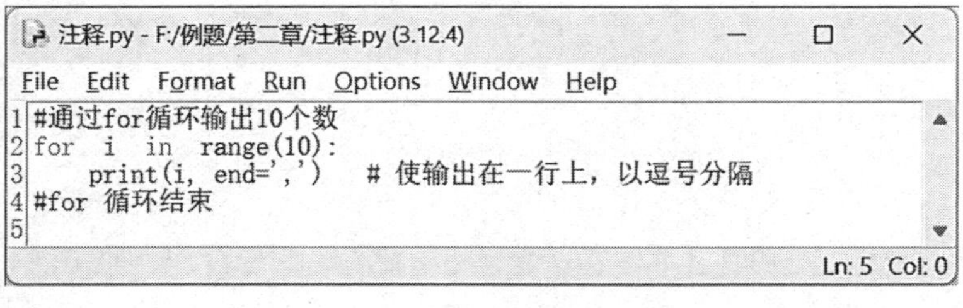

图 2－1　单行注释示例

2. 多行注释

多行注释用 3 个单引号（'''）或 3 个双引号（"""）将注释括起来，开始和结尾的 3 个引号之间可以书写多个注释，不用每行再写注释符号，如图 2-2 所示。

```
'''
下面的代码输出100以内的偶数
author: ztt
date: 2024-8-26
version: v1
'''
for  i  in range(100):
    if  i%2 == 0:
        print(i)
```

图 2-2　多行注释示例

2.1.2　缩进

Python 最具特色的语法特点就是以缩进的方式来标识代码块，不再需要其他语言常用的“{}”，这样代码看起来更优美、简洁，也从语法层面保证了代码格式的整齐、规范。

从语法层面，缩进既可以使用空格也可以使用【Tab】键，缩进的多少也没有硬性规定，只要保证同一级别缩进相同就行，否则将会报告语法错误。

注意　虽然语法没有对缩进符号和缩进量进行硬性规定，但是 PEP8（PEP：Python Enhancement Proposal（Python 增强建议书），8 代表 Python 代码的样式指南）规范的缩进量是 4 个空格。

Python 使用冒号“：”结尾来标识代码块的开始，代码块的正确缩进如图 2-3 所示。运行结果如图 2-4 所示。

```
print('--------正确缩进--------')
if 5>3:
    print('结果：')
    print('true')
else:
    print('结果：')
    print('false')
```

图 2-3　正确缩进示例程序

```
=============== RESTART: F:/例题/第二章/正确缩进.py ======
--------正确缩进--------
结果：
true
>>>
```

图 2-4　正确缩进示例程序运行结果

不对应的缩进量或者混用空格和【Tab】键等都是语法错误，导致代码运行出错。错误的代码如图 2－5 所示，运行时会报告如图 2－6 所示的错误提示。

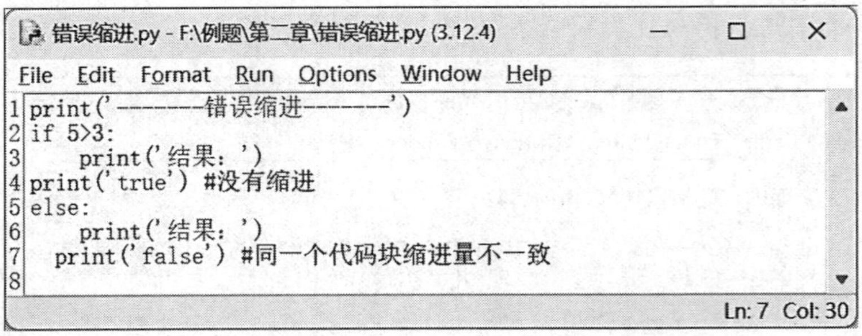

图 2－5　错误缩进示例程序

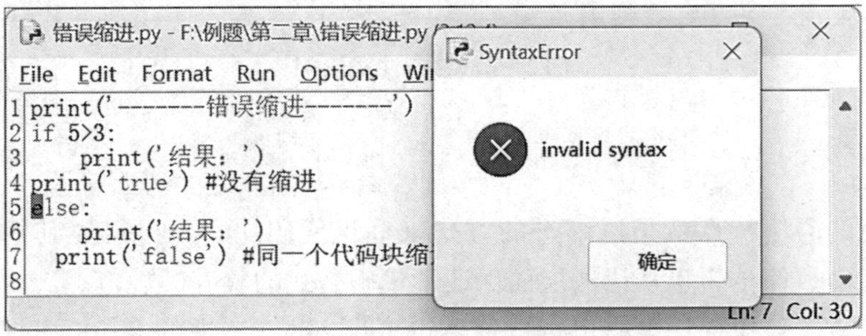

图 2－6　错误缩进示例程序运行结果

提示 不正确的缩进不一定总是语法错误，也有可能在语法层面是正确的，但在逻辑上是错误的，运行虽然成功，但是结果和预期的不同。

图 2－7 所示的程序，语法没有错误，可以运行成功，运行结果如图 2－8 所示，但是由于不正确的缩进，其逻辑是错误的。

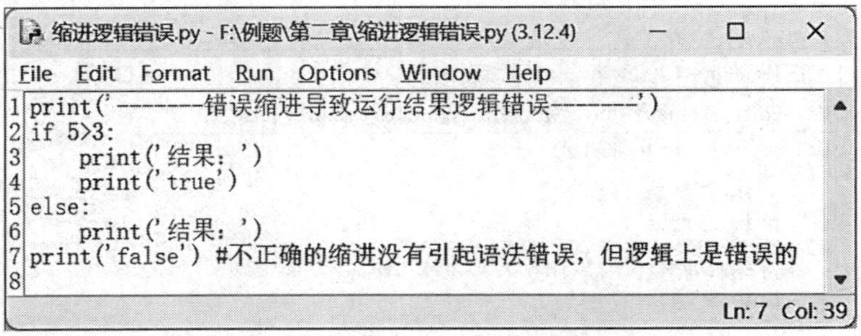

图 2－7　缩进逻辑错误示例程序

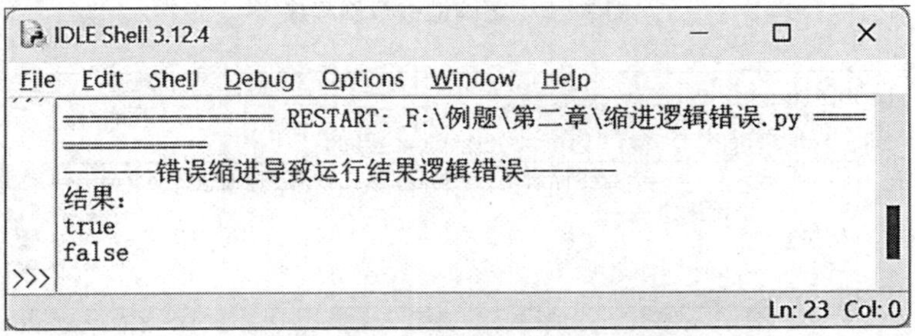

图 2－8　缩进逻辑错误示例程序运行结果

2.1.3 逻辑语句与物理行

逻辑语句是 Python 语法上的一条完整语句；物理行是在文本格式上的独立一行。一般情况下建议语句书写规则：一条语句写一行，一行只写一条语句。

1. 语句分隔符

如果因为特殊的需要，一个物理行上想写多个逻辑语句，可以使用分号“;”进行分隔，如图 2-9 所示。

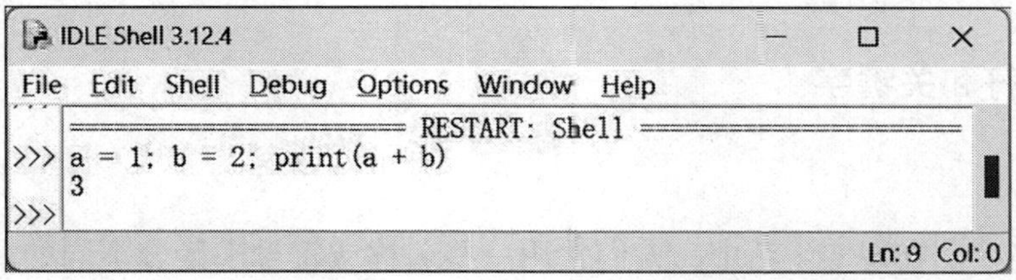

图 2-9 语句分隔符示例

使用语句分隔符分割的多条语句可视为一条复合语句，Python 允许将单独的语句或复合语句写在冒号“:”（语句块开始符号）之后，如图 2-10 所示。

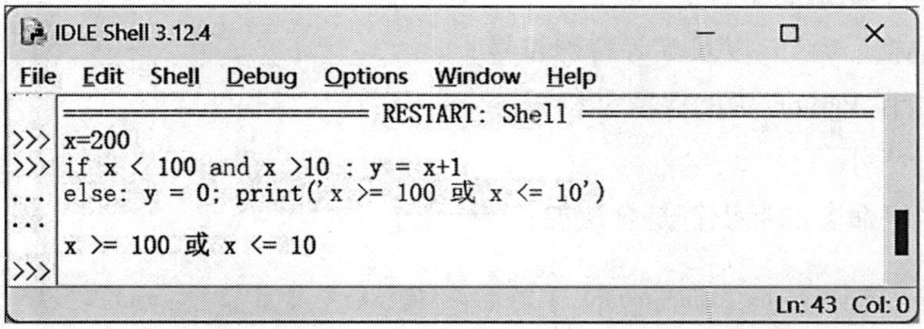

图 2-10 冒号后写语句示例

2. 续行符

如果一条语句太长，全部写在一行会显得很不美观，这时可以使用续行符（反斜杠“\”）连接多个物理行上的语句，使其在逻辑上还是一条语句，如图 2-11 所示。

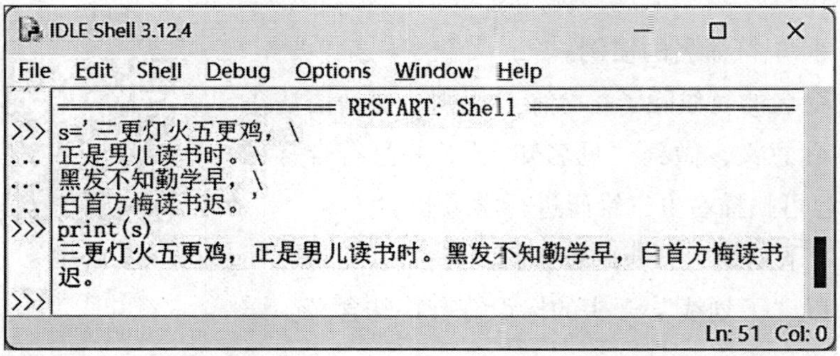

图 2-11 续行符示例

> **注意** 行末的反斜杠“\”后面不能有其他字符，包括注释。

3. 扩展阅读：不必使用续行符的情况

详细内容可扫描右方二维码进行学习。

▶扩展阅读◀
不必使用续行符
的情况

2.2 变量和数据类型

变量是可以变化的量，类似于数学上的变量或变数的概念。在 Python 程序中，变量用来存储运行过程中需要的值，运行过程中数值实际是在内存中，变量相当于内存中对应值的名字，方便引用。

2.2.1 标识符和关键字

1. 标识符

标识符类似于名字。在现实生活中，人们常用一些名称或符号来区分不同的事物。同理，程序中也需要一些符号和名称来区分不同的变量、函数、类、模块等，这些符号和名称就是标识符。

Python 中的标识符在遵守一定的命名规则前提下可以随意命名。这个命名规则是：

（1）标识符可以由字符（A ~ Z 和 a ~ z、中日韩等 unioncode 字符）、下划线和数字组成；

（2）第一个字符不能是数字；

（3）不能包含空格、@ 、% 以及 $ 等特殊符号；

（4）标识符不能和 Python 中的保留字相同；

（5）标识符区分大小写。

例如，以下面名字命名的标识符是合法的：

```
myName、name1、my_name、_print_name、name1_1、姓名、手机号码 1、地址_2、__print_2_、Try
```

以下面名字命名的标识符是不合法的：

```
my   name  #不能包含空格等特殊符号
1name  #数字不能开头
money $   #不能包含 $ 等特殊符号
try  #不能和关键字同名
```

（1）扩展阅读：标识符命名的惯例。

变量及标识符在命名的时候除了符合命名规则、保证语法正确外，还要尽量有实际意义，做到“见名知意”，并且符合常见的“约定”。详细内容可扫描右方二维码进行学习。

（2）扩展阅读：“下划线”开头的标识符。

Python 语言中，以“下划线”开头的标识符有特殊含义。详细内容可扫描右方二维码进行学习。

▶扩展阅读◀
标识符命名
的惯例

▶扩展阅读◀
“下划线”开头
的标识符

2. 关键字

在 Python 中，一些赋以特定的含义并有专门用途的标识符称为关键字（个别标识符暂时没有特殊作用，但是将来可能会被使用，须保留，被称为保留字）。关键字是 Python 语言专用的标识符，不允许程序设计人员定义和关键字相同的标识符，否则会报告语法错误。

下列代码及运行结果列出了 Python 中的所有关键字，如图 2－12 所示。

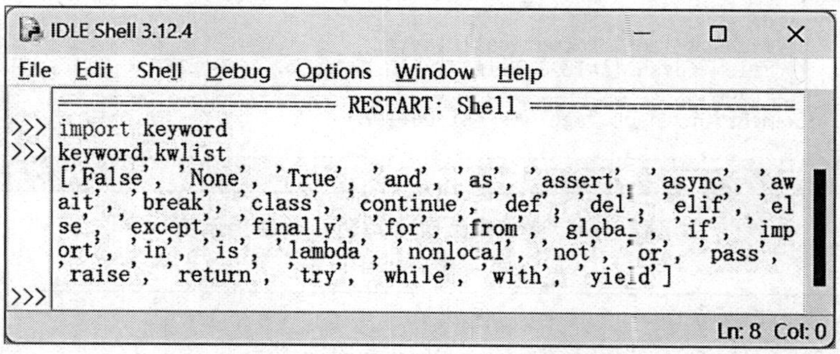

图 2－12　Python 中的关键字

提示 本书中的代码有两种情况：(1) 以“>>>”开头的代码采用的是命令行交互式编程方案，相关代码在运行时要输入 Python 或 IDLE 的交互式编程界面（“>>>”是默认提示符，不需要输入）。如果整体输入文本中进行执行，请注意细微差别（例如使用 print() 函数显示输出变量的值）。(2) 没有“>>>”开头的代码是文本式编程方案，既可以整体写在一个文本文件后再运行，也可以逐行写到命令行交互式编程界面，逐行运行。

2.2.2　变量

1. 变量命名规则

变量是标识符的一种，在命名的时候也要遵守标识符的命名规则。如果变量名字不符合标识符的命名规则，在运行的时候会报告“SyntaxError：invalid syntax”错误，如图 2－13 所示。

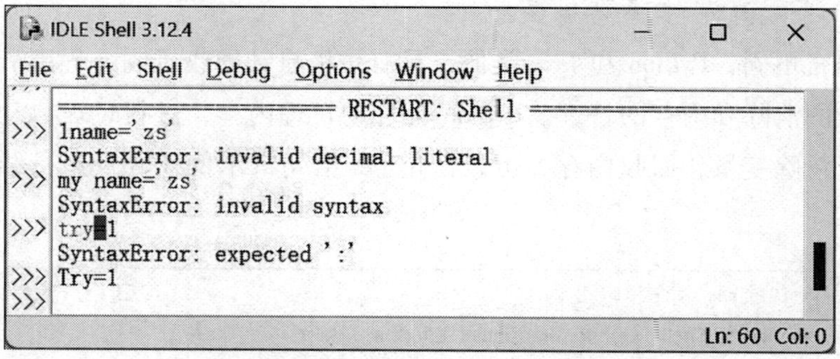

图 2－13　不合法的变量名示例

2. 变量的赋值

变量在使用前首先要赋值，和在其他语言中使用变量需要先声明再使用不同，Python 第一次对一个新的变量名字赋值就意味着声明一个新的变量，第一次赋值即声明。变量未第一次赋值就使用，会引发“NameError”，如图 2－14 所示。

Python 中的变量在赋值时不需要声明类型，第一次赋值时就会在内存中创建与其值类型对应的存储空间。每个变量在使用前都必须赋值，变量赋值以后该变量才会被创建，才会分配内存空间。Python 中的变量类型不固定，随着其值的变化而变化。图 2－15 所示的代码在交互式命令行中对变量进行赋值，并且输出其值。

```
IDLE Shell 3.12.4
File Edit Shell Debug Options Window Help
==================== RESTART: Shell ====================
>>> age
Traceback (most recent call last):
  File "<pyshell#15>", line 1, in <module>
    age
NameError: name 'age' is not defined
>>>
                                          Ln: 67  Col: 0
```

图 2-14　变量未赋值（声明）就使用示例

```
IDLE Shell 3.12.4
File Edit Shell Debug Options Window Help
==================== RESTART: Shell ====================
>>> name='张三'
>>> name
'张三'
>>> name=name+'feiyang'
>>> name
'张三feiyang'
>>> name=100
>>> name=name+200
>>> name
300
>>>
                                          Ln: 79  Col: 0
```

图 2-15　变量的赋值及输出示例

3. 扩展阅读：变量的其他赋值方式

Python 的赋值语句非常灵活，除了基本的赋值方式外，还有其他更加灵活、方便的赋值方式。详细内容可扫描右方二维码进行学习。

▶扩展阅读◀
变量的其他
赋值方式

4. 进阶学习：变量清除与垃圾自动回收

和 C、C++等语言不同，Python 和 Java 类似，具有垃圾自动回收机制，程序员一般不需要考虑变量的清除和内存的管理。Python 会自动管理内存，进行垃圾自动回收。如果需要手工清除变量，回收内存，可以使用 del 语句，示例代码及运行结果如图 2-16 所示。

```
IDLE Shell 3.12.4
File Edit Shell Debug Options Window Help
==================== RESTART: Shell ====================
>>> name
Traceback (most recent call last):
  File "<pyshell#23>", line 1, in <module>
    name
NameError: name 'name' is not defined
>>> name='zs'
>>> name
'zs'
>>> del name
>>> name
Traceback (most recent call last):
  File "<pyshell#27>", line 1, in <module>
    name
NameError: name 'name' is not defined
>>>
                                          Ln: 95  Col: 0
```

图 2-16　使用 del 语句手工清除变量示例

2.3 简单数值类型

计算机处理的数据各种各样，有数字、文本、网页、图形图像、音频、视频等。Python 在处理时会采用合适的类型来存储和运算。这些数据在处理时需要使用变量来存储和引用。Python 中的变量不需要声明类型，变量类型随着其值的类型的变化而变化。

2.3.1 整数

整数就是不带小数点，没有小数部分的数字，Python 中的整数包括正整数、0 和负整数。

有些强类型的编程语言会提供多种整数类型，每种类型的长度都不同，能容纳的整数的大小也不同，开发者要根据实际数值的大小选用不同的类型。例如 Java 语言提供了 byte、short、int、long 四种类型的整数，它们的长度依次递增，初学者在选择整数类型时往往比较迷惑，有时候还会导致数值溢出。

Python 则不同，它的整数不分类型，或者说它只有一种类型的整数。Python 整数的取值范围是无限的，不管多大或者多小的数值，Python 都能轻松处理。并且当所用数值超过计算机自身的计算能力时，Python 会自动转用高精度计算（大数计算），如图 2－17 所示。

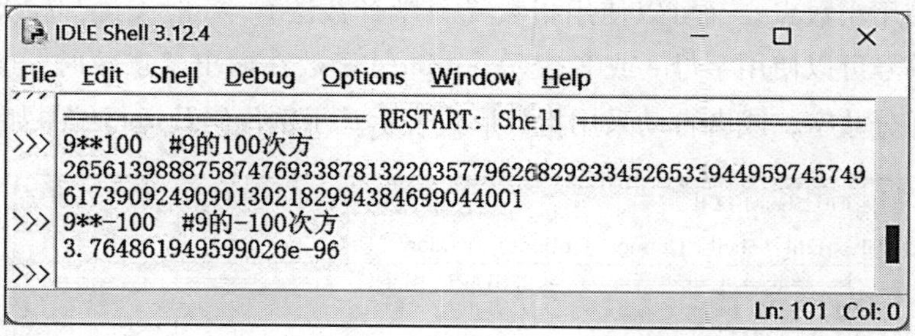

图 2－17 大数计算示例

整数可以采用不同的进制来表示，常用的进制有如下几种形式：

1. 十进制形式

我们平时常见的整数就是十进制形式，它由 0～9 共十个数字排列组合而成。注意，使用十进制形式的整数不能以 0 作为开头，除非这个数值本身就是 0。

2. 二进制形式

二进制整数由 0 和 1 两个数字组成，书写时以“0b”或“0B”开头。例如，110 对应的十进制数是 6。

3. 八进制形式

八进制整数由 0～7 共八个数字组成，以“0o”或“0O”开头。注意，第一个符号是数字 0，第二个符号是大写或小写的字母“O”。

4. 十六进制形式

十六进制整数由 0～9 十个数字以及 A～F（或 a～f）六个字母组成，书写时以“0x”或“0X”

开头。

不同进制形式整数的表示和输出如图 2－18 所示。

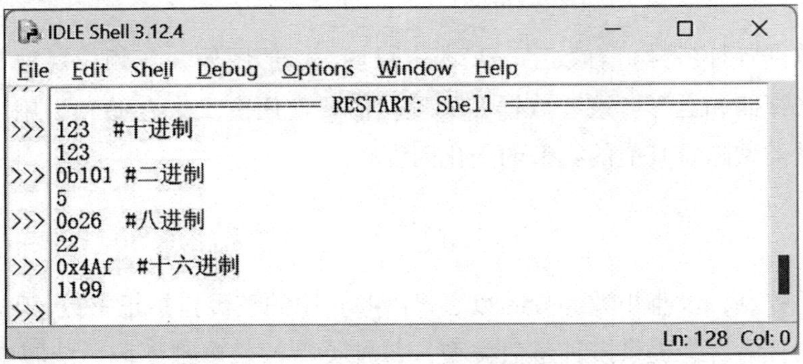

```
IDLE Shell 3.12.4
File Edit Shell Debug Options Window Help
==================== RESTART: Shell ====================
>>> 123  #十进制
123
>>> 0b101 #二进制
5
>>> 0o26  #八进制
22
>>> 0x4Af  #十六进制
1199
>>>
Ln: 128 Col: 0
```

图 2－18　整数的不同进制示例

2.3.2　浮点数

浮点数是数值在内存中的一种存储格式，常用来表示实数。相对于在表示时，小数点不动的定点数，如果在存储过程中小数点的位置可以发生移动，这样的数字被称为浮点数。在编程语言中，小数通常以浮点数形式存储，这是在“数值范围”和“数值精度”两项重要指标之间追求平衡的结果。浮点数的表示既可以使用小数点，又可以使用指数（科学计数法）。一般来说，较大或较小的浮点数使用指数形式。指数符号可以使用字母 e 或 E 表示，print() 函数在输出浮点数时，会根据浮点数的长度和大小自动舍去一部分数字，或者自动采用指数形式表示。示例代码及运行结果如图 2－19 所示。

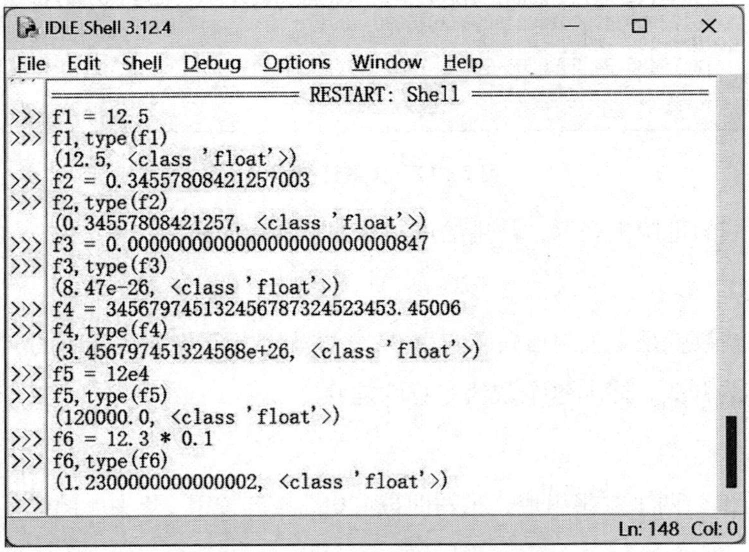

```
IDLE Shell 3.12.4
File Edit Shell Debug Options Window Help
==================== RESTART: Shell ====================
>>> f1 = 12.5
>>> f1, type(f1)
(12.5, <class 'float'>)
>>> f2 = 0.34557808421257003
>>> f2, type(f2)
(0.34557808421257, <class 'float'>)
>>> f3 = 0.0000000000000000000000000847
>>> f3, type(f3)
(8.47e-26, <class 'float'>)
>>> f4 = 345679745132456787324523453.45006
>>> f4, type(f4)
(3.456797451324568e+26, <class 'float'>)
>>> f5 = 12e4
>>> f5, type(f5)
(120000.0, <class 'float'>)
>>> f6 = 12.3 * 0.1
>>> f6, type(f6)
(1.2300000000000002, <class 'float'>)
>>>
Ln: 148 Col: 0
```

图 2－19　浮点数示例

2.3.3　布尔类型

为了表示对或错、结果的真或假等，Python 提供了布尔（bool）类型来表示。布尔类型的值只有两个：True 和 False。注意：这两个关键字首字母大写。布尔类型可以看作特殊的整数，True 对应 1，False 对应 0。示例代码及运行结果如图 2－20 所示。

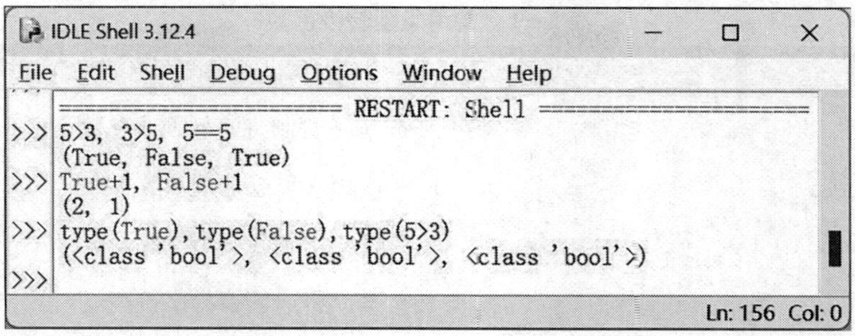

图 2-20　布尔类型示例

在 Python 中，任何对象都可以用于布尔测试或者转换成布尔值。转换成 False 的情况如下：

（1）为 0 的数字，包括 0、0.0 等；

（2）空字符串 ''、""；

（3）空值 None；

（4）空集合、元组、序列、字典；

（5）False。

除了上述情况，其他对象转换成布尔值都是 True。

2.4 数据类型判断及转换

2.4.1 类型判断

可以使用 type() 函数查看数据的类型，示例代码及运行结果如图 2-21 所示。

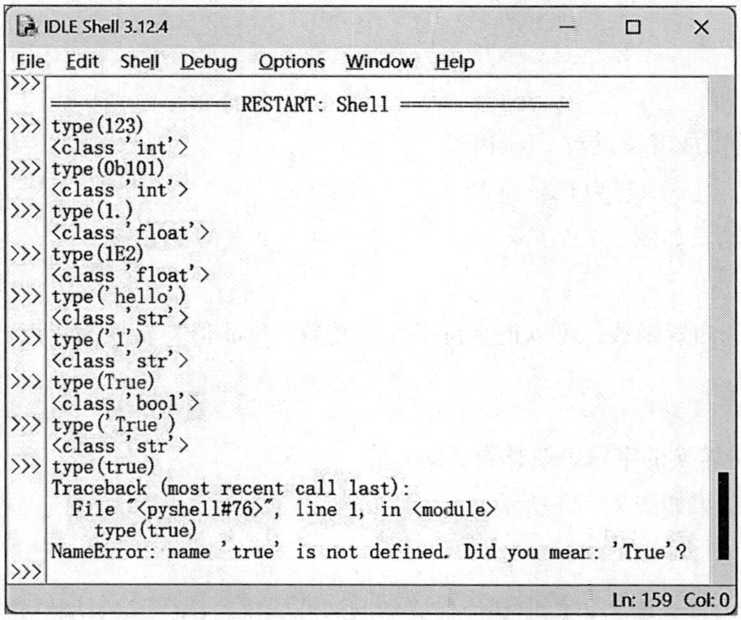

图 2-21　type() 函数示例

2.4.2 类型转换

类型相容的数据之间可以进行类型转换，常用的转换函数见表 2-1。

表 2-1 常用类型转换函数

函数	作用
int(x, [base])	按 base 进制将 x 转换成整数类型
float(x)	将 x 转换成浮点数类型
complex(real, [, imag])	创建一个复数
str(x)	将 x 转换为字符串
repr(x)	将 x 转换为表达式字符串
eval(str)	计算在字符串中的有效 Python 表达式
chr(x)	将整数 x 转换为一个字符
ord(x)	将一个字符 x 转换为它对应的整数值
hex(x)	将一个整数 x 转换为一个十六进制字符串
oct(x)	将一个整数 x 转换为一个八进制的字符串
bool(x)	将一个数值 x 转换为一个布尔类型

1. 转换为数字

由数字字符组成的字符串可以通过类型转换函数转换成对应的数字类型，但是字符串本身如果不是由数字字符组成，则无法直接转换成对应的数字类型。

（1） int() 函数。

int() 是 Python 的内置函数，可以把字符串（或浮点数、bool 值）转换为整数，其语法格式为：

```
int(x, [base] )
```

其中参数：

x：待转换的字符串或者浮点数、bool 值；

base：可选参数，把 x 理解为 base 进制。

示例代码及运行结果如图 2-22 所示。

（2） float() 函数。

float() 是 Python 的内置函数，可以把字符串（或整数、bool 值）转换为浮点数，其语法格式为：

```
float(x)
```

其中，参数 x：待转换的字符串或整数、bool 值。

示例代码及运行结果如图 2-23 所示。

2. 转换为字符串

str() 是 Python 的内置函数，可以把其他任意类型转换为字符串，其语法格式为：

```
str(object ='')
```

其中，参数 object：待转换的其他类型的数值，如果省略该参数，返回空字符串。

示例代码及运行结果如图 2-24 所示。

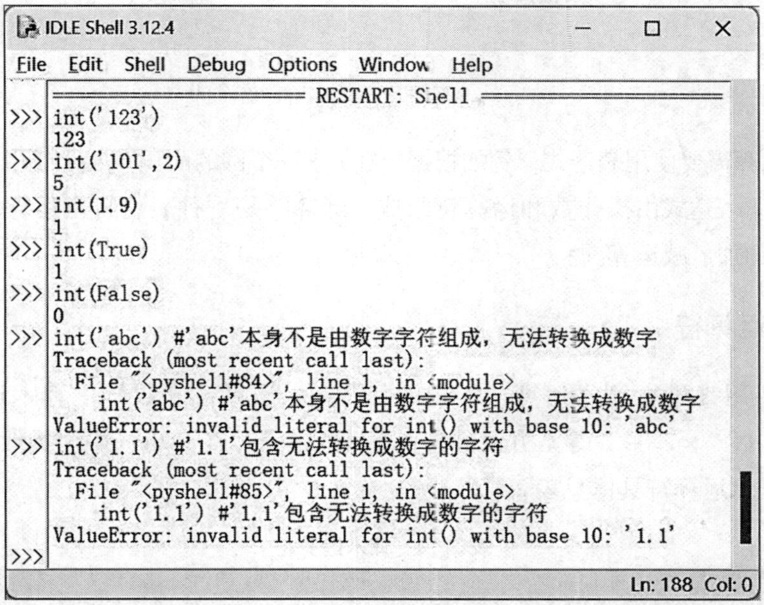

图 2-22 **int()** 函数示例

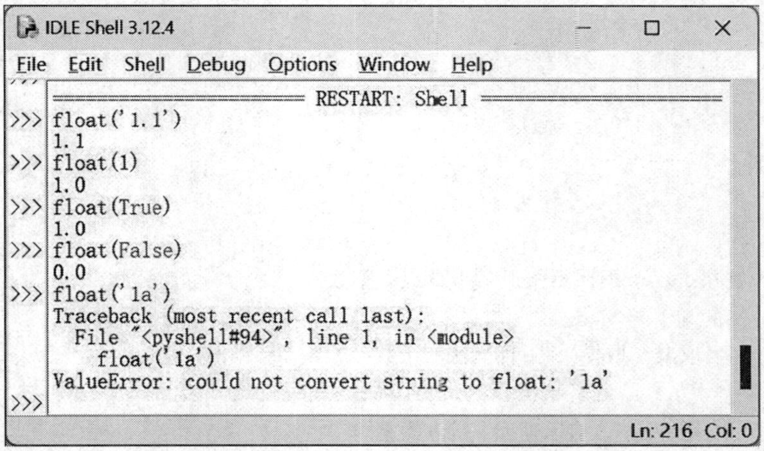

图 2-23 **float()** 函数示例

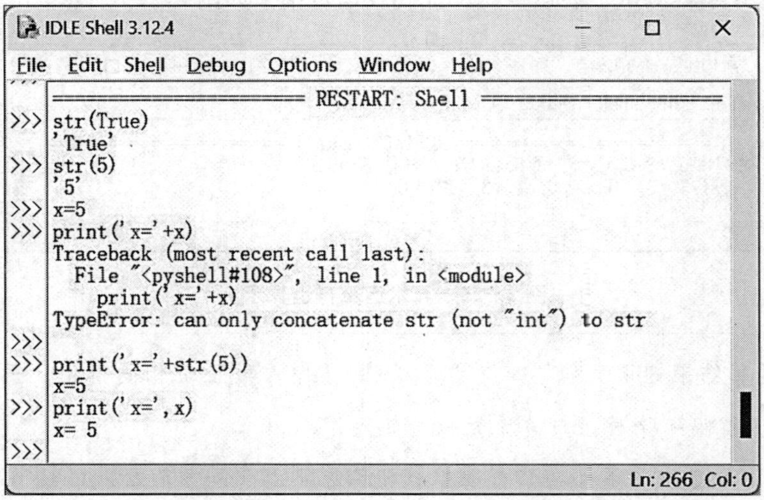

图 2-24 **str()** 函数示例

2.5 运算符

数据之间进行运算需要使用表达式，例如根据半径 r 求一个圆的面积 a，我们可以使用表达式：“$a = 3.14 * r * r$”来完成。表达式由操作数和运算符组成，运算符是一种表达特定运算的符号，例如“+”“-”符号表示数字的加、减运算。

2.5.1 算术运算符

算术运算符主要用来进行算术运算，Python 中的算术运算符和数学中算术运算符类似，例如：“+、-”等，数学中“×、÷”等不方便键盘直接输入的符号在 Python 中由类似的“*、/”等符号代替。Python 中的算术运算符具体见表 2-2。

表 2-2 算术运算符

运算符	描述	示例
+	加法	8 + 5 13
-	减法	8 - 5 3
*	乘法	8 * 5 40
/	除法	8 / 5 1.6
//	整除：a // b 返回不大于 a / b 的最大整数	8 // 5 1
%	取余（取模），返回除法的余数	8%5 3
**	幂，a ** b 表示返回 a 的 b 次幂	8 ** 5 32 768

通过命令行交互式编程测试上述运算符，代码及运行结果如图 2-25 所示。

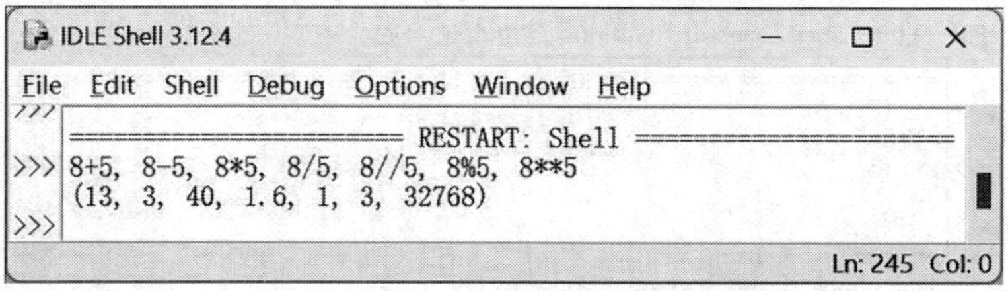

图 2-25 算术运算符运算示例

注意 “//”运算结果的正负和“*”“/”一致（操作数正负相同得正，正负不同得负），而“%”运算结果的正负跟随除数，与被除数的正负无关。

同号的整除运算，所有语言都遵循尽量让商小的原则。在异号的整数运算中，C 和 Java 等语言都是尽可能让商更大，而 Python 则是让商尽可能的小（Python 的整除运算小商原则）。示例代码及运行结果如图 2－26 所示。

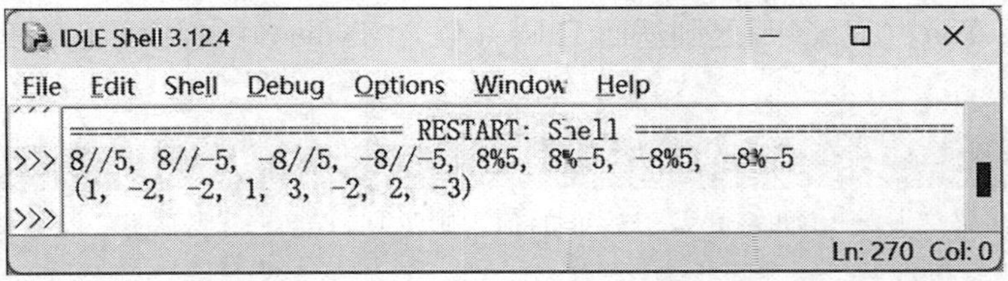

图 2－26 整除、取余运算结果正负示例

2.5.2 进阶学习：数字运算常用函数

Python 提供了一些函数进行数字运算，常用的有：

（1）abs()：求绝对值；

（2）max()：求最大值；

（3）min()：求最小值；

（4）pow()：求幂；

（5）round()：舍入；

（6）sum()：求和；

（7）math. sqrt()：开平方。

示例代码及运行结果如图 2－27 所示。

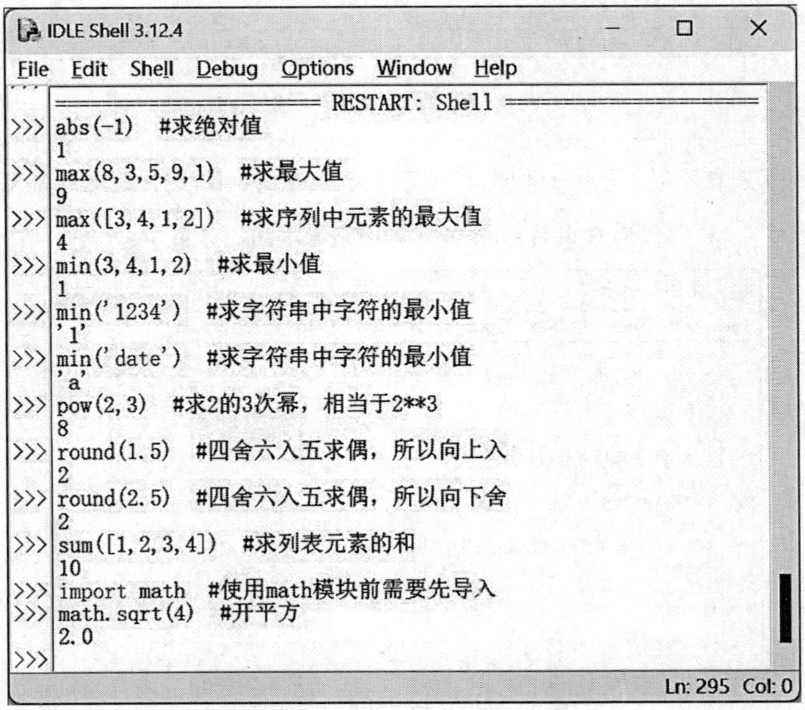

图 2－27 数字运算常用函数示例

2.5.3 比较运算符

比较运算符，也称为关系运算符，用于对常量、变量或表达式的结果进行大小比较。如果这种比较是成立的，则返回 True（真），反之则返回 False（假）。Python 中的比较运算符见表 2-3。

表 2-3 比较运算符

运算符	描述	示例
>	大于，如果“ > ”前面的值大于后面的值，则返回 True，否则返回 False	2>3 False
<	小于，如果“ < ”前面的值小于后面的值，则返回 True，否则返回 False	2<3 True
==	等于，如果“ == ”两边的值相等，则返回 True，否则返回 False。注意：两个等号要连写，中间不能有空格，下同	2==3 False
>=	大于等于（等价于数学中的 ≥），如果“ >= ”前面的值大于或者等于后面的值，则返回 True，否则返回 False	2>=3 False
<=	小于等于（等价于数学中的 ≤），如果“ <= ”前面的值小于或者等于后面的值，则返回 True，否则返回 False	2<=3 True
!=	不等于（等价于数学中的 ≠），如果“ != ”两边的值不相等，则返回 True，否则返回 False	2!=3 True

比较运算符的示例代码及运行结果如图 2-28 所示。

```
IDLE Shell 3.12.4
File Edit Shell Debug Options Window Help
================ RESTART: Shell ================
>>> 2>3, 2<=3, 2.0<=3, 1!=True, 1==True, 2==True
(False, True, True, False, True, False)
>>>
Ln: 24 Col: 0
```

图 2-28 比较运算符示例

注意 和 Java 等语言不同，Python 的比较运算符可以将连续的多个比较运算符连写，相当于省略逻辑运算符“and”。示例代码及运行结果如图 2-29 所示。

```
IDLE Shell 3.12.4
File Edit Shell Debug Options Window Help
================ RESTART: Shell ================
>>> 3>2<1   #等价于 3>2 and 2<1
False
>>> 3>2 and 2<1
False
>>> 3>2<5   #等价于 3>2 and 2<5
True
>>> 3>2 and 2<5
True
>>> 3<2<5   #等价于 3<2 and 2<5
False
>>> 3<2 and 2<5
False
>>>
Ln: 38 Col: 0
```

图 2-29 比较运算符连写示例

2.5.4 逻辑运算符

在实际编程中，我们经常要判断多个值之间的关系，例如一些单位实行朝九晚五工作制度，如果用 x 代表当前时间，则判断这些单位是否上班就需要判断“x <9 或 x >17”或者“x >9 且 x < 17”的结果。类似情况仅仅依靠比较运算符是不能完成任务的，这就需要逻辑运算符。Python 支持的逻辑运算符见表 2-4。

表 2-4 逻辑运算符

运算符	描述	示例（x = 5）
and	逻辑与运算，等价于数学中的“且”	x >9 and x <17 False
or	逻辑或运算，等价于数学中的“或”	x <9 or x >17 True
not	逻辑非运算，等价于数学中的“非”	not x <9 False

逻辑运算符的示例代码及运行结果如图 2-30 所示。

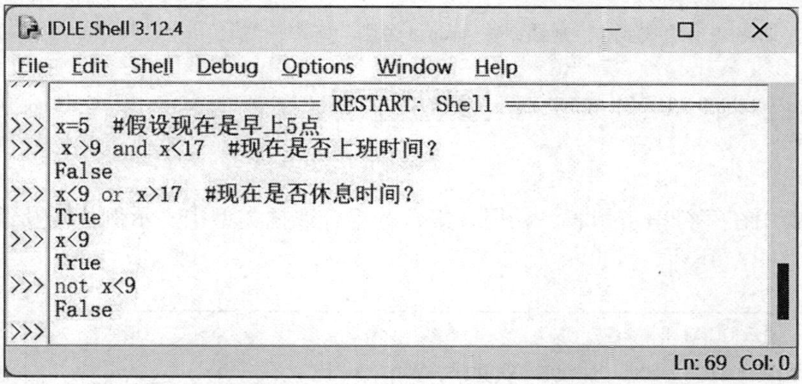

图 2-30 逻辑运算符示例

注意 Python 的逻辑运算符具有“短路”效应。所谓的短路，就是如果仅计算逻辑表达式的一部分便能确定结果，则不会对整个表达式进行计算。例如：

- “and”与运算，如果第一个操作数是 False（或者能转换成 False 的其他类型），则结果即为 False（或者第一个操作数的值），不会运算剩余的部分；
- “or”或运算，如果第一个操作数为 True（或者能转换成 True 的其他类型），则结果即为 True（或者第一个操作数的值），不会运算剩余的部分；
- 如果操作数不是 True 或 False，则按照“短路”规则，返回参与运算的第一个操作数或第二个操作数的具体值。

“短路”效应示例代码及运行结果如图 2-31 所示。

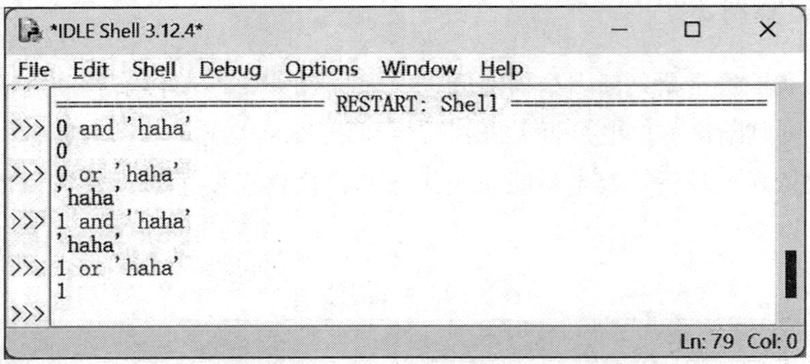

图 2-31 逻辑运算符“短路”效应示例

2.5.5 成员运算符

对于“一个字符是否在一个字符串中”“一个元素是否在一个列表中”等这些关于个体是否包含在集体中的判断，可以使用成员运算符。成员运算符见表 2-5。

表 2-5 成员运算符

运算符	描述	示例
in	x in y，如果在 y 中找到 x，则结果为 True，否则为 False	'a' in 'abcd' True
not in	x not in y，如果在 y 中找不到 x，则结果为 True，否则为 False	'e' not in 'abcd' True

成员运算符主要用在字符串、列表、元组、集合等组合数据类型中。示例代码及运行结果如图 2-32 所示。

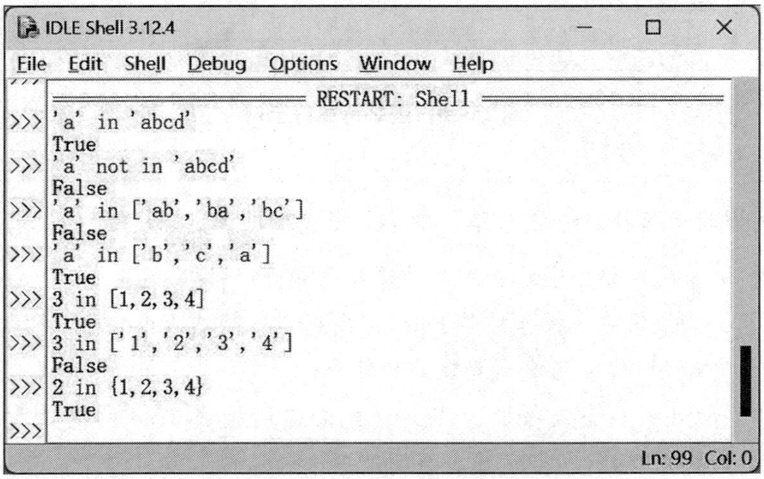

图 2-32 成员运算符示例

2.5.6 身份运算符

身份运算符用于比较两个对象的存储关系，具体见表 2-6。

表 2-6 身份运算符

运算符	描述	示例
is	两个变量是否引用一个对象，是则返回 True，否则返回 False	a = [1, 2, 3]; b = [1, 2, 3]; a is b False
is not	两个变量是否引用一个对象，是则返回 False，否则返回 True	a = [1, 2, 3]; b = [1, 2, 3]; a is not b True

身份运算符主要判断两个变量引用的是否是同一个对象（两个变量是否指向同一个地址）。如果两个变量指向不同的对象，即使两个对象的内容相同（使用“==”判断为 True），但“is”运算结果也为 False。示例代码及运行结果如图 2-33 所示。

```
IDLE Shell 3.12.4
File  Edit  Shell  Debug  Options  Window  Help
================ RESTART: Shell ================
>>> a=[1,2,3]  # [1,2,3]是一个列表对象
>>> b=[1,2,3]
>>> a==b  #a,b两个对象的值是否相等
True
>>> a is b  #a,b是否引用同一个对象
False
>>> a is not b
True
>>> c=a
>>> c==a
True
>>> c is a
True
>>>
                                   Ln: 114  Col: 0
```

图 2-33 身份运算符示例

2.5.7 赋值运算符

1. 基本赋值运算符

“=”是 Python 中最常见、最基本的赋值运算符，用来将一个变量或表达式的值赋值给另一个变量。示例代码及运行结果如图 2-34 所示。

```
IDLE Shell 3.12.4
File  Edit  Shell  Debug  Options  Window  Help
================ RESTART: Shell ================
>>> x = 1  #把字面量1赋值给变量x
>>> x
1
>>> y = x  #把变量x的值赋值给另一个变量y
>>> y
1
>>> y = x+1  #把表达式的值赋值给变量
>>> y
2
>>> z = 'hello'  #把字符串的值赋值给变量
>>> z
'hello'
>>>
                                   Ln: 128  Col: 0
```

图 2-34 基本赋值运算符示例

2. 扩展阅读：海象赋值运算符

“：=”可在表达式内部为变量赋值（Python 3.8 及以上版本支持），它被昵称为“海象赋值运算符”，因为它很像海象的眼睛和长牙。海象赋值运算符在 if 和 while 等语句中使用比较方便。详细内容可扫描右方二维码进行学习。

▶扩展阅读◀
海象赋值运算符

3. 增强赋值运算符

如果变量在重新赋值的同时，自身也参与右端的表达式运算，这时就可以使用增强赋值运算符来简化表达式的写法。算术运算符和基本赋值运算符合写组成增强赋值运算符。常用的增强赋值运算符见表 2-7。

表 2-7　增强赋值运算符

运算符	描述	示例（x=8）
+=	加等	x+=1 等价于 x=x+1 运算后 x 的值：9
-=	减等	x-=1 等价于 x=x-1 运算后 x 的值：7
*=	乘等	x*=2 等价于 x=x*2 运算后 x 的值：16
/=	除等	x/=2 等价于 x=x/2 运算后 x 的值：4
//=	整除等	x//=3 等价于 x=x//3 运算后 x 的值：2
%=	余等	x%=3 等价于 x=x%3 运算后 x 的值：2
**=	幂等	x**=2 等价于 x=x**2 运算后 x 的值：64

2.5.8　运算符优先级和结合性

1. 运算符的优先级

上面介绍了多个运算符，我们需要清楚多个运算符在一起组合而成的表达式在计算的时候谁先运算，谁后运算。和数学中的先乘除后加减一样，Python 中也有类似的规则，我们称之为运算符的优先级。

2. 运算符的结合性

多个不同的运算符组成的表达式，可以按照运算符优先级依次进行运算，如果表达式中出现多个优先级相同的运算符，先执行哪个运算符呢？这就看运算符的结合性：先执行左边的叫左结合性，先执行右边的叫右结合性。

Python 中运算符的优先级和结合性见表 2－8。

表 2－8　运算符的优先级与结合性

优先级	运算符说明	Python 运算符	结合性
19	小括号	()	
18	索引运算符	x［i］或 x［i1：i2［：i3］］	左
17	属性访问	x. attribute	左
16	乘方	**	右
15	按位取反	~	右
14	符号运算符	+（正号）、-（负号）	右
13	乘除	* 、/、//、%	左
12	加减	+、-	左
11	位移	> >、< <	左
10	按位与	&	右
9	按位异或	^	左
8	按位或	|	左
7	比较运算符	== 、!= 、>、>= 、<、<=	左
6	is 运算符	is、is not	左
5	in 运算符	in、not in	左
4	逻辑非	not	右
3	逻辑与	and	左
2	逻辑或	or	左
1	逗号运算符	exp1，exp2	左

由于小括号的优先级最高，所以可以通过使用小括号来调整运算的顺序，把优先级低的运算符括在小括号内来优先进行运算。

运算符的优先级和结合性的示例代码及运行结果如图 2－35 所示。

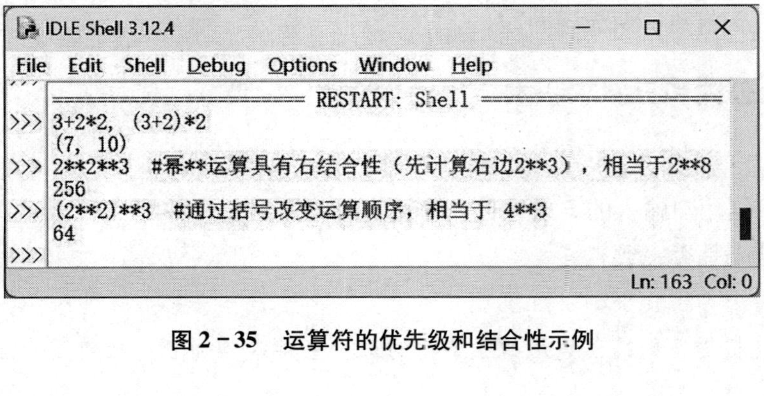

图 2－35　运算符的优先级和结合性示例

案例

案例一：“三天打鱼，两天晒网”

问题：

中国古代有一个谚语：“三天打鱼，两天晒网”。这个谚语是说一个渔民打了三天鱼之后就要休息两天用来晒网，形容一个人做事没有毅力，不能持之以恒，虽然前期有所进步，但是后面不能坚持到底，最终也会一事无成。请把这句话转换成数据模型，通过 Python 计算来验证一下结果。

分析：

我们可以建立一个数学模型：假如一个人的初始能力（或资产等）是 1.0，努力学习或工作一天能使他的能力或收益增加 0.1 倍，但是如果懈怠一天会使他的能力或收益减少 0.1 倍。

解决：

根据上面建立的数学模型，“三天打鱼”对应的 Python 表达式为：(1.0 + 0.1) ** 3；“两天晒网”对应的 Python 表达式为：(1.0 − 0.1) ** 2。

编程：

根据上面分析思路和解决步骤，编写出程序代码及运行结果如图 2 − 36 所示。

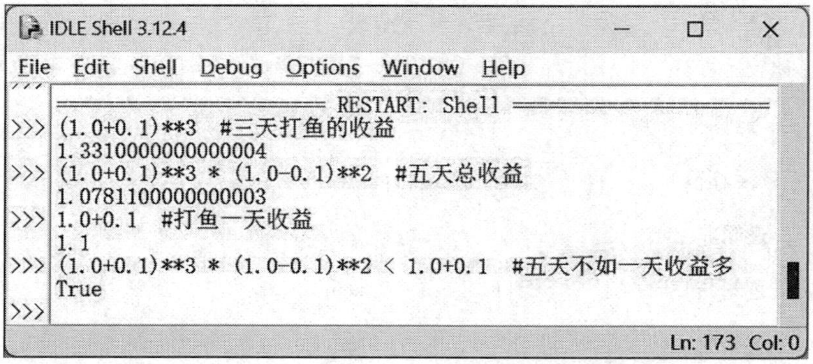

图 2 − 36 计算“三天打鱼，两天晒网”示例

从上面的计算中我们可以看到“三天打鱼，两天晒网”花了五天时间，最终的收益还没有直接工作一天高。古人在工作学习态度方面的描述类似的有：清 · 梁启超《莅山西票商欢迎会学说词》中“然鄙人以为人之处于世也，如逆水行舟，不进则退”；《增广贤文》中“学如逆水行舟，不进则退，心似平原跑马，易放难收”；成语“一曝十寒”等。我们要时刻警示自己，工作或学习要持之以恒，坚持到底，不能“三天打鱼，两天晒网”！

案例二：海伦公式和三斜求积术

问题：

请编写程序，根据用户输入的 3 条边长，分别使用“海伦公式”和“三斜求积术”计算三角形的周长和面积，观察结果是否一致。

分析：

(1) 海伦公式：根据已知的三角形的三条边的边长直接求其面积。相传这个公式最早是由古希腊数学家阿基米德得出的，但是因为这个公式最早出现在海伦的著作《测地术》中，所以被称为海伦公式。

具体的海伦公式为：假设在平面内，有一个三角形，边长分别为 a、b、c，三角形的面积 S 可由以下公式求得：

$$S=\sqrt{p\ (p-a)\ (p-b)\ (p-c)}$$

公式中的 p 为半周长（周长的一半）：

$$p=\frac{a+b+c}{2}$$

（2）三斜求积术：我国著名的数学家秦九韶在《数书九章》中独立提出了“三斜求积术”，如图 2－37 所示。虽然它与海伦公式在形式上有所不同，但它完全与海伦公式等价，填补了中国数学史中的一个空白，从中可以看出中国古代已经具有很高的数学水平。

图 2－37 秦九韶雕塑及《数书九章》中记载的“三斜求积术”

根据书中描述，三斜求积术的公式为：

$$S=\sqrt{\frac{1}{4}\left[c^2a^2-\left(\frac{c^2+a^2-b^2}{2}\right)\right]}$$

解决：

（1）使用 a、b、c 三个变量代表三角形的三个边长；

（2）使用 a = int(input("请输入边长(整数) :")) 提示并接收用户输入的边长整数值；

（3）分别使用“海伦公式”和“三斜求积术”计算面积（其中开根号可以使用 0.5 次幂或 math. sqrt() 函数）；

（4）判断两种方法计算的面积是否相等。

编程：

根据上面分析思路和解决步骤，通过文本式编程，可以编写程序代码如图 2－38 所示。

程序运行时，输入三条边长分别为 3、4、5，结果如图 2－39 所示。

```
*SanJiaoXingMianJi.py - F:\例题\第二章\SanJiaoXingMianJi.py...
File  Edit  Format  Run  Options  Window  Help
a=int(input("请输入边长a（整数）："))
b=int(input("请输入边长b（整数）："))
c=int(input("请输入边长c（整数）："))
p=(a+b+c)/2
s1=(p*(p-a)*(p-b)*(p-c))**0.5
print("海伦公式计算的面积是s1=",s1)

import math
s2=math.sqrt((c**2*a**2-((c**2+a**2-b**2)/2)**2)/4)
print("三斜求积术计算的面积是s2=",s2)
print("两种方法计算的面积是否相等：",s1==s2)
Ln: 11  Col: 30
```

图 2-38　计算三角形面积示例程序

```
IDLE Shell 3.12.4
File  Edit  Shell  Debug  Options  Window  Help
= RESTART: F:\例题\第二章\SanJiaoXingMianJi.py
请输入边长a（整数）：3
请输入边长b（整数）：4
请输入边长c（整数）：5
海伦公式计算的面积是s1= 6.0
三斜求积术计算的面积是s2= 6.0
两种方法计算的面积是否相等： True
>>>
Ln: 11  Col: 0
```

图 2-39　计算三角形面积示例程序运行结果

习题

1. 判断题

（1）Python 的单行注释符号是“//”。(　　)

（2）Python 的多行注释符号是三个引号，单引号或双引号都行。(　　)

（3）Python 每条语句必须使用分号“;”结束。(　　)

（4）Python 中的缩进不是必需的，是为了代码结构看起来层次清晰。(　　)

（5）Python 中的标识符不区分大小写。(　　)

（6）汉字是可以作为变量名的。(　　)

（7）变量可以直接使用，如果没有赋值，其值默认为 0。(　　)

（8）变量可以随时被赋值，如果现有值为整数类型，则以后只能被赋值为整数，赋值为其他类型则会出现类型不符而报错。(　　)

（9）任何类型的值都可以转换为布尔类型。(　　)

（10）布尔类型的值可以直接参与算术运算，其中 True 自动转换为 1，False 自动转换为 0。(　　)

（11）Python 中一条语句必须（只能）写在一行上。(　　)

（12）比较运算符的运算结果只能是 True 或 False。(　　)

（13）in 运算符能判断一个字符串是不是包含在另一个字符串中。(　　)

2. 填空题

（1）a＝5，则 bin(a) 的值是__________。

（2）表达式“2 >3 or 18 != 16”的值是__________。

（3）表达式“3 * 4 ** 5 / 2”的值是__________。

（4）表达式“1 and 2”的值是__________。

（5）表达式“1 or 2”的值是__________。

3. 选择题

（1）下列不是 Python 中合法的标识符的是（ ）。

A. with B. name_1 C. _name D. 变量 1

（2）下列是合法的数字的是（ ）。

A. 0b1101 B. 012 C. 0101b D. 0o18

（3）下列表达式结果可以转换成 True 的是（ ）。

A. 0 B. "False" C. "" D. None

（4）下列描述错误的是（ ）。

A. type(False +1) 的结果是 <class 'bool'>

B. type(1 +2.0) 的结果是 <class 'float'>

C. type(1E2) 的结果是 <class 'float'>

D. type("1" +'2') 的结果是 <class 'str'>

（5）9 // 4，9 // -4 的结果是（ ）。

A. 2，-3 B. 3，-3 C. -2，2 D. -3，2

（6）9%4，-9%4 的结果是（ ）。

A. 3，-1 B. 3，1 C. 1，-3 D. 1，3

（7）下列赋值语句形式上非法的是（ ）。

A. x = y = z = 1 B. x = (y = z + 1)

C. x, y = y, z D. x += y

E. x = (y:= z +1) F. x, y, z = '123'

（8）0 and 1 / 0，1 or 1 / 0 的结果分别是（ ）。

A. 0，1 B. 出错，出错 C. 出错，1 D. 0，出错

（9）2 ** 3 ** 2 的结果是（ ）。

A. 512 B. 64 C. 12 D. 出错

（10）1 in '123' 的结果是（ ）。

A. True B. False C. 出错 D. 0

（11）下列不是 Python 中合法的数据类型的是（ ）。

A. int B. float C. str D. char

4. 简答题

（1）请简述 Python 中逻辑语句和物理行之间的关系。

（2）请简述 Python 中标识符的命名规范。

（3）请举例说明 Python 中的数据类型，以及它们之间相互转换的规则及方法。

（4）请列出 Python 中的运算符，并举例说明各个运算符的功能及使用方法。

实训

1. 进制转换

编写程序，计算十进制整数 35 的二进制、八进制、十六进制分别是多少。

2. 华氏温标和摄氏温标

华氏温标：是德国人华伦海特（Fahrenheit）创立的温标。它以水银作为测温物质，设定冰的熔点为 32 华氏度，水的沸点为 212 华氏度，中间平均分为 180 等份，以℉表示。

摄氏温标：瑞典人摄尔修斯（Celsius）提出在标准大气压下，把冰水混合物的温度定为 0 摄氏度，水的沸点规定为 100 摄氏度。根据水这两个固定温度点来对温度进行分度。两点间作 100 等分，每段间隔称为 1 摄氏度，记作 1℃。

华氏度和摄氏度可以通过如下公式进行换算：

```
华氏度(℉)=32+摄氏度×1.8
摄氏度(℃)=(华氏度-32)÷1.8
例如：0℃=32℉；100℃=212℉
```

请编写程序 1，接收用户输入的华氏度并计算对应的摄氏度。

请编写程序 2，接收用户输入的摄氏度并计算对应的华氏度。

提示，可以使用下列语句获得用户输入的温度：

```
x = int(input("请输入温度(整数):"))
```

3. 披萨价格计算

小明和朋友一起去披萨店吃披萨，店员端上来 2 个 5 寸的披萨，并且很有礼貌地告诉小明：他们点的 9 寸披萨卖完了，老板特意多送他们一寸，把 1 个 9 寸披的萨直接换成了 2 个 5 寸的披萨。请编写程序算一算，小明他们是划算的吗？

第3章 流程控制结构

控制程序中指令执行顺序的语句称为流程控制语句。和其他编程语言一样，按照执行流程划分，Python 程序也可分为三大结构，即顺序结构、分支结构（选择结构）、循环结构。

学习目标

知识目标	1. 理解程序流程控制的意义 2. 掌握分支结构的语法和使用 3. 掌握 for 循环结构的语法和使用 4. 掌握 while 循环结构的语法和使用
技能目标	1. 具有使用分支结构编程解决问题的能力 2. 具有使用循环结构编程解决问题的能力 3. 具有嵌套使用分支循环结构编程解决问题的能力 4. 具有使用 Python 集成开发环境的能力
素养目标	1. 具有利用网络自主学习的能力 2. 具有强烈的技术探究精神 3. 具有运用编程解决实际问题的能力

知识导图

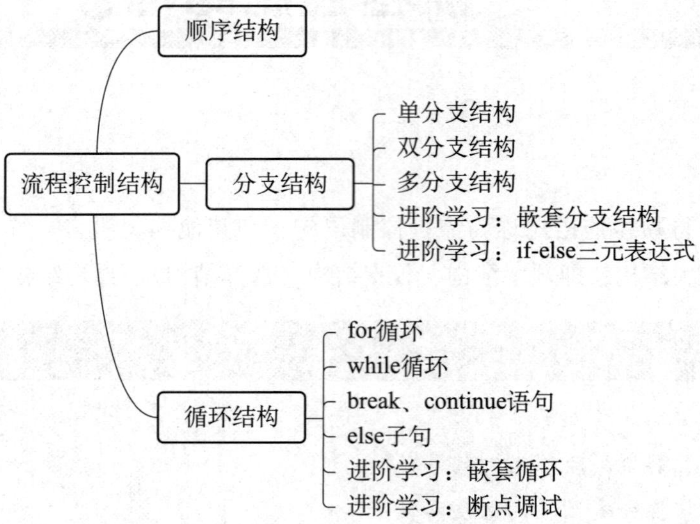

3.1 顺序结构

不使用流程控制语句，程序会按照指令先后顺序执行，执行完第 1 条后执行第 2 条，然后执行第 3 条……一直执行到最后一条语句后程序结束，这称为顺序结构。顺序结构的程序流程图如图 3－1 所示。

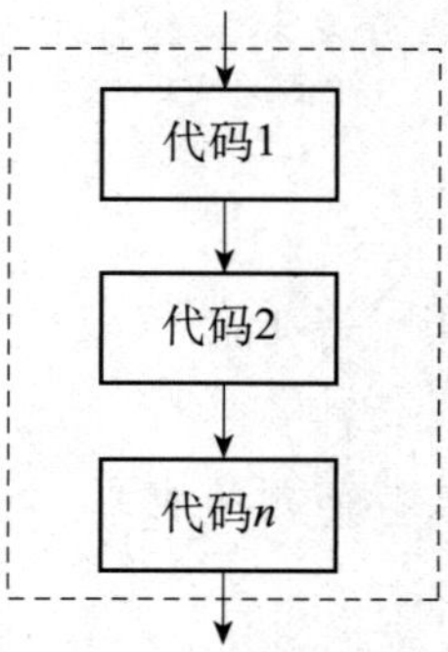

图 3－1　顺序结构的程序流程图

图 3－2 所示的代码是一个简单的顺序结构的示例程序。

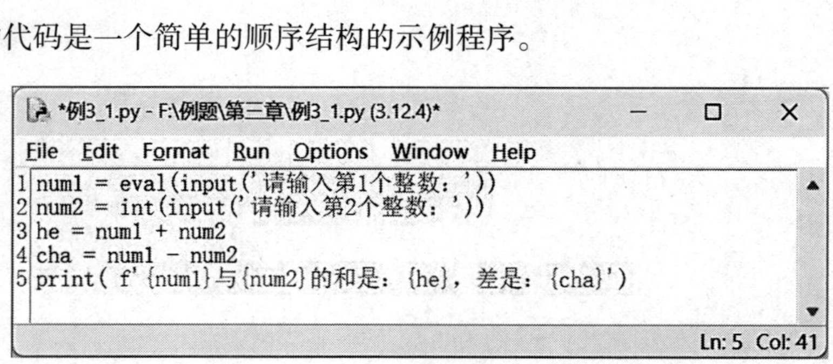

图 3－2　顺序结构示例程序

程序运行结果如图 3 - 3 所示。

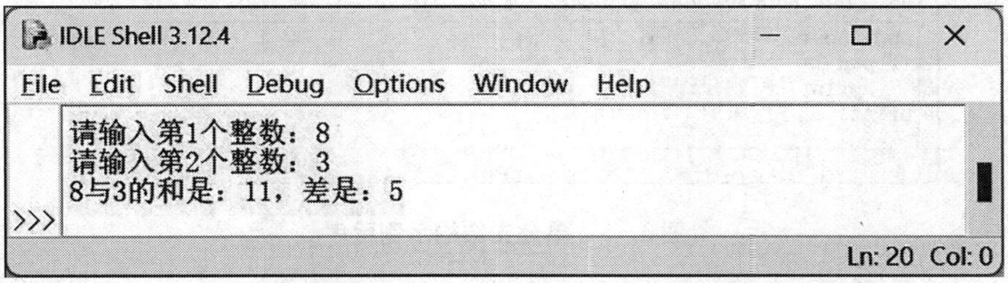

图 3 - 3　顺序结构示例程序运行结果

3.2 分支结构

很多情况下，只使用顺序结构编写的程序能解决的问题是非常有限的。例如很多软件系统都有登录判断，如果密码正确允许进入系统，否则提示密码错误，请重新登录。这时候程序就需要做出判断，根据密码是否正确，从而决定下一步执行流程。

在 Python 中，可以使用 if-else 语句对条件进行判断，然后根据不同的结果执行不同的代码，这称为选择结构或者分支结构。if-else 语句还可以细分为三种形式，分别是单分支结构、双分支结构和多分支结构。

3.2.1 单分支结构

单分支结构的语法格式如下：

```
if 表达式:
    代码块
```

单分支结构程序执行流程如图 3 - 4 所示。

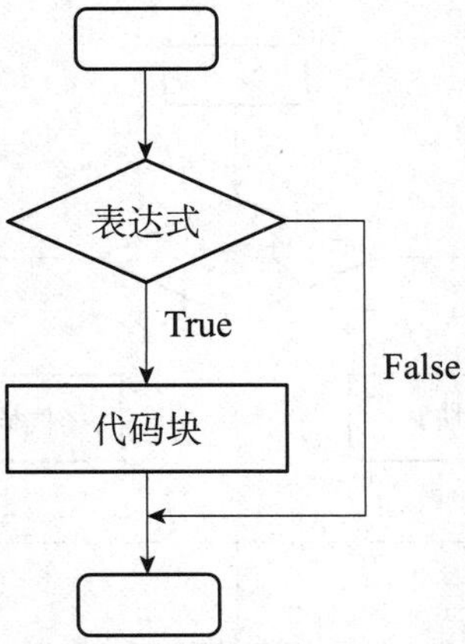

图 3 - 4　单分支结构程序执行流程图

当条件表达式的计算结果为 True（或者和 True 等价，能转换成 True）时，执行代码块中的语句；否则跳过代码块，继续往后执行。无论代码块中的语句是否执行，分支结构后面的代码都会继续执行。示例代码如图 3 - 5 所示。程序的两次运行结果如图 3 - 6 所示。

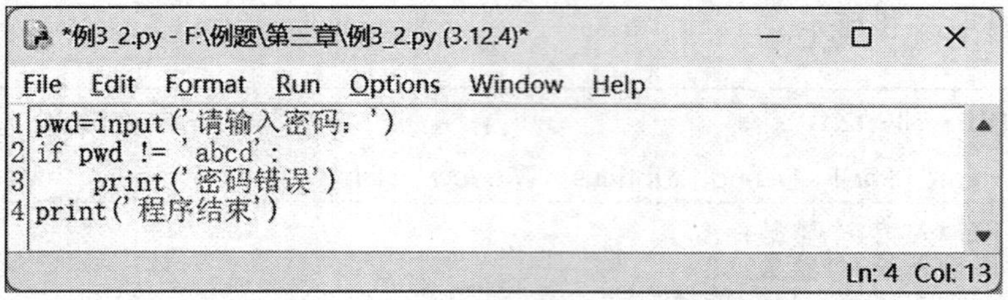

图 3－5　单分支结构示例程序

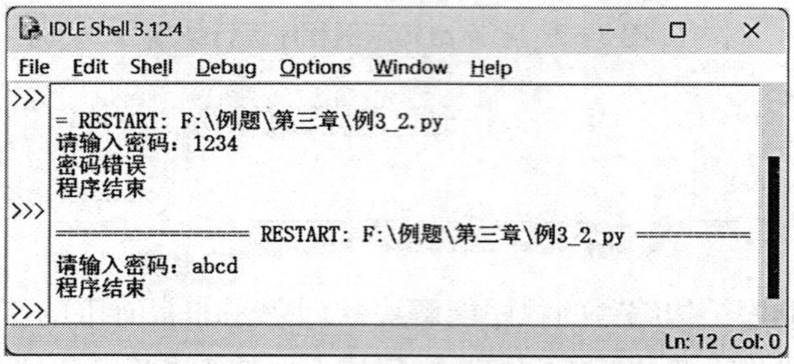

图 3－6　单分支结构示例程序运行结果

3.2.2　双分支结构

在单分支结构中，条件表达式成立则执行代码块，如果不成立，则跳过代码块继续往后执行。如果在条件成立时需要执行一个代码块（代码块 1），条件不成立时又需要执行另外一个代码块（代码块 2），则需要使用 if-else 语句组成的双分支结构。双分支结构程序执行流程如图 3－7 所示。

双分支结构的语法格式如下：

```
if 表达式:
    代码块 1
else:
    代码块 2
```

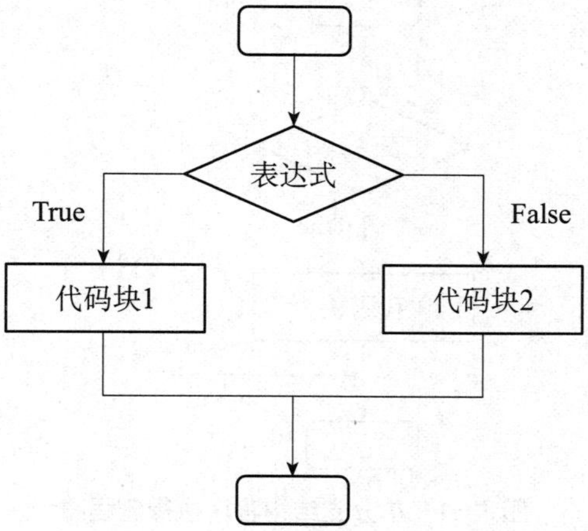

图 3－7　双分支结构程序执行流程图

在双分支结构中，当条件表达式的计算结果为 True（或者和 True 等价，能转换成 True）时，执行代码块 1 中的语句；否则执行代码块 2 中的语句。无论执行的是代码块 1 还是代码块 2 中的语句，分支结构后面的代码都会继续执行。示例代码如图 3－8 所示。

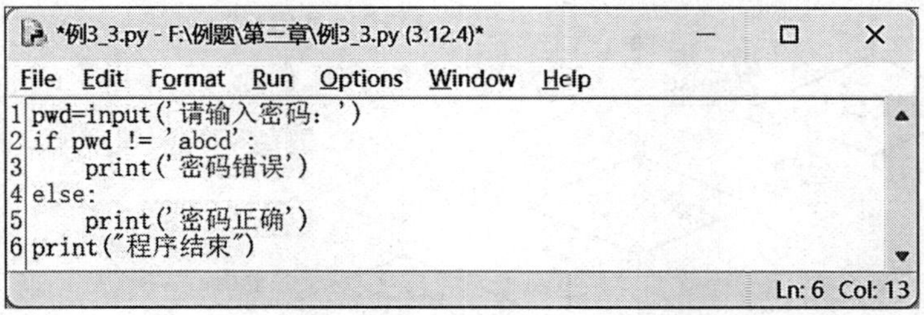

图 3－8　双分支结构示例程序

程序的两次运行结果如图 3－9 所示。

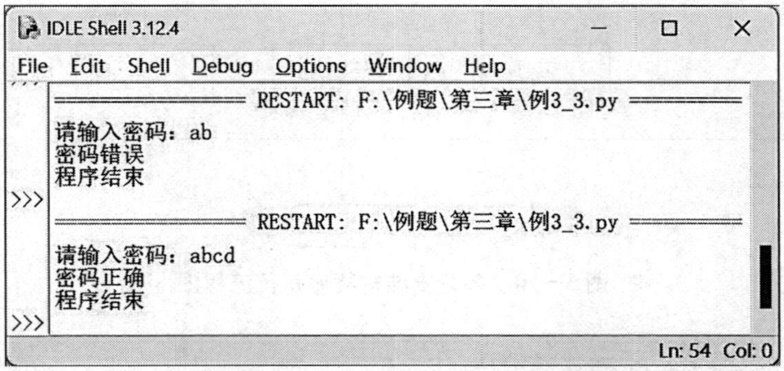

图 3－9　双分支结构示例程序运行结果

3.2.3　多分支结构

双分支结构能在两种情况下分别进行处理（执行代码夬 1 或代码块 2），但是实际情况往往更加复杂，需要多重判断。这种情况下就需要多分支结构。

多分支结构的语法格式如下：

```
if 表达式 1:
  代码块 1
elif 表达式 2:
    代码块 2
elif 表达式 3:
    代码块 3
…#更多 elif 语句
else:
代码块 n
```

其中，else 部分可以省略。如果上面的 if 条件及所有的 elif 条件都不满足，则执行 else 部分。多分支结构程序执行流程如图 3－10 所示。

多分支语句从上到下依次检查各个条件表达式的值，如果表达式 1 不满足则判断表达式 2，以此类推，如若其中一个满足，则执行 elif 下的代码块，后面剩余的 elif 和 else（如果有的话）都不再执行。当所有的 elif 都不满足时，如果有 else 部分则执行 else 部分，如果没有 else 部分，则整个 elif 结构结束。多分支结构的示例程序如图 3－11 所示。

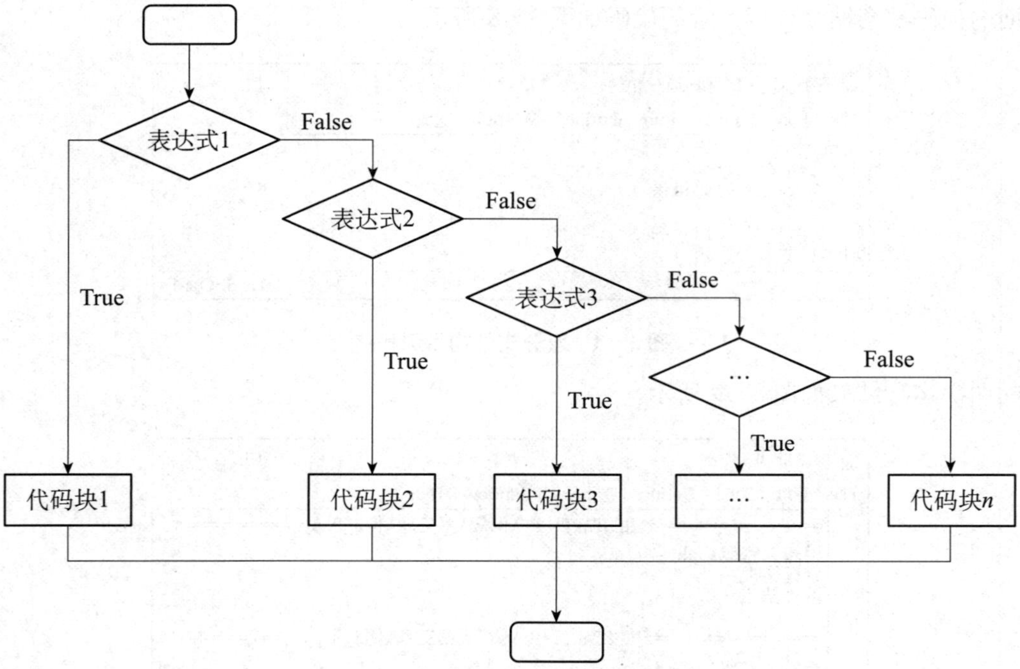

图 3-10　多分支结构程序执行流程图

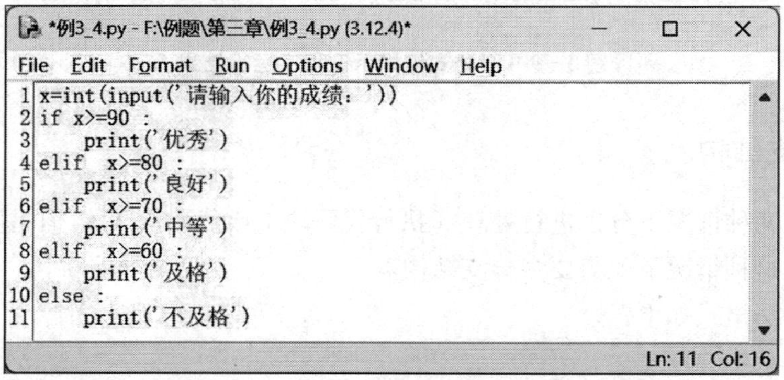


```
x=int(input('请输入你的成绩：'))
if x>=90 :
    print('优秀')
elif  x>=80 :
    print('良好')
elif  x>=70 :
    print('中等')
elif  x>=60 :
    print('及格')
else :
    print('不及格')
```

图 3-11　多分支结构示例程序

程序的五次运行结果如图 3－12 所示。

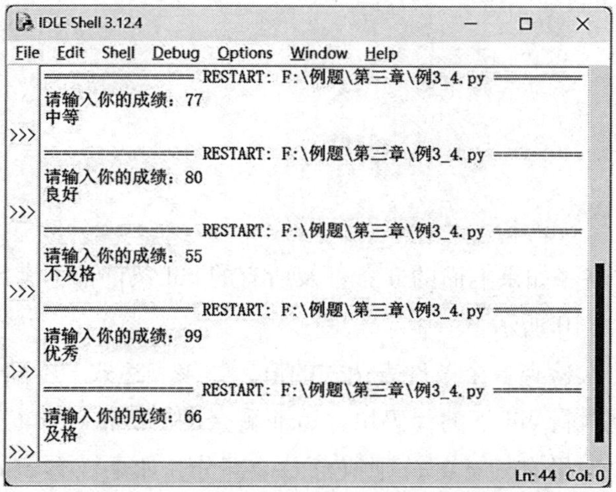


```
======== RESTART: F:\例题\第三章\例3_4.py ========
请输入你的成绩：77
中等
>>>
======== RESTART: F:\例题\第三章\例3_4.py ========
请输入你的成绩：80
良好
>>>
======== RESTART: F:\例题\第三章\例3_4.py ========
请输入你的成绩：55
不及格
>>>
======== RESTART: F:\例题\第三章\例3_4.py ========
请输入你的成绩：99
优秀
>>>
======== RESTART: F:\例题\第三章\例3_4.py ========
请输入你的成绩：66
及格
>>>
```

图 3-12　多分支结构示例程序运行结果

3.2.4 进阶学习：嵌套分支结构

分支结构也可以嵌套，例如上面的多分支结构的程序也可以采用嵌套的双分支结构实现，示例程序如图 3 - 13 所示。

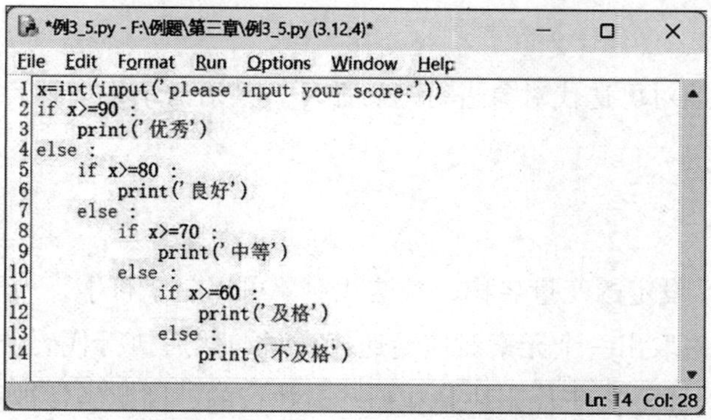

图 3 - 13 嵌套分支结构示例程序

3.2.5 进阶学习：if-else 三元表达式

if-else 三元表达式类似于 if-else 语句，但它是表达式，可以作为右值赋值给变量，其语法格式如下：

```
表达式 1  if  条件表达式  else  表达式 2
```

整个三元表达式的结果是表达式 1 还是表达式 2，取决于条件表达式。如果条件表达式成立（等价于 True），则三元表达式结果为表达式 1，反之为表达式 2。

示例代码及运行结果如图 3 - 14 所示。

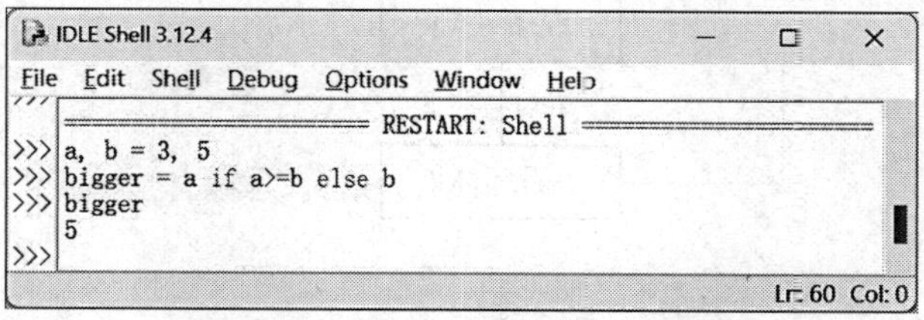

图 3 - 14 if-else 三元表达式示例

3.3 循环结构

在解决现实问题时，可能需要根据情况重复执行某些操作。例如"打印输出 1 到 100 之间的整数"，在这种情况下，如果使用前面的顺序结构来编写程序需要如下 100 行的代码，程序很烦琐、臃肿。

```
print(1)
print(2)
print(3)
…  #此处省略 print(4) ~ print(98)
print(99)
print(100)
```

循环结构可以在指定条件下重复执行同一代码段，能非常方便、简洁地解决上述问题。

在 Python 中，循环结构主要有 for 循环和 while 循环。

3.3.1 for 循环

1. for 循环语法格式

for 循环可以非常方便地对可迭代对象进行遍历循环，其语法结构如下：

```
for 迭代变量 in 可迭代对象:
    代码块
```

其中，迭代变量是自己设定的变量名称，可迭代对象可以是字符串、列表、元组、字典、集合等。for 循环依次从可迭代对象中取出一个元素赋值给迭代变量，然后执行代码块。此过程重复执行，直到可迭代对象中的元素取完为止。由于代码块是在循环时执行的，因此经常被称为“循环体”。

2. for 循环程序执行流程图

for 循环程序执行流程如图 3－15 所示。

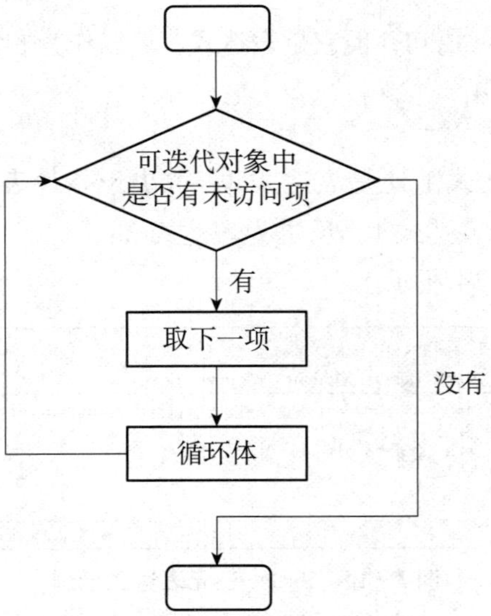

图 3－15　for 循环程序执行流程图

使用 for 循环遍历字符串或列表的示例程序如图 3－16 所示。

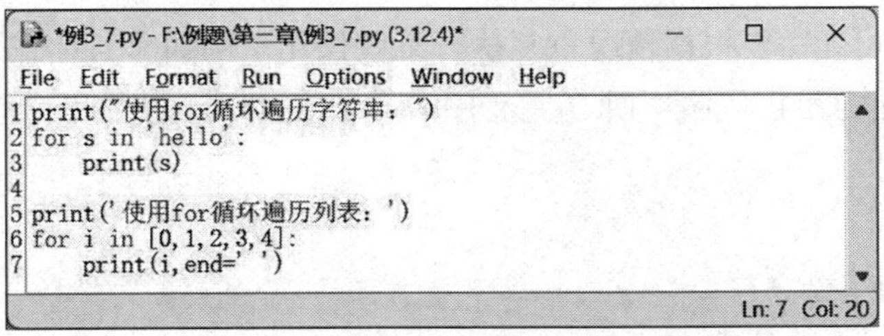

图 3－16　循环结构示例程序

程序运行结果如图 3－17 所示。

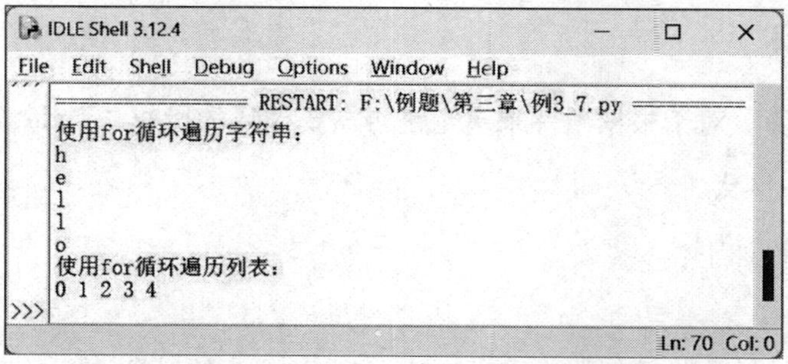

图 3－17　循环结构示例程序运行结果

3. range( ) 函数

在上面的程序中，我们遍历循环了“[0,1,2,3,4]”列表，如果列表是数字序列，使用 range( ) 函数更方便。range( ) 函数可以生成计算数列，数列的值只在运算时逐个生成，即使数列很大，也不占用大量内存。其语法格式如下：

```
range( end)
或
range( start, end, [ , step])
```

只指定一个参数“end”时，生成的整数范围是 [0, end)，范围区间是左闭右开，包含 0，不包含 end。如果也指定参数“start”，则生成的整数范围是 [start, end)，包含 start，不包含 end。如果同时指定步长“step”，则按 step 的数值生成，如果 step 被省略，相当于 step 值默认为 1。示例程序如图 3－18 所示。

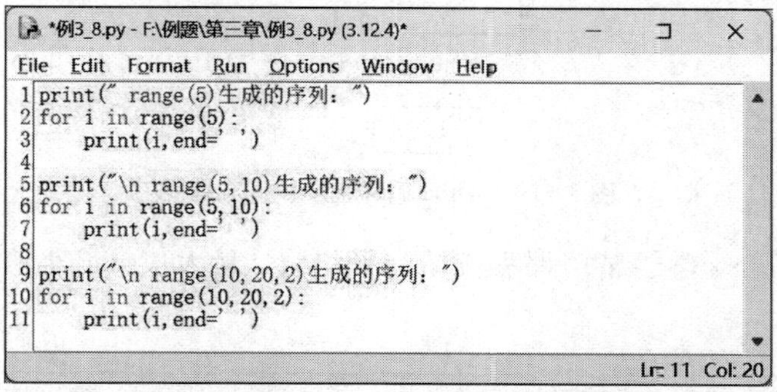

图 3－18　range( ) 函数生成序列示例程序

程序运行结果如图 3－19 所示。

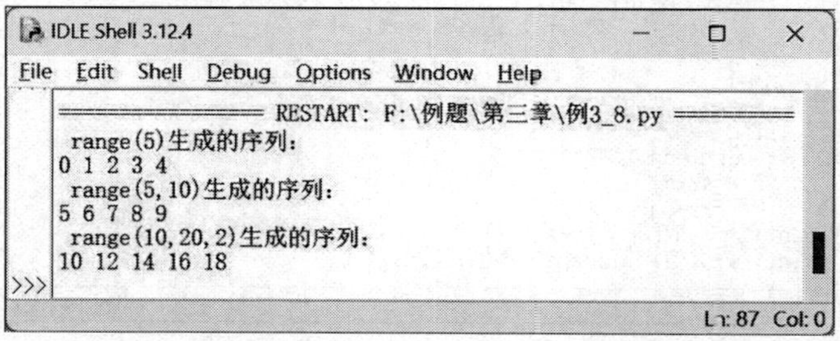

图 3－19　range( ) 函数生成序列示例程序运行结果

3.3.2 while 循环

for 循环比较适合遍历。对于根据条件来决定是否需要循环的操作，while 循环更方便。

1. while 循环语法格式

while 循环的语法结构如下：

```
while 条件表达式:
    代码块
```

while 语句执行的流程为：首先判断条件表达式的值，如果为真（True），则执行代码块（循环体）中的语句，当执行完毕代码块后，再重新判断条件表达式的值是否为真，若仍为真，则继续重复执行代码块……如此循环，直到条件表达式的值为假（False），才结束循环，继续执行 while 结构后续代码（如果有的话）。

2. while 循环程序执行流程图

while 循环程序执行流程如图 3－20 所示。

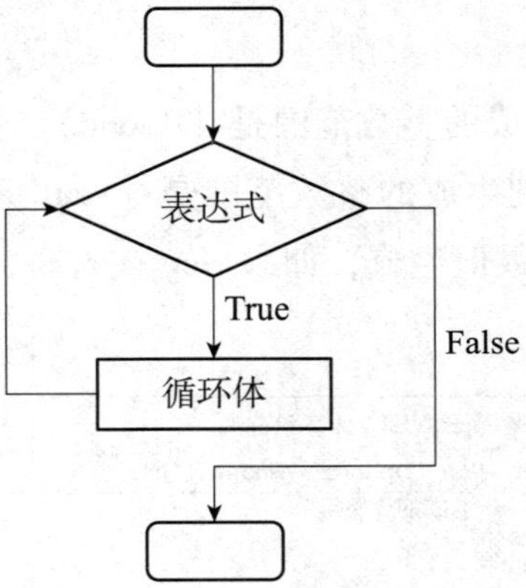

图 3－20　while 循环程序执行流程图

使用 while 循环计算若干学生某门课程成绩的平均值、最大值、最小值的示例代码如图 3－21 所示。

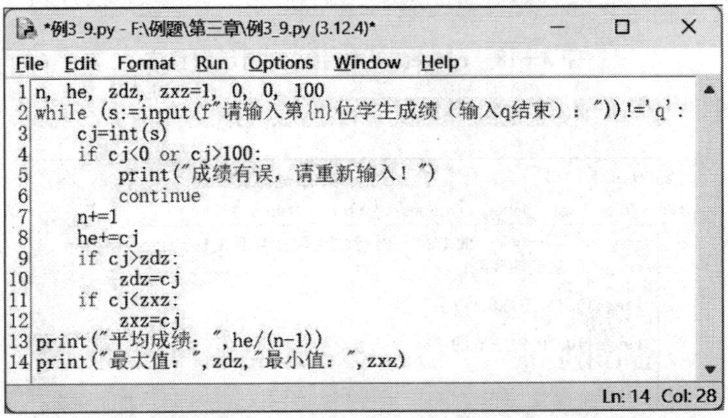

图 3－21　while 循环示例程序

程序运行结果如图 3－22 所示。

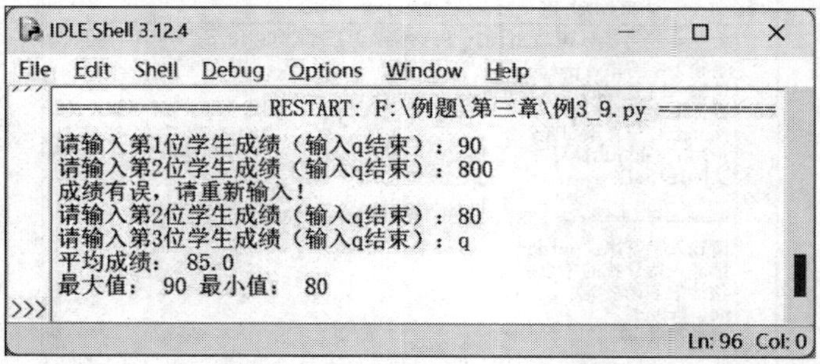

图 3－22 while 循环示例程序运行结果

> **注意** 避免“死循环”！在使用 while 循环时，一定要保证循环进行的条件表达式的值有 False 的时候，否则这个循环将无法结束，成为一个死循环。除非特殊需要，一般情况下不需要死循环。

3.3.3 break、continue 语句

在循环的过程中，可以使用 break 语句来强制终止循环，使用 continue 语句跳过本次循环体中 continue 语句后面的代码，直接进行下次循环。

1. break 语句

break 语句可以立即终止循环，无论循环条件是否处于满足状态。break 语句既可以在 for 循环中使用，也可以在 while 循环中使用。

使用 break 语句查找字符串中是否包含指定字符的示例代码如图 3－23 所示。

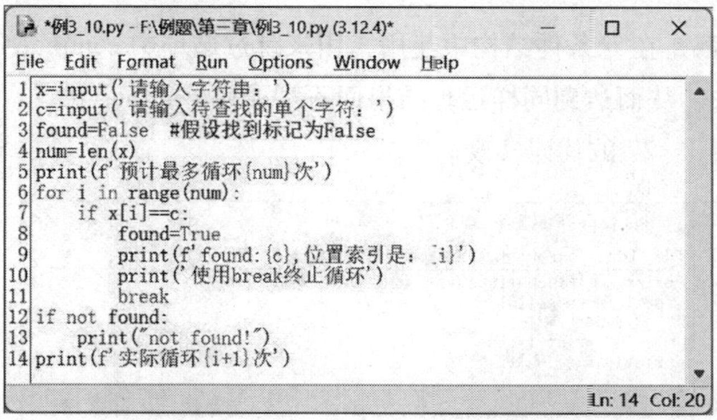

图 3－23 break 示例程序

程序的两次运行结果如图 3－24 所示。

2. continue 语句

continue 语句可以“短路”此次循环过程，Python 会跳过本次循环中 continue 语句后面的代码，正常进行下次循环。相对于 break 语句，使用 continue 语句时循环不会提前终止。

使用 continue 语句输出 10 以内偶数的示例代码如图 3－25 所示。

程序的运行结果如图 3－26 所示。

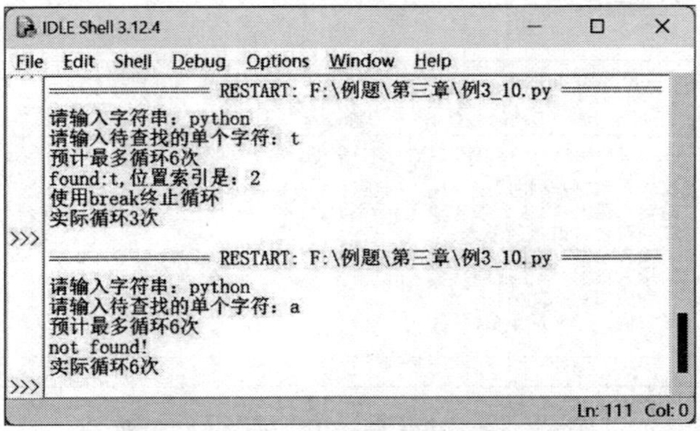

图 3－24　break 示例程序运行结果

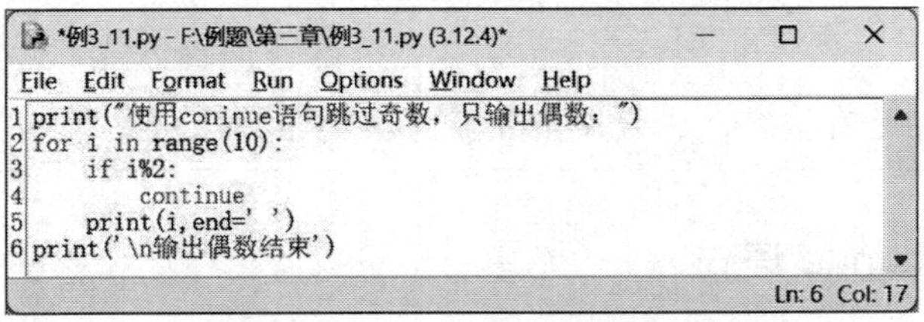

图 3－25　continue 示例程序

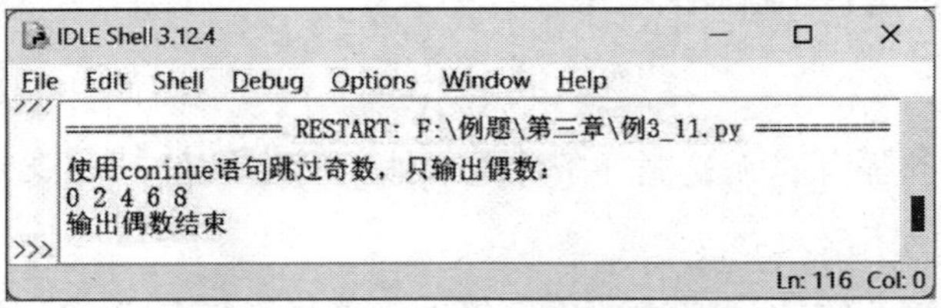

图 3－26　continue 示例程序运行结果

continue 语句基本上都是在 if 条件结构中使用，用来跳过循环中 continue 后面的语句，所以很多时候可以改变 if 条件的写法，从而达到同样运行结果而不需要用 continue 语句。例如上面输出 10 以内的偶数的功能也可以使用图 3－27 的代码实现。

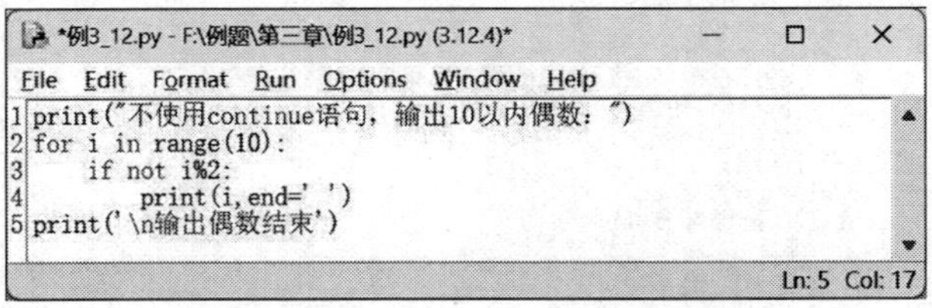

图 3－27　不使用 continue 示例程序

运行结果是一致的，都能输出 10 以内的偶数，如图 3－28 所示。

从上例可以看出，continue 语句并不是必需的，但是灵活使用 continue 语句能避免把大段代码包含在 if 语句中，可以使代码看起来更清晰。

同一个循环中可以根据需要同时使用 continue 和 break 语句，例如图 3－29 的代码同时使用 continue 和 break 语句，在 100～999 中筛选出 20 个回文数字。

程序运行结果如图 3－30 所示。

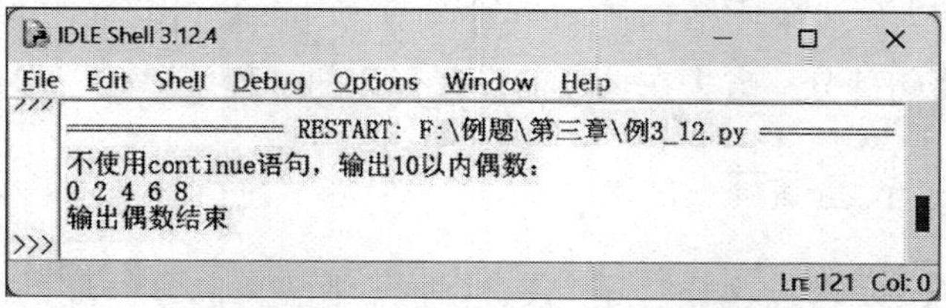

图 3 - 28　不使用 continue 示例程序运行结果

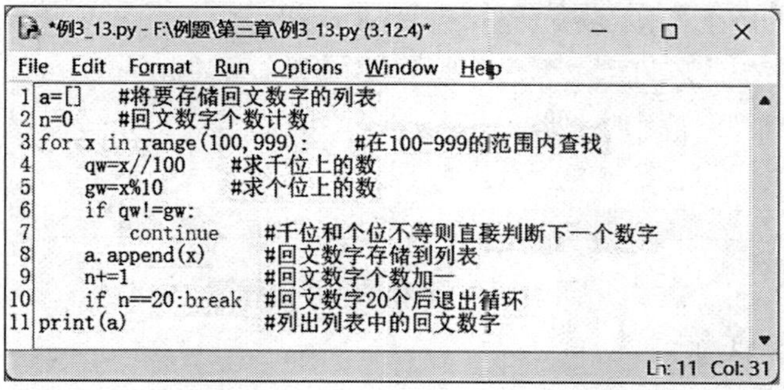

图 3 - 29　同时使用 continue 和 break 示例程序

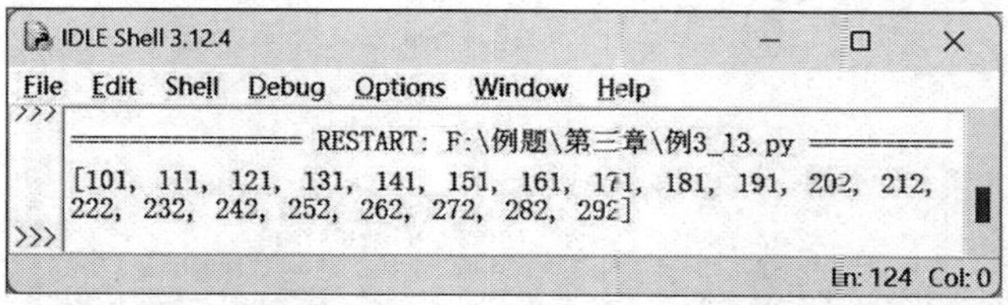

图 3 - 30　同时使用 continue 和 break 示例程序运行结果

3.3.4　else 子句

while 循环和 for 循环都可以紧跟着一个 else 代码块，当循环正常结束时，else 代码块就会执行；当由于一些原因，循环非正常结束（被 break 中断）时，else 代码块不再执行。

可以把循环正常结束时希望执行，而循环非正常结束时不希望执行的代码放到 else 子句中。例如上一节图 3 - 23 示例中使用 break 语句查找指定字符在字符串中的位置的程序可以改造为使用 else 子句的程序，代码更加简洁、清晰。示例代码如图 3 - 31 所示。

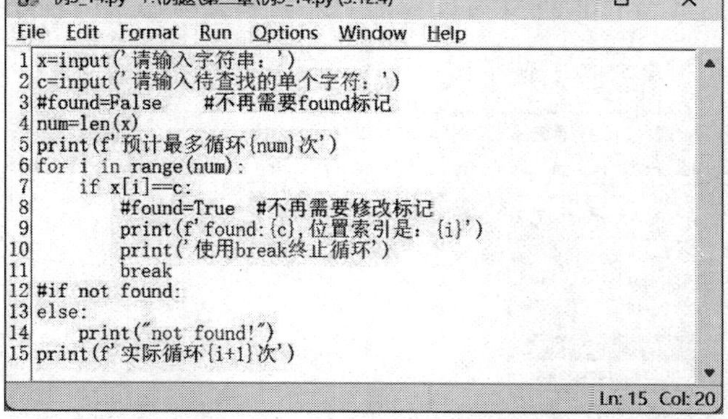

图 3 - 31　循环中 else 子句示例程序

从这个示例代码中可以看到循环结构的 else 部分在和 break 语句联合使用时非常方便，可以在 break 未执行时执行 else 语句部分，省去在循环前设置标记的过程。

3.3.5 进阶学习：嵌套循环

循环语句的循环体中还可以包含循环语句，这种循环里又包含循环的情况，被称为嵌套循环。图 3－32 打印乘法口诀的代码演示了嵌套循环的使用。

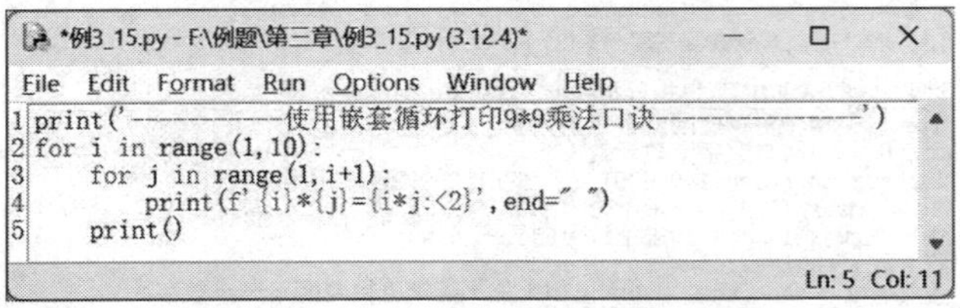

图 3－32 嵌套循环示例程序

程序运行结果如图 3－33 所示。

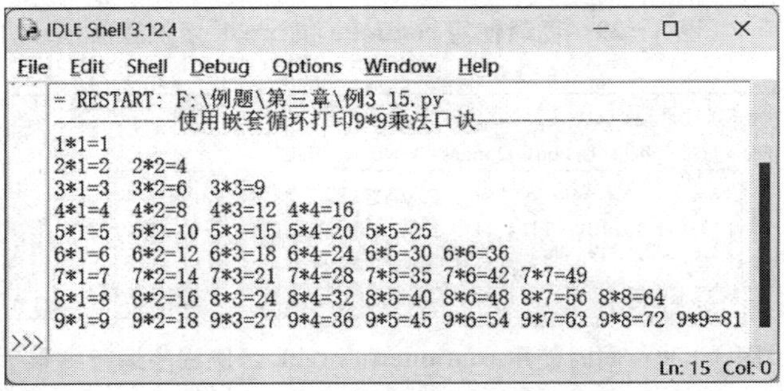

图 3－33 嵌套循环示例程序运行结果

3.3.6 进阶学习：断点调试

对于复杂的程序，可以借助断点调试的方法来暂停程序的执行，方便逐条执行语句，实时观察变量值或输出结果等来分析程序的运行过程。多层循环也可以借助此方法来分析循环过程。

在 IDLE 中可以很方便地进行断点调试，其步骤如下：

（1）在代码编辑界面需要暂停执行的代码上单击鼠标右键，选择“Set Breakpoint”设置断点，如图 3－34 所示。设置成功后此行背景色变为黄色，如果在调试状态，则程序执行到此处会中断执行，等待用户进行调试。

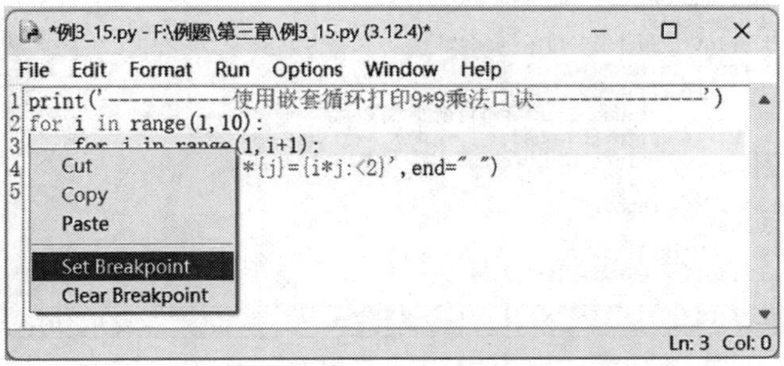

图 3－34 设置断点

（2）在 IDLE 主界面，依次单击菜单“Debug”→“Debugger”命令（如图 3－35 所示），打开“Debug Control”调试控制面板，同时命令行提示符“>>>”后显示调试开启标志“［DEBUG ON］”。

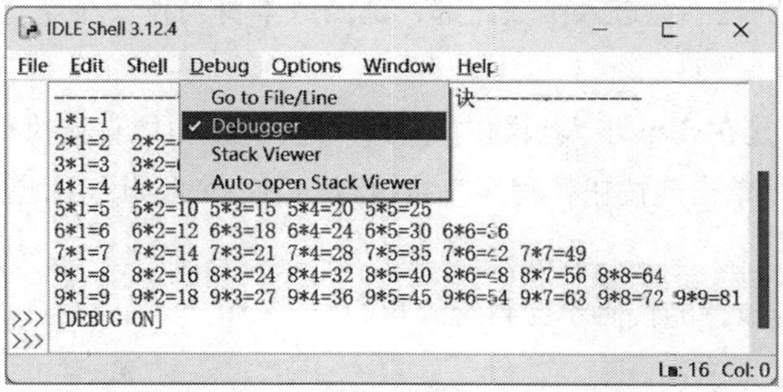

图 3－35　开启“Debug Control”

（3）切换回代码编码界面，依次单击菜单“Run”→“Run Module”命令或按 F5 键，执行程序。

（4）程序执行到第（1）步设置的断点行前自动暂停。建议合理安排源代码编辑窗口、Debug Control 窗口、主界面窗口（运行结果窗口）的排布，如图 3－36 所示，方便观察后续代码执行时的实时状态。建议勾选“Debug Control”窗口中的 Source 选项，可以在代码编辑窗口中看到灰色底纹标示的即将执行的下一行代码。

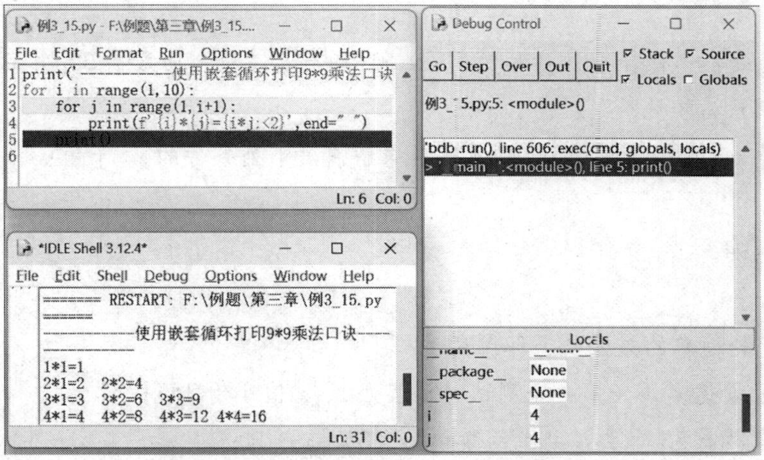

图 3－36　调试过程中各窗口状态

（5）每单击“Debug Control”窗口左上角“Over”按钮一次，可以继续执行一行程序，窗口中间可以看到即将执行的代码行，窗口下方的“Locals”显示当前内存的局部变量实时值。另外，源代码编辑界面中可以看到即将执行的代码行有背景颜色标示，主界面窗口（运行结果窗口）也能看到程序执行到当前状态时的输出结果。

（6）多次单击“Over”按钮，注意观察源代码编辑界面中当前执行的代码行，体会双层循环执行的流程，同时观察“Debug Control”窗口下方界面中各变量的变化情况。

“Debug Control”窗口左上角的各个按钮功能如下：

Go：直接继续执行代码到下一个断点，不再每行暂停。

Step：程序向下执行一步（一行），然后暂停，再次单击该按钮，则再执行一步（一行）。如果遇到函数，则进入函数内部，函数内部的代码也会执行一行暂停一次，再次调用函数则也会进入下一层的函数内部。

Over：在主程序中的功能和 Step 按钮功能一致，单击一次，主程序执行一行，然后暂停等待再次单击。其和 Step 按钮的区别是不会进入函数内部，把函数本身当作一个整体执行，再次单击执行主程序中函数下面的语句。

Out：作用有两个，一是在 Step 步入函数内部时，单击此按钮能直接执行结束函数调用栈，返回主程序；二是未进入函数时每单击此按钮，程序直接执行到下一个断点（断点之间的多行代码直接执行，不再每行暂停）。

Quit：退出调试，没有执行的代码不会再继续执行。

案例

案例一：鸡兔同笼

问题：

鸡兔同笼是中国古代的数学名题之一。大约在 1 500 年前，《孙子算经》中就记载了这个有趣的问题。书中是这样叙述的：“今有雉兔同笼，上有三十五头，下有九十四足，问雉兔各几何？”

分析：

鸡兔同笼的问题是：“有若干只鸡和兔同在一个笼子里，从上面数有 35 个头，从下面数有 94 只脚。问笼中各有多少只鸡和兔？”

假设鸡的数量是 x，兔的数量是 y，则本题是求解满足下列条件的 x、y 值：

$$\begin{cases} x+y=35 \\ 2x+4y=94 \end{cases}$$

解决：

解决此类问题比较简单的方法是循环测试法：

（1）假设鸡的数量是 x 只（第一轮测试时 x 值为 1，x 值小于 35）；

（2）因为鸡、兔共有 35 个头，则兔的数量是（$35-x$）只；

（3）鸡有 2 只脚，兔有 4 只脚，则鸡、兔的脚数量之和是：$2x+4(35-x)$；

（4）如果 $2x+4(35-x)=94$，则打印出满足鸡兔同笼条件的鸡和兔数量（x，$35-x$），否则什么也不做；

（5）鸡的数量（x）加 1，重复上述测试步骤，直至所有可能测试完毕。

编程：

根据上面分析思路和解决步骤，可以编写程序代码如图 3－37 所示。

```
*例3_16.py - F:\例题\第三章\例3_16.py (3.12.4)*
File  Edit  Format  Run  Options  Window  Help
print('鸡兔同笼问题：')
for x in range(1,35):
    if 2*x+(35-x)*4==94:
        print(f"鸡:{x},兔:{35-x}")
Ln: 4  Col: 32
```

图 3－37 鸡兔同笼示例程序

程序运行后的结果如图 3－38 所示。

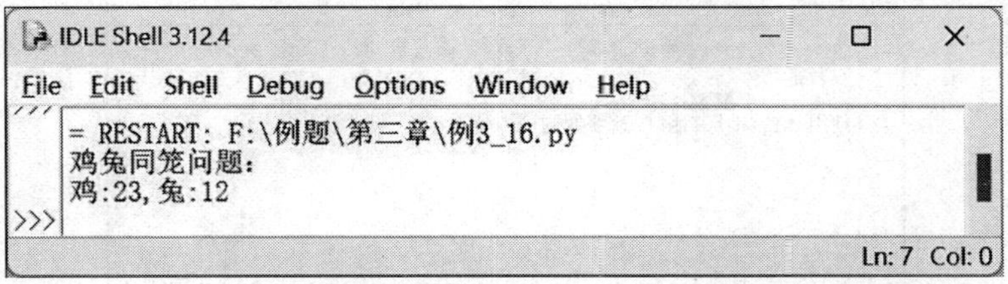

图 3－38　鸡兔同笼示例程序运行结果

案例二：整数拆解

问题：

接收用户输入的任意位的整数，使用整除（//）、求余（%）运算符拆解出这个整数中的每一位上的数字。

分析：

我们知道，一个整数（不管几位数）使用求余运算符（%）除以 10 得到的余数总是这个数字的个位数的值；一个整数除以 10 的整数商（//）的个位是原整数的十位，十位是原整数的百位……

解决：

通过求余运算符（%）取个位值；

通过整除运算符（//）使原整数右移降位，原来的十位变为个位；

循环重复上述操作，依次取得的个位值其实就是原来的个、十、百、千……位的值。

编程：

根据上面分析思路和解决步骤，可以编写程序代码如图 3－39 所示。

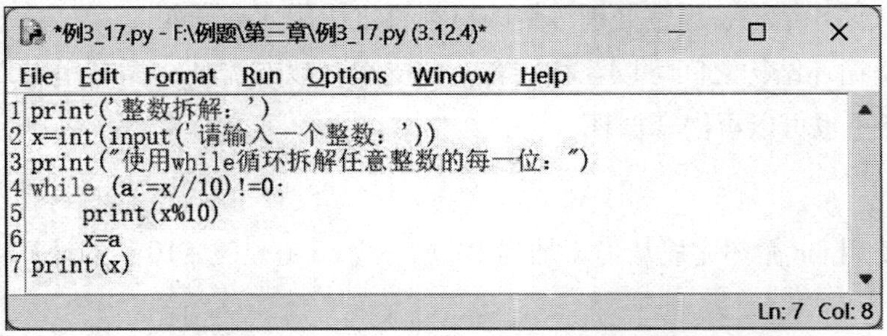

图 3－39　整数拆解示例程序

程序首先接收一个整数，通过求除以 10 的整数商是否为 0 判断其是否为一位数，如果整数商不为 0，则输出其与 10 的余数（个位），然后再把当前数修改为原来数字除以 10 的整数商，相当于原来的 n 位数变成其前 $n-1$ 位数（去掉个位，原来的十位变成了新数字的个位），以此类推，重复执行，直到新的数字变成一位数字，这样其与 10 相除的整数商就等于 0 了，不再满足循环执行的条件（a:= x // 10）!= 0，循环终止。循环终止后输出 x 的值（此时的 x 已经是最初用户输入的原始数字的最高位）。

随意输入一个多位数的整数，程序的运行结果如图 3－40 所示。

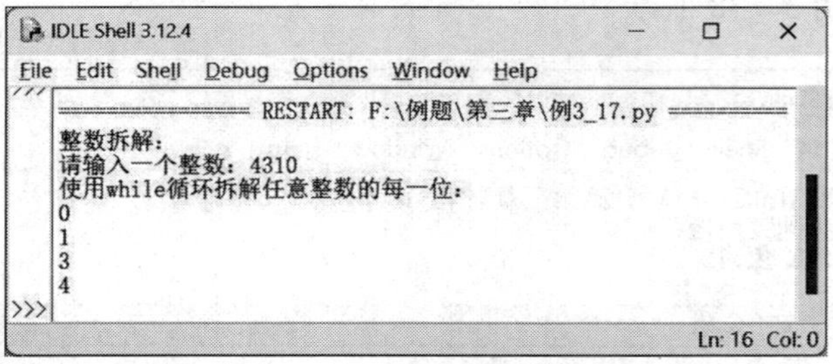

图 3－40　整数拆解示例程序运行结果

习　题

1. 判断题

（1）可以使用双分支结构嵌套来实现多分支结构的功能。(　　)

（2）双分支结构或多分支结构里必须包含 else 子句。(　　)

（3）如果仅仅是用于控制循环次数，那么使用 for i in range（20）和 for i in range（20，40）的循环次数是一致的。(　　)

（4）如果带有 else 子句的循环因为执行了 break 语句而退出的话，则会执行 else 子句中的代码。(　　)

（5）在 Python 的循环体内，continue 语句的作用是跳出整个循环结构，继续执行循环后面的代码。(　　)

（6）while 循环能实现的功能 for 循环也能实现，反之亦然。(　　)

（7）多层循环时，由于循环次数是“外层循环次数×内层循环次数”，所以编写多层循环时，为了提高运行效率，应尽量减少内循环中不必要的计算。(　　)

（8）分支结构、循环结构、异常处理等结构里都可以使用 else 子句。(　　)

（9）分支结构、循环结构之间可以互相嵌套，分支里可以有循环，循环里可以有分支，分支里还可以嵌套分支，循环里也可以再嵌套循环。(　　)

2. 填空题

（1）下列程序使用 for 循环完成从 1 累加到 10（1+2+3+……+10）的计算，请在横线上填上合适的代码：

```
he =0
for  i  in ________________:
    he  + =  i
print(f"1 累加到 10 的结果是: {he}")
```

（2）下列程序使用 while 循环完成 1 累加到 10（1+2+3+……+10）的计算，请在横线上填上合适的代码：

```
he =0
i =1
```

```
while ______________:
    he += i
    i += 1
print(f"1 累加到 10 的结果是:{he}")
```

（3）__________语句用于跳过当前循环体中剩余的语句，然后继续进行下一次循环。

（4）__________语句可以使程序立即退出循环，转而执行循环外的下一条语句。

3. 选择题

（1）关于 Python 分支结构语句，以下说法错误的是（　　）。

A. if-else 语句可以定义一个双分支流程

B. 在 if-else 结构中，若 if 语句后的条件判断结果为 True，则忽略 else 语句后的代码

C. if 语句必须和 else 语句联合使用

D. else 语句后也可以设置一个条件判断

（2）下列语句不能嵌套自身的是（　　）。

A. if 语句　　B. else 语句

C. while 语句　　D. for 语句

（3）下列语句不能单独使用的是（　　）。

A. if 语句　　B. elif 语句

C. if-else 语句　　D. for 语句

（4）在 Python 中，若需要定义一个 for 循环，则在横线上填入以下哪项不能实现（　　）。

```
for i in ______________:
    print(i)
```

A. 1234　　B. "Python"

C. (1,2,"python")　　D. range(5)

（5）执行下面的语句后，输出结果是（　　）。

```
s=0
for a in range(1,5):
    for b in range(1,a):
        s+=1
print(s)
```

A. 0　　B. 1

C. 6　　D. 5

（6）执行以下 Python 代码，输出的结果是（　　）。

```
i = 0
while True:
    print(i, end ='')
    i += 1
```

```
if i >=3:
    break
```

A. 0 1 2　　B. 0 1 2 3

C. 1 2 3　　D. 无限循环

4. 简答题

（1）简述 for 循环和 while 循环的特点和各自适用的场景。

（2）简述 break 语句和 continue 语句的区别。

（3）简述 else 语句可以与哪些语句配合使用，及配合使用时的作用。

实训

1. BMI 指数

为了身体健康和体型优美，越来越多的人开始减肥。其实肥胖的标准不是绝对的体重值大，而是体重和身高的比值。国际上常用的身体质量指数（BMI：Body Mass Index）是衡量人体重是否合理和肥胖程度的重要标准。其定义如下：

$BMI = w / h^2$

其中，w 代表体重，单位为 kg（千克）；h 代表身高，单位为 m（米）。

我国 BMI 参考标准如下：

BMI 值	<18.5	18.5 ~ 24	24 ~ 28	>=28
意义	偏瘦	正常	偏胖	肥胖

请编写程序，接收用户输入的体重和身高数据，然后计算其 BMI 指数，并给出相应的意义。

2. 计算天数

一年中的每个月的天数不是固定的 30 天，有一句口诀：“一、三、五、七、八、十、腊，三十一天用不差；四、六、九、冬三十天，平年二月二十八，闰年二月把一加。”请编写程序，接收用户输入的年份和月份数据，根据口诀，输出对应月份的天数。

3. 判断素数合数

除了 1 和它本身没有其他约数的数字是素数，否则是合数。素数也叫质数。请编写程序，接收用户一个数字，然后判断并输出这个数字是素数还是合数。

4. 打印素数

打印输出 100 以内的所有素数，每 5 个数字一行，每个数字之间用空格分隔。

5. 最大公约数和最小公倍数

编写程序接收用户输入的两个数字，然后计算这两个数字的最大公约数和最小公倍数。

6. “百钱买百鸡”问题

我国古代数学家张丘建在《算经》中提出这样一个数学问题：鸡翁一值钱五，鸡母一值钱三，鸡雏三值钱一。百钱买百鸡，问鸡翁、鸡母、鸡雏各几何？

请编写程序，解决百钱买百鸡问题。

7. “水仙花”数

“水仙花”数（Narcissistic number）也被称为超完全数字不变数（Pluperfect Digital Invariant，PPDI）、自恋数、自幂数、阿姆斯特朗数（Armstrong Number），是指一个三位数，它的每个数位上的数字的3次幂之和等于它本身。例如：$1^3 + 5^3 + 3^3 = 153$。请编写程序，输出所有的水仙花数。

8. “斐波那契”数列

“斐波那契”数列（Fibonacci sequence），又称黄金分割数列，因数学家莱昂纳多·斐波那契（Leonardo Fibonacci）以兔子繁殖为例子而引入，故又称为“兔子数列”，指的是这样一个数列（第一、二项的值是1，从第三项开始，值是前面相邻的两项值的和）：1、1、2、3、5、8、13、21、34……请编写程序，打印此数列的前50项。

9. 国王赏麦

传说国际象棋的发明者是古印度的宰相，名叫西萨·班·达依尔。那时的国王是舍罕，世人称为舍罕王。国王想奖励宰相，便问他想要得到什么赏赐。宰相开口说道：请您在棋盘的第一个格子上放1粒麦子，第二个格子上放2粒，第三个格子上放4粒，第四个格子放8粒……即每一个次序在后的格子上放的麦粒必须是前一个格子麦粒数的2倍，直到最后一个格子即第64格放满为止，这样我就十分满足了。国王听后哈哈大笑，慷慨地答应了宰相的这个“谦卑”的请求。结果国王搬来了全国所有的麦子也没能放满棋盘的一半！

请编写Python程序，计算一下到底多少粒麦子才能填满这个聪明的宰相的棋盘。

第4章 异常处理

我们在编写和运行 Python 程序的过程中不可避免地会遇到一些错误。引发错误的原因多种多样，比如程序编写时的语法错误，或是运行时遇到特殊情况如网络中断、文件不存在、用户输入的数据不合法等。在编写程序时，如果没有对这些错误进行预见并提前规划处理方案，则会导致程序意外终止。

Python 的异常处理功能可以对程序运行时可能产生的错误做好预案处理，这使我们编写的程序具有更强的容错性，提高程序的健壮性，也能使用户的体验更好。

学习目标

知识目标	1. 理解异常处理的目的和意义 2. 理解句法错误和运行异常的区别 3. 掌握异常处理的基本语法 4. 掌握人为引发异常的目的及方法
技能目标	1. 具有分辨句法错误与运行异常的能力 2. 具有使用异常处理结构编写程序的能力 3. 具有使用异常处理提高程序健壮性和友好性的能力
素养目标	1. 具有利用网络自主学习的能力 2. 具有强烈的技术探究精神 3. 具有未雨绸缪的意识 4. 具有运用编程解决实际问题的能力

知识导图

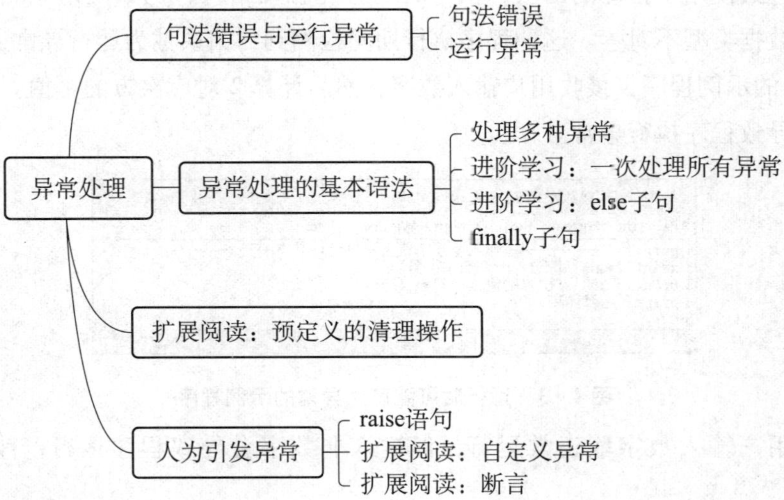

4.1 句法错误与运行异常

编写和运行程序时遇到的错误有两种不同的情况，分别为句法错误和运行异常。

4.1.1 句法错误

由于句法（关键字的拼写、缩进、中英文符号等）引起的错误，我们称为句法错误或解析错误，这种错误导致程序任何时刻都无法运行。解决这种错误需要修改程序，直至所有的句法问题都得到解决后才能运行。例如图 4－1 所示的代码就有句法错误（不正确缩进）。

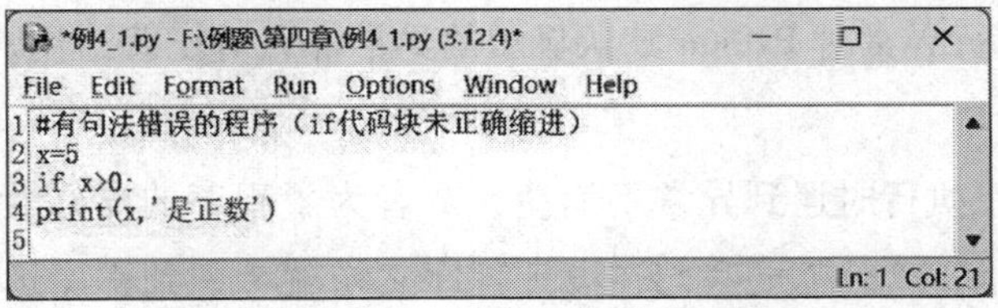

图 4－1　有句法错误的示例程序

程序执行时会报告“SyntaxError”类型的错误，错误提示消息是：“expected an indented block after 'if' statement on line 3”，如图 4－2 所示。

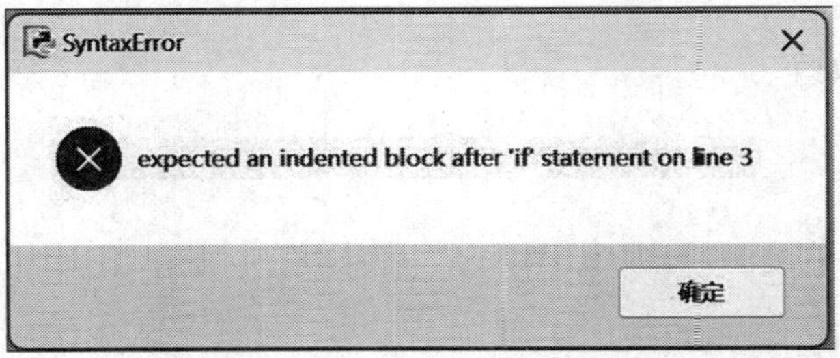

图 4－2　程序运行时报告句法错误

4.1.2 运行异常

即使语句或表达式使用了正确的语法，执行时仍可能触发错误，例如网络突然中断、用户未按要求输入数据或输入数据类型不对等。这种程序执行期间检测到的错误称为运行异常，简称异常。

如图 4－3 所示的示例程序，接收用户输入数字，然后计算 2 对应次方的幂值。但是用户可能会输入字母或直接回车导致程序执行异常。

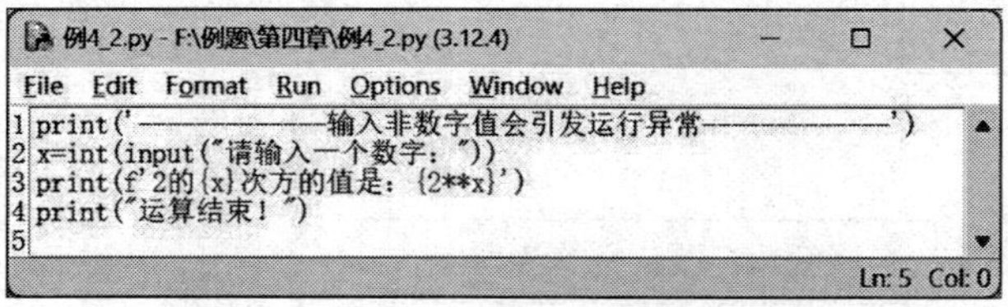

图 4－3 运行时可能产生异常的示例程序

程序运行时，用户输入数字能正常运行，但输入非数字会导致程序运行产生异常，如图 4－4 所示。

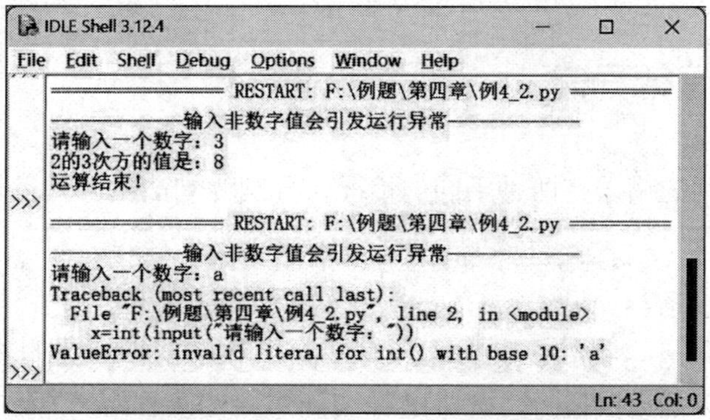

图 4－4 用户输入值不合法导致运行异常

在图 4－4 中，程序运行异常时 Python 默认显示的异常信息对于普通用户来说过于“专业”，普通用户难以理解。

为了程序的健壮性，在执行时遇到异常不崩溃，或者为了程序的友好性，出现异常时能给用户一个友好、清晰的说明或提示，这就需要我们在设计程序之初就考虑到程序运行过程中遇到可能出现的异常情况的处理流程，这种“未雨绸缪”的编码称为异常处理。

4.2 异常处理的基本语法

异常处理的基本语法如下：

```
try:
    可能产生异常的代码块
except [异常类型]:
    发生对应异常时的处理代码块
```

```
else:
    没有产生异常时要执行的代码块
finally:
    无论是否发生异常都要执行的代码块
```

上述的异常处理语句的结构可以根据需要简化为 try-except 或 try-finally。例如下面的代码在运行时如果用户输入的数值不能转换成数字类型，则会发生异常。程序员在设计过程时预料到这种情况，并通过 try-except 进行异常的处理，给用户明确的提示，使程序更加健壮、友好。

改进（添加了异常处理）后的代码如图 4－5 所示。

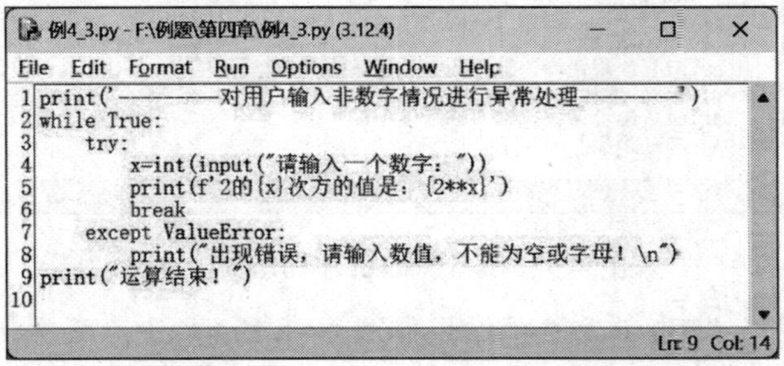

图 4－5　添加了异常处理后的示例程序

程序运行时如果用户输入的是字母或空，导致 int() 函数进行类型转换时产生异常，则程序不会退出，而是提示用户错误原因，并给用户重新输入机会，直至用户输入正确，运算结束。运行结果如图 4－6 所示。

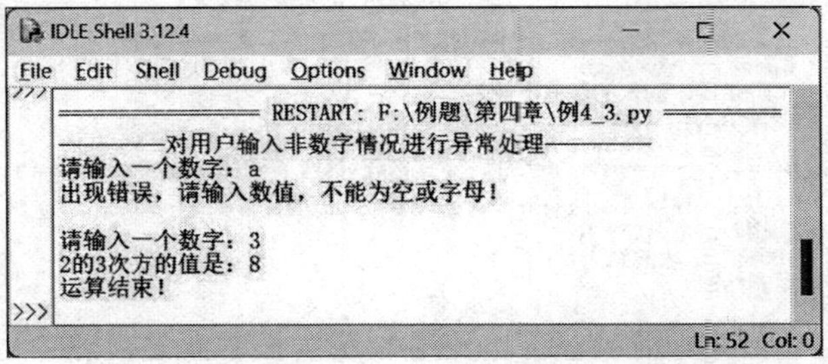

图 4－6　添加了异常处理后的示例程序的运行结果

try 语句的工作原理如下：

首先，执行 try 代码块（try 和 except 关键字之间的语句）。

如果没有触发异常，则跳过 except 子句，try 代码块执行完毕。

如果在执行 try 代码块时发生了异常，则跳过该代码块中发生异常的语句下面剩下的部分。

如果异常的类型与 except 关键字后指定的异常相匹配，则执行 except 子句，然后接着在 try-except 代码块之后继续执行。

如果发生的异常与 except 子句中指定的异常不匹配，则它会被传递到外部的 try 语句中；如果没有找到处理程序，则它是一个“未处理异常”且执行将终止，并输出默认的异常消息。

总之，一旦执行过程中产生异常，则程序会中断正常执行流程，进入异常处理流程，导致异常语句后面的代码不再执行。

4.2.1 处理多种异常

1. 多个 except 子句形式

有时 try 代码块中的代码可能发生多种异常，这时可以在 try 代码块的后面跟上多个 except 子句分别处理多个可能的异常。示例程序如图 4－7 所示。

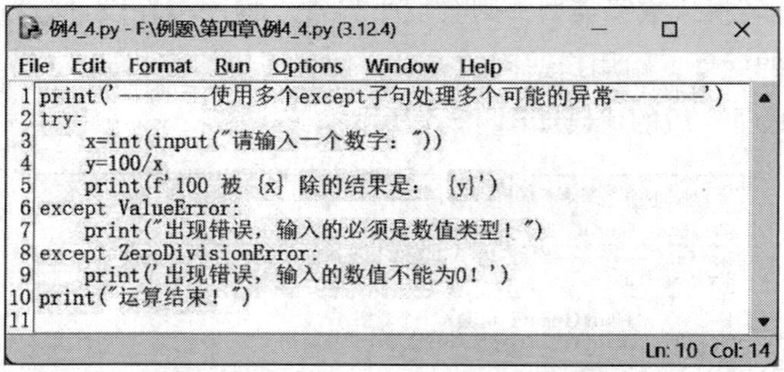

```
print('--------使用多个except子句处理多个可能的异常--------')
try:
    x=int(input("请输入一个数字："))
    y=100/x
    print(f'100 被 {x} 除的结果是： {y}')
except ValueError:
    print("出现错误，输入的必须是数值类型！")
except ZeroDivisionError:
    print('出现错误，输入的数值不能为0！')
print("运算结束！")
```

图 4－7　多个 except 子句示例程序

程序运行时，分别输入字母 a、0 和 5 的结果如图 4－8 所示。

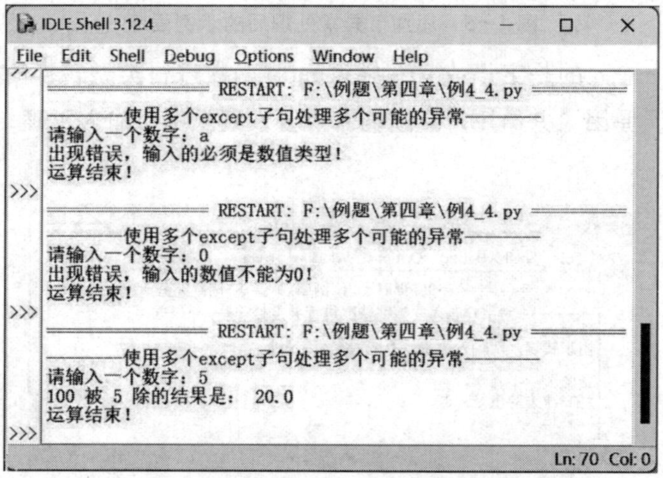

```
================ RESTART: F:\例题\第四章\例4_4.py ================
--------使用多个except子句处理多个可能的异常--------
请输入一个数字：a
出现错误，输入的必须是数值类型！
运算结束！
>>>
================ RESTART: F:\例题\第四章\例4_4.py ================
--------使用多个except子句处理多个可能的异常--------
请输入一个数字：0
出现错误，输入的数值不能为0！
运算结束！
>>>
================ RESTART: F:\例题\第四章\例4_4.py ================
--------使用多个except子句处理多个可能的异常--------
请输入一个数字：5
100 被 5 除的结果是： 20.0
运算结束！
>>>
```

图 4－8　多个 except 子句示例程序运行结果

从运行结果可以看到，针对不同情况的异常（ValueError、ZeroDivisionError），程序都能予以处理并给用户友好提示。

> **注意**　如果多个 except 子句后面的异常类型之间有父子继承关系，则应遵守：处理子类异常的 except 子句在前，处理父类异常的 except 子句在后；如果多个具体 except 子句和空类 except 子句（except 后面没有类型）连用，则确保空类 except 子句在最后（做兜底处理）。
>
> 如果空 except 子句没有放到最后，则会提示错误，示例代码如图 4－9 所示。
>
> 由于程序中空 except 子句没有在最后，运行时会提示语法错误，如图 4－10 所示。
>
> 从“SyntaxError”错误提示“default ‘except:’ must be last”可以看到，默认的空 execpt 子句必须放置到最后。

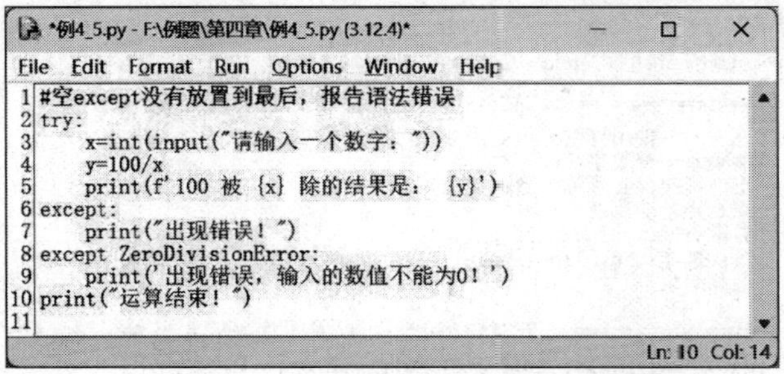

```
#空except没有放置到最后，报告语法错误
try:
    x=int(input("请输入一个数字："))
    y=100/x
    print(f'100 被 {x} 除的结果是： {y}')
except:
    print("出现错误！")
except ZeroDivisionError:
    print('出现错误，输入的数值不能为0！')
print("运算结束！")
```

图 4－9　空 except 子句未放置到最后的示例程序

图 4－10　空 except 子句未放置到最后会报告语法错误

2. 异常元组形式

try 代码块中如果有多种异常，除了可以通过多个 except 子句的形式来处理，也可以在一个 except 子句中把异常列到一个元组中来处理。示例程序如图 4－11 所示。

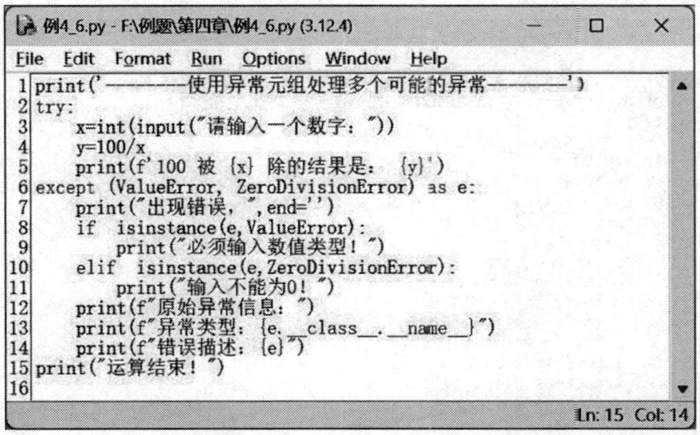

```
print('--------使用异常元组处理多个可能的异常--------')
try:
    x=int(input("请输入一个数字："))
    y=100/x
    print(f'100 被 {x} 除的结果是： {y}')
except (ValueError, ZeroDivisionError) as e:
    print("出现错误，",end='')
    if isinstance(e,ValueError):
        print("必须输入数值类型！")
    elif isinstance(e,ZeroDivisionError):
        print("输入不能为0！")
    print(f"原始异常信息：")
    print(f"异常类型：{e.__class__.__name__}")
    print(f"错误描述：{e}")
print("运算结束！")
```

图 4－11　异常元组示例程序

程序运行时分别输入非数字"a"或者数字"0"都会引发异常，如果产生的异常是 except 子句后元组列出的多种异常类型之一，则异常处理结构会捕获异常，并把对应类型异常的对象赋值给"as"后面的变量"e"，后续程序可以通过异常对象"e"来进行相应的处理。程序运行结果如图 4－12 所示。

在上面的程序中，通过 isinstance() 函数判断异常对象"e"所属的类型，分别给出了不同异常的错误提示。最后直接输出了对象"e"的信息。

except 子句中的"as"是可选的，无论 except 后面是一个异常还是多个异常组成的元组（多个异

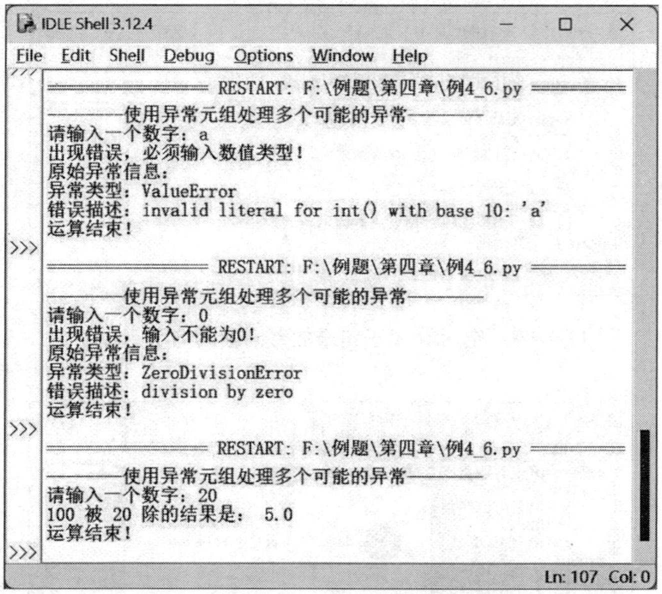

```
IDLE Shell 3.12.4
File Edit Shell Debug Options Window Help
================ RESTART: F:\例题\第四章\例4_6.py ================
————使用异常元组处理多个可能的异常————
请输入一个数字：a
出现错误，必须输入数值类型！
原始异常信息：
异常类型：ValueError
错误描述：invalid literal for int() with base 10: 'a'
运算结束！
>>>
================ RESTART: F:\例题\第四章\例4_6.py ================
————使用异常元组处理多个可能的异常————
请输入一个数字：0
出现错误，输入不能为0！
原始异常信息：
异常类型：ZeroDivisionError
错误描述：division by zero
运算结束！
>>>
================ RESTART: F:\例题\第四章\例4_6.py ================
————使用异常元组处理多个可能的异常————
请输入一个数字：20
100 被 20 除的结果是： 5.0
运算结束！
>>>
Ln: 107 Col: 0
```

图 4-12 异常元组示例程序运行结果

常必须使用小括号）都可以跟随一个“as”。一旦产生异常，“as”会把异常类的具体对象赋值给其后指定的变量名（上面代码中是变量“e”），可以通过这个异常类的具体对象来得到异常的具体信息。

4.2.2 进阶学习：一次处理所有异常

如果 except 子句中没有指定异常类型，则对应的 try 代码块中的所有异常都可以被此 except 子句处理。示例程序如图 4-13 所示。

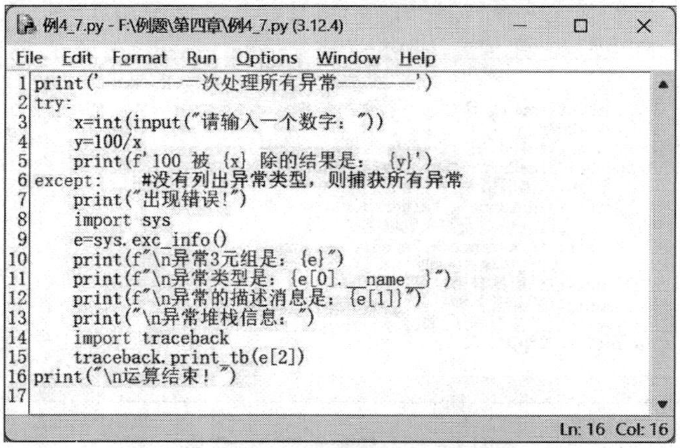

```
例4_7.py - F:\例题\第四章\例4_7.py (3.12.4)
File Edit Format Run Options Window Help
print('————一次处理所有异常————')
try:
    x=int(input("请输入一个数字："))
    y=100/x
    print(f'100 被 {x} 除的结果是： {y}')
except:    #没有列出异常类型，则捕获所有异常
    print("出现错误!")
    import sys
    e=sys.exc_info()
    print(f"\n异常3元组是：{e}")
    print(f"\n异常类型是：{e[0].__name__}")
    print(f"\n异常的描述消息是：{e[1]}")
    print("\n异常堆栈信息：")
    import traceback
    traceback.print_tb(e[2])
print("\n运算结束！")

Ln: 16 Col: 16
```

图 4-13 一次处理所有异常示例程序

程序运行时，分别输入“a”和“0”的结果如图 4-14 所示。

从程序运行结果可以看到，except 子句中如果没有指定异常的类型，则会捕获所有类型的异常。

在捕获所有类型的异常后，可以通过 sys 模块中的 exc_info() 函数得到异常的具体信息。从图 4-14 的运行结果可以直观的看到：exc_info() 函数返回的异常信息是一个 3 个元素的元组，分别是：异常的类型、异常的描述消息、异常堆栈信息。通过 traceback 模块中的 print_tb() 函数可以打印异常堆栈信息的具体内容。

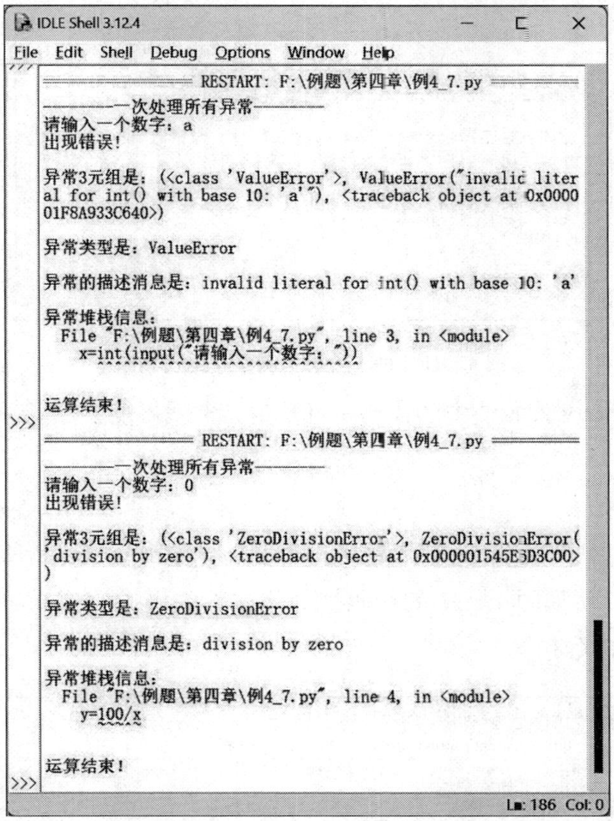

```
IDLE Shell 3.12.4
File Edit Shell Debug Options Window Help
============= RESTART: F:\例题\第四章\例4_7.py =============
----------一次处理所有异常----------
请输入一个数字：a
出现错误!

异常3元组是：(<class 'ValueError'>, ValueError("invalid literal for int() with base 10: 'a'"), <traceback object at 0x000001F8A933C640>)

异常类型是：ValueError

异常的描述消息是：invalid literal for int() with base 10: 'a'

异常堆栈信息：
  File "F:\例题\第四章\例4_7.py", line 3, in <module>
    x=int(input("请输入一个数字："))

运算结束!
>>>
============= RESTART: F:\例题\第四章\例4_7.py =============
----------一次处理所有异常----------
请输入一个数字：0
出现错误!

异常3元组是：(<class 'ZeroDivisionError'>, ZeroDivisionError('division by zero'), <traceback object at 0x000001545E3D3C00>)

异常类型是：ZeroDivisionError

异常的描述消息是：division by zero

异常堆栈信息：
  File "F:\例题\第四章\例4_7.py", line 4, in <module>
    y=100/x

运算结束!
>>>
Ln: 186 Col: 0
```

图 4－14　一次处理所有异常示例程序运行结果

4. 2. 3　进阶学习：else 子句

try-except 语句具有可选的 else 子句，该子句如果存在，它必须放在所有 except 子句之后。如果 try 子句中没有异常，则执行 else 子句。示例代码如图 4－15 所示。

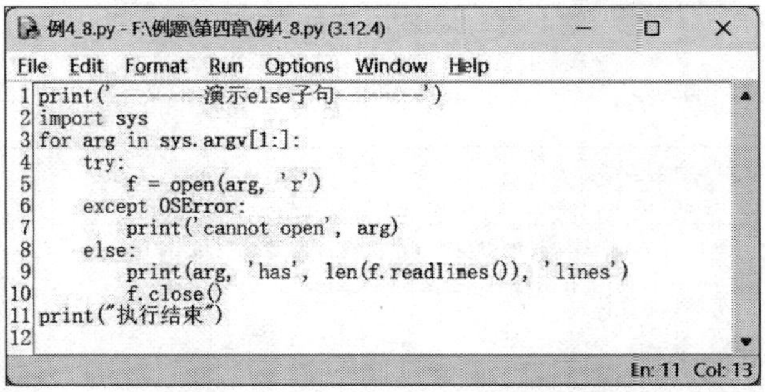

```
例4_8.py - F:\例题\第四章\例4_8.py (3.12.4)
File Edit Format Run Options Window Help
print('--------演示else子句--------')
import sys
for arg in sys.argv[1:]:
    try:
        f = open(arg, 'r')
    except OSError:
        print('cannot open', arg)
    else:
        print(arg, 'has', len(f.readlines()), 'lines')
        f.close()
print("执行结束")

Ln: 11 Col: 13
```

图 4－15　else 子句示例程序

此程序执行时会读取命令行参数（sys. argv 列表中第 0 个元素是当前程序文件名，从第 1 个开始是其后跟随的多个以空格分隔的数据（称为当前程序的命令行参数，是可选的）），运行结果如图 4－16 所示。

把上述代码中的 else 子句的代码放到 try 代码块“f ＝ open(arg, 'r')”后面，可以保证 try 代码块中现有代码“f ＝ open(arg, 'r')”在未发生异常时可以执行，区别是：使用 else 子句可以避免意外捕获 else 子句中现有的代码触发的异常。也就是说，else 子句中如果发生异常，则现有的 try-except-else

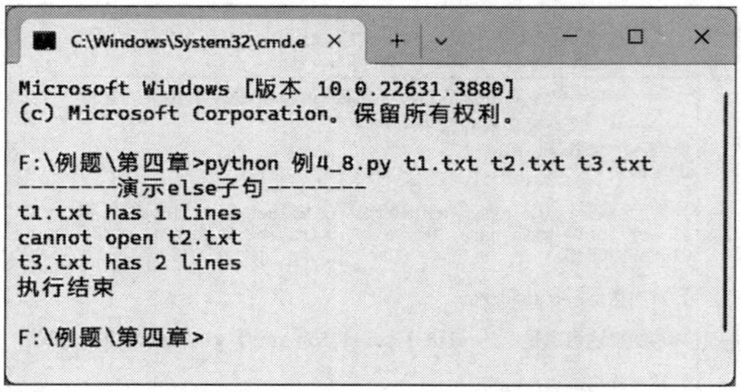

图 4－16　else 子句示例程序运行结果

结构不会被捕获，而放置到 try 代码块中的代码一旦发生异常就可能会被 except 子句捕获。

4.2.4　finally 子句

可选的 finally 子句中的代码无论 try 代码块中是否发生异常都会执行，所以 finally 子句主要用来定义资源的清理和释放操作。例如图 4－17 的代码把关闭文件的操作放到 finally 子句中，可以确保文件在遍历完所有行后一定会被关闭。

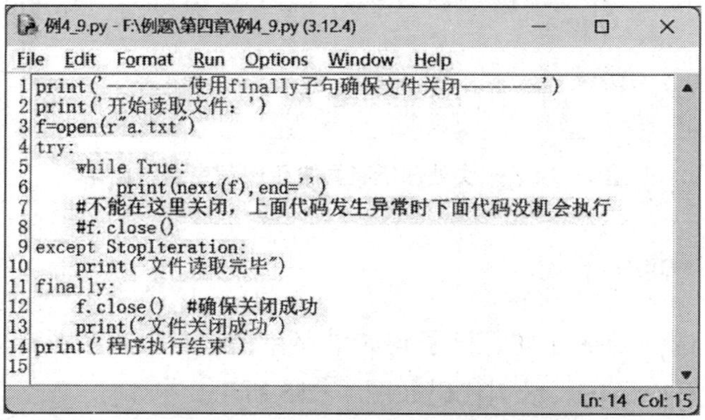

图 4－17　finally 子句示例程序

程序执行结果如图 4－18 所示。

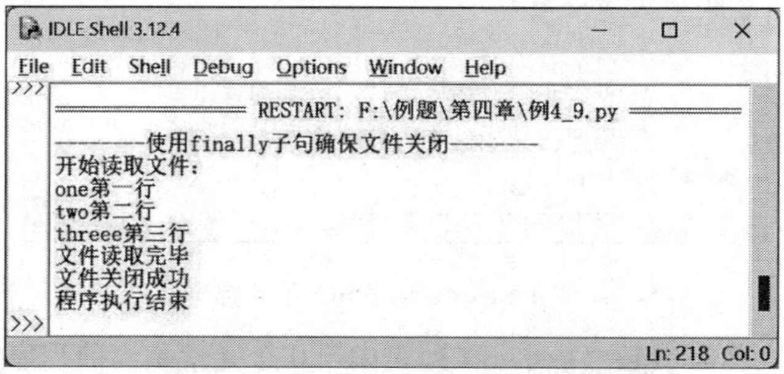

图 4－18　finally 子句示例程序运行结果

在死循环里面使用 next() 函数迭代文件行，最终总会引发 StopIteration 异常，说明文件迭代结束。文件是重要资源，打开后使用完毕应该尽早关闭，所以把关闭的操作放置到 finally 子句中确保无论 try 代码块是否发生异常，都能被执行。

如果存在 finally 子句，则 finally 子句是 try 子句结束前执行的最后一项任务。无论 try 子句是否触发异常，都会执行 finally 子句。

下面将介绍几种比较复杂的触发异常情景：

- 如果执行 try 子句期间触发了某个异常，则某个 except 子句应处理该异常。如果该异常没有被 except 子句处理，在 finally 子句执行后会被重新触发。
- except 或 else 子句执行期间也会触发异常。同样，该异常会在 finally 子句执行之后被重新触发。
- 如果 finally 子句中包含 break、continue 或 return 等语句，异常将不会被重新引发。
- 如果执行 try 子句时遇到 break、continue 或 return 语句，则 finally 子句在执行 break、continue 或 return 语句之前执行。
- 如果 finally 子句中包含 return 语句，则返回值来自 finally 子句的某个 return 语句的返回值，而不是来自 try 子句的 return 语句的返回值。
- 在实际应用程序中，finally 子句对于释放外部资源（例如文件或者网络连接）非常有用，无论是否发生异常都能保证申请的资源得到释放。

4.3 扩展阅读：预定义的清理操作

某些对象定义了销毁该对象时要执行的标准清理操作。无论该对象的操作是否成功，都会执行清理操作。

详细内容可扫描右方二维码进行学习。

►扩展阅读◄
预定义的清理操作

4.4 人为引发异常

异常处理机制可以未雨绸缪，在设计编写程序之初就做好各种可能发生的异常的处理预案，在程序运行过程中一旦发生了预计的异常，就可以按照程序中设计好的异常处理方案来处理，比如重新尝试或给用户友好提示等。通过异常处理方案可以使程序更健壮、友好。

虽然有异常处理方案，但是我们还是希望程序能顺利运行，最好不要发生异常。在实际工作中，有时候我们却需要在程序中编写代码去人为地引发异常，使程序不再继续向下正常执行。我们先介绍人为引发异常的方法及案例，然后总结人为引发异常的目的和作用。

4.4.1 raise 语句

raise 语句可以在执行时引发异常，其语法格式为：

```
raise [exception [(reason)]]
```

raise 语句有以下三种常用的用法：

（1）单独一个 raise：

```
raise
```

此用法会重新引发当前上下文中捕获的异常，或默认引发 RuntimeError 异常。

（2）raise 异常类名称：

此种用法会引发对应的异常类型的异常，例如：

```
raise   ValueError   #引发 ValueError 类型的异常
```

（3）raise 异常对象：

```
raise   ValueError()   #引发 ValueError 类型的异常
```

在构造异常对象时可以在构造方法中传递异常的描述信息，例如：

```
raise   ValueError("年龄不能小于零")   #引发 ValueError 类型的异常,并传递错误描述信息
```

通过下面的示例，我们可以学习人为引发异常的用法。常规情况下年龄都是不能小于零的，如果我们需要一个函数（后续会介绍函数的定义和调用方法）接收年龄参数并输出，则有下列两种方案(showAge1(age)和 showAge2(age))，如图 4－19 所示。

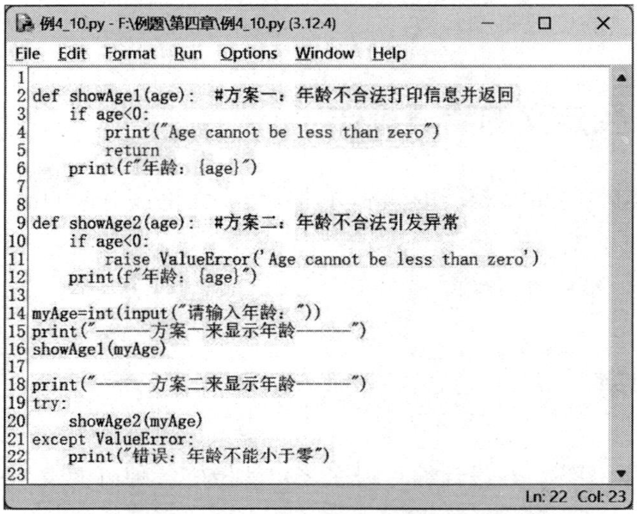

图 4－19　人为引发异常示例程序

程序运行结果如图 4－20 所示。可以看到以上两种方案都能判断年龄是否合理（年龄不能小于零），合理的年龄能正常输出，不合理的年龄都不输出，并提示原因。

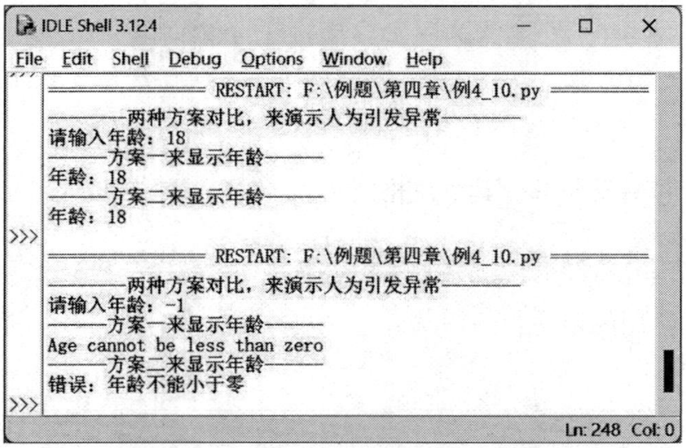

图 4－20　人为引发异常示例程序运行结果

如果 showAge1 和 showAge2 函数已固定（如由其他人编写，不方便修改源码），两种方案的区别在于：

方案一（showAge1）的错误提示为“Age cannot be less than zero”，不方便在调用函数时再次灵活设定；

方案二（showAge2）的异常信息在调用函数时可以通过异常处理结构进行处理，并且在捕获异常时可根据情况再次设定提示信息，如示例代码中设定提示信息为中文的“错误：年龄不能小于零”。

通过以上案例对比，可以看到人为引发异常在有些情况下还是很有必要的，特别是在函数定义中，为了保证函数的通用性（不同场景、不同国家语言等环境都能适用），函数参数不合理或者其他异常的信息不应直接通过 print 输出，而应该通过引发异常的方式通知调用者，把异常信息的输出机会留给调用者。

上面的案例中是通过“raise ValueError（"Age cannot be less than zero"）”语句引发了一个 ValueError 类型的对象，人为引发一个异常。有时我们在异常处理结构中捕获了某种异常处理之后还需要把这个异常再次抛出给其上层，供其上层再次处理，这时可以使用如下“伪代码”示例的单一 raise 语句的形式。

```
import  logging
try:
  dosomething()
except:
  logging.error("something  error.")  #出现异常,进行日志记录
  raise  #重新抛出上一个异常,供上层调用者再次处理
```

4.4.2 扩展阅读：自定义异常

上面的示例代码中如果年龄不合理，通过 raise 语句引发的是 ValueError 类型的异常，这个 ValueError 类是 Python 自带的，虽然 ValueError“值错误”的含义比较接近，但是语义上并不完全贴合年龄不合理的含义，另外如果有其他情况同时引发了 ValueError 异常，则不方便区分。

使用自定义异常的方法定义出更加贴合当前情况的异常类型，可以解决此问题。详细内容可扫描右方二维码进行学习。

▶扩展阅读◀
自定义异常

4.4.3 扩展阅读：断言

程序代码在编写过程中可能存在逻辑错误（bug），虽然程序能正常运行，但是运行结果肯定是错误的，也就是会出现“不可能”的结果，这种出现“不可能”的情况在编码逻辑正常的情况下一般不会发生。程序员为了监测是否出现了这种“不可能”的 bug，没必要通过前面的 raise 和自定义异常来处理。

监测这种“不可能”的 bug，更常规的方案是使用断言。

详细内容可扫描右方二维码进行学习。

▶扩展阅读◀
断言

案例

案例：字符串 index( ) 方法异常处理

问题：

字符串的 index() 方法可以返回作为参数的子串在原字符串中的起始位置，如果子串不存在则报告异常。

请编写程序通过 index( ) 方法判断用户输入的子串在“i love python”字符串中的位置。如果不存在，请提示用户重新输入。

分析：

在如下命令行交互式编程实验中，对字符串的 index( ) 方法进行了使用，如图 4－21 所示。

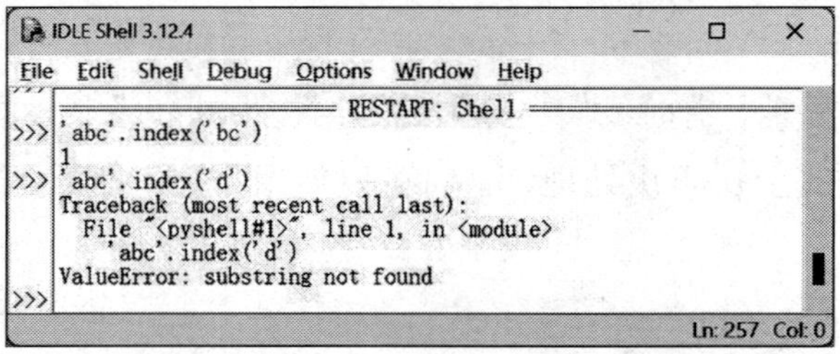

图 4－21　在执行字符串的 index( ) 方法时，未找到子串时报告异常

通过上面的实验语句可以得知，index( ) 方法在子串不存在的情况下会报告“ValueError”异常。

解决：

通过异常处理语句可以对 index( ) 方法可能发生的“ValueError”异常进行处理，把调用 index( ) 方法的语句放到 try 代码块中，在 except 子句中处理“ValueError”异常，并给用户“查无此串”的提示。

编程：

根据上面分析思路和解决步骤，编写如图 4－22 所示的程序。

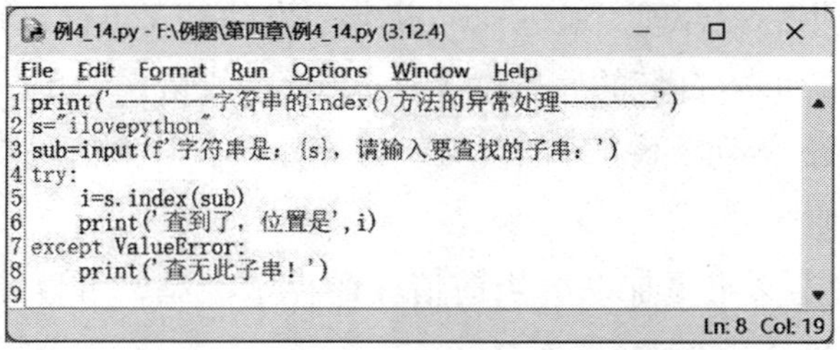

图 4－22　对字符串的 index( ) 方法进行异常处理的示例程序

程序运行后，当输入的子串查找不到时的运行结果如图 4－23 所示。

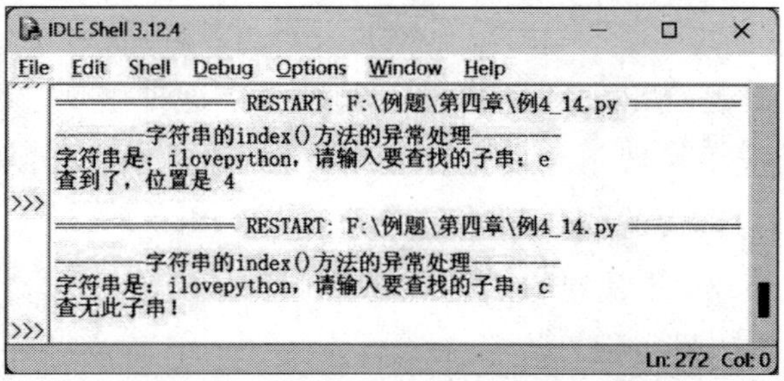

图 4－23　对字符串的 index( ) 方法进行异常处理示例程序的运行结果

习题

1. 判断题

(1) 无论程序中有什么错误，都可以使用异常处理解决。(　　)

(2) try-finally 结构也可以，不需要一定有 except 子句。(　　)

(3) try-except 结构也可以，不需要一定有 finally 子句。(　　)

(4) 多个 except 子句不分先后顺序，先捕获哪个异常类型后捕获哪个异常类型都是可以的。(　　)

(5) 自定义异常类必须使用 raise 语句才能引发，Python 不会自动引发自定义异常。(　　)

(6) assert 语句在满足其条件表达式时触发 AssertError 异常。(　　)

2. 填空题

(1) 请把下列异常处理的基本语法填写完整。

```
__________:
    可能产生异常的代码块
__________[异常类型]:
    发生对应异常时的处理代码块
__________:
    没有产生异常时要执行的代码块
__________:
    无论是否发生异常都要执行的代码块
```

(2) 下列程序接收一个数字并计算其与 100 的商，请在横线上填写合适的语句，把程序补充完整。

```
try:
    x = int(input("请输入一个数字:"))
    y = 100 / x
    print(f'100 被 {x} 除的结果是: {y}')
except __________:
    print("出现错误,输入的必须是数值类型!")
except __________:
    print('出现错误,输入的数值不能为0!')
print("运算结束!")
```

(3) 无论异常是否发生，异常处理结构中的__________语句块一定会执行，常把资源释放和清理类的操作语句放置在该语句块中。

(4) 异常处理结构中__________语句块可以有多个，对 try 代码块中可能产生的多个异常分别进行处理。

(5) 可以通过__________模块中的 exc_info() 函数回溯得到异常的具体信息。

(6) __________语句可以通过代码人为地引发异常。

3. 选择题

（1）在异常处理结构中，把可能发生异常的语句放在（　　）语句块中。

A. try　　B. except　　C. raise　　D. finally

（2）异常处理结构的语句顺序正确的是（　　）。

A. try-else-except　　B. try-except-finally-else

C. try-finally-except　　D. try-except-else-finally

（3）无论 try 代码块中是否发生异常都会执行的语句块是（　　）。

A. except　　B. finally　　C. else　　D. raise

（4）可以人为触发异常的关键字是（　　）。

A. try　　B. except　　C. raise　　D. finally

（5）下列选项中，不能用异常处理结构处理的是（　　）。

A. ZeroDivisionError　　B. SyntaxError

C. NameError　　D. KeyError

（6）当 try 代码块中的语句没有异常发生时，一定不会执行的语句是（　　）。

A. try　　B. else　　C. finally　　D. except

（7）从下列错误信息中可以看出异常类型是（　　）。

```
Traceback (most recent call last):
  File "C:/Users/tt/Desktop/1.py", line 1, in <module>
    5/0
ZeroDivisionError: division by zero
```

A. Traceback　　B. module

C. ZeroDivisionError　　D. division by zero

4. 简答题

（1）简述异常处理的目的和方法。

（2）预计一段代码可能触发多种异常，简述处理多种异常的几种方案及各自特点。

（3）简述人为引发异常的目的和方法。

（4）简述自定义异常的目的和方法。

实训

1. 求商异常处理

请用户输入两个数字，计算商。用户的输入是不可靠的，请分析可能遇到的异常，并使用异常处理结构做好预案，保证程序的健壮和友好。

2. 教师信息异常处理

接收输入并输出教师的姓名、年龄、月工资（输出时转换为年收入），假设姓名字符串要求长度 2 ~ 20，年龄要求 18 ~ 65，当地的最低月工资标准为 2 000 元。如果用户的输入不满足上述条件，请人为引发异常并处理。

第5章 字符串

在 Python 中，使用 str 对象处理文本数据。str 对象被称为字符串。字符串是由零个或多个字符构成的不可变序列。字符串主要用来表示文本，例如新闻网站的新闻标题、新闻内容，登录网站用的用户名、密码，电子邮件等。灵活地使用与处理字符串是 Python 编程的必备技能。

学习目标

知识目标	1. 理解字符串的概念 2. 掌握字符串常量的表示方法 3. 掌握字符串的输入和输出 4. 掌握字符串的格式化方法 5. 掌握字符串的常用运算、函数及方法
技能目标	1. 具有使用字符串表达文本的能力 2. 具有使用字符串输入、输出方法接收和显示字符串的能力 3. 具有使用字符串运算符及字符串函数、字符串方法对字符串进行加工处理的能力 4. 具有综合使用字符串解决实际问题的能力
素养目标	1. 具有利用网络自主学习的能力 2. 具有强烈的技术探究精神 3. 具有运用编程解决实际问题的能力

知识导图

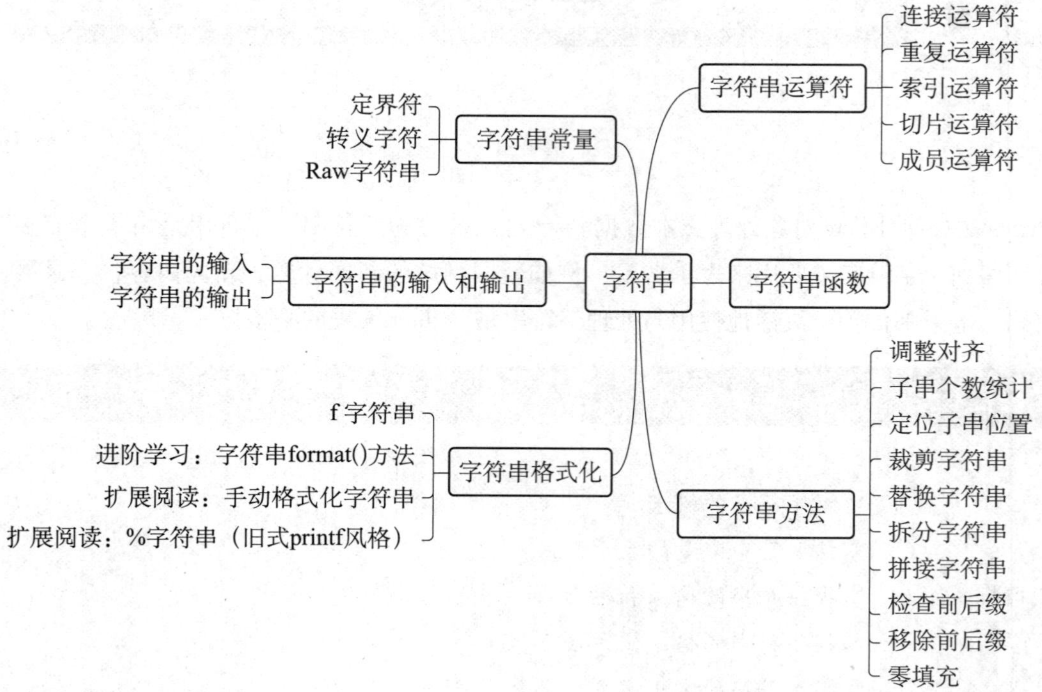

5.1 字符串常量

字符串常量是指使用单引号或双引号等字符串定界符标识出来的零个或者多个字符组成的序列。字符串中的字符可以是 ASCII 字符、各种符号以及各种 Unicode 字符。字符串常量可以作为右值，赋值给一个变量，但是不能作为左值，被赋值。

5.1.1 定界符

用来标识字符串开始和结束位置的符号叫作字符串的定界符，定界符必须成对出现。在 Python 中，字符串的定界符有如下 3 种：

1. 单引号（'）

字符串左右两端可以使用单引号来标识一个字符串。这种情况下，字符串内容里面可以包含双引号，但是不能包含单引号。使用单引号标识字符串的示例代码及运行结果如图 5－1 所示。

2. 双引号（"）

字符串左右两端也可以使用双引号来标识一个字符串。这种情况下，字符串内容里面可以包含单引号，但是不能包含双引号。使用双引号标识字符串的示例代码及运行结果如图 5－2 所示。

3. 三引号（'''或"""）

字符串两端可以使用 3 个引号（单、双引号都可以）来标识一个字符串。这种情况下，字符串内

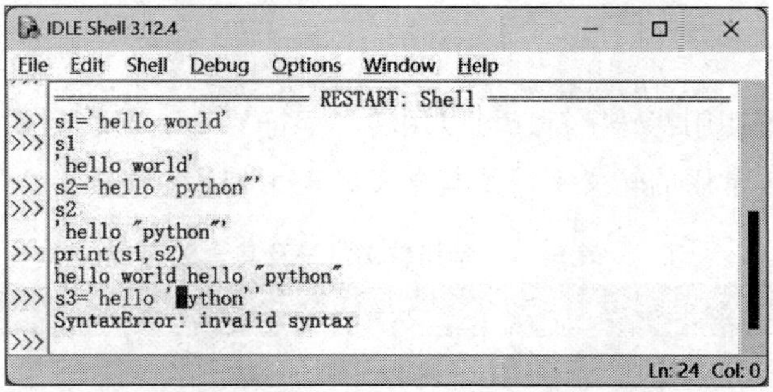

图5-1 单引号定界符示例

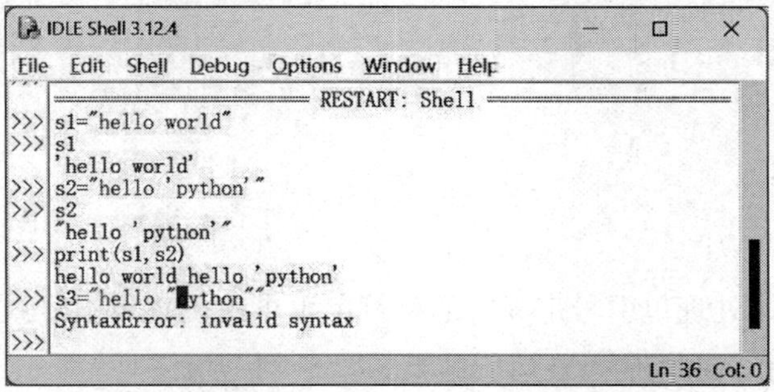

图5-2 双引号定界符示例

容可以包含单、双引号，也可以包含换行、空格、缩进等空白符。三引号的另外一个作用是定义多行注释或者在函数、模块的开头定义文档注释。

使用三引号标识字符串的示例代码及运行结果如图5-3所示。

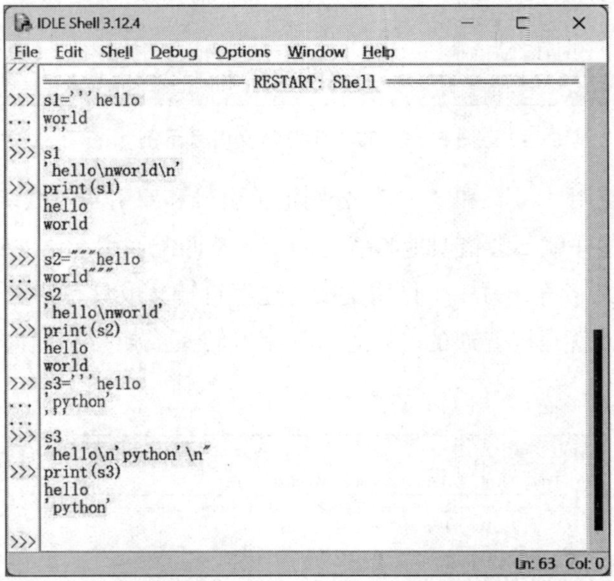

图5-3 三引号定界符示例

> **注意** 字符串定界符必须使用英文符号，并且左右对应（左边是单引号，右边也必须是单引号）。

5.1.2 转义字符

如果我们需要在字符中使用特殊字符，可以用转义字符“\”（反斜杠）来转换字符原来的含义，达到表示特殊含义的目的。常用的转义字符及其含义见表 5-1。

表 5-1 常用转义字符及其含义

转义字符	含义
\\	反斜杠
\n	换行
\'	单引号
\"	双引号
\t	横向制表
\r	回车
\b	退格

根据表 5-1，我们可以处理单引号定界符的字符串里再次出现单引号或者双引号定界符的字符串里再次出现双引号的情况了。示例代码及运行结果如图 5-4 所示。

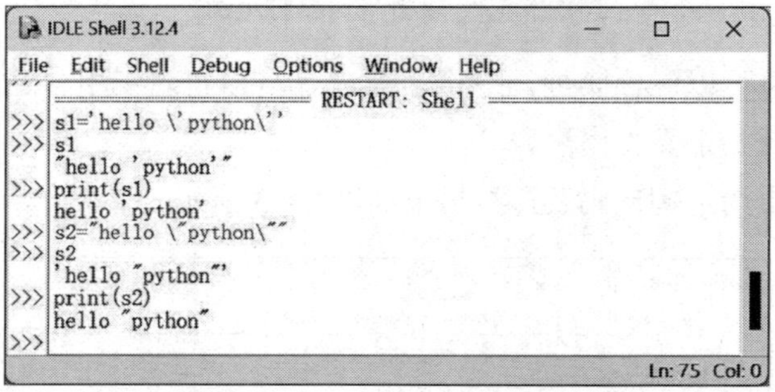

图 5-4 转义字符转义引号示例

在上述代码中，我们使用“\'”和“\"”分别把单引号和双引号由默认的字符串定界符的含义转换成了普通字符的含义，这样就不会错误地和就近的定界符匹配而引起语法错误了。

反斜杠“\”作为转义字符，另一个作用是把普通字符转义成具有特殊含义的字符，例如表 5-1 中的“\n”“\t”等用法，就是把普通的“n”“t”字符转义成换行和横向制表符。示例代码及运行结果如图 5-5 所示。

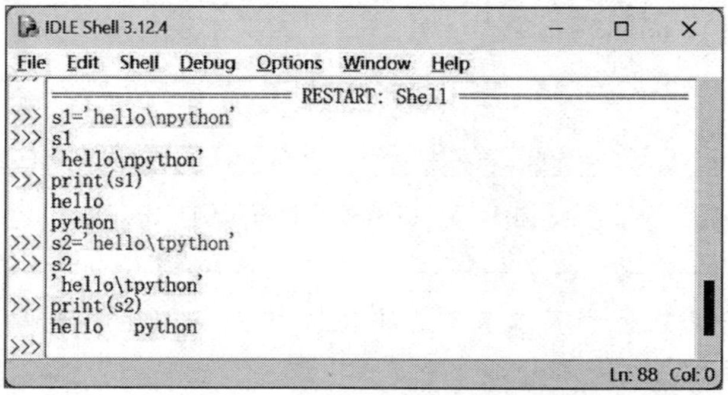

图 5-5 转义字符转义普通字符示例

转义字符也可以转义反斜杠自身为普通字符。示例代码及运行结果如图 5-6 所示。

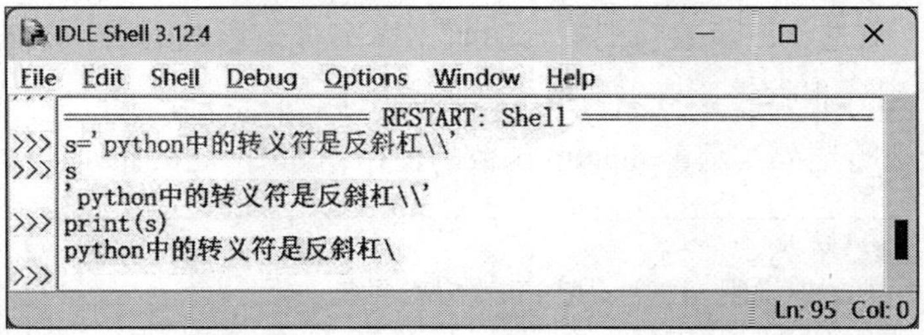

图 5-6　转义字符转义反斜杠自身示例

5.1.3　Raw 字符串

在字符串定界符的左边使用“r”（或“R”，不区分大小写）标识的字符串是 Raw 字符串，又叫“原义字符串”。Python 不会解析 Raw 字符串中的转义字符，在字符串中有可能包含和转义字符相同的字符，又不想把它们当作转义字符看待时，可以使用 Raw 字符串。示例代码及运行结果如图 5-7 所示。

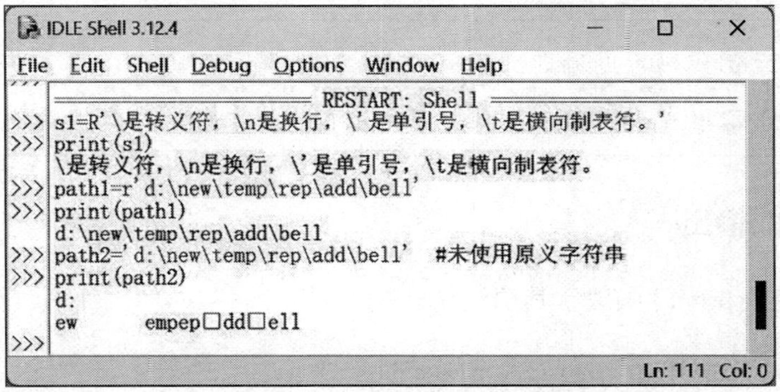

图 5-7　原义字符串示例

从上面的示例代码可以看到，在表示路径的字符串 path1 和 path2 中包含了转义字符（\n、\t、\r、\a、\b）。在使用时由于 path1 字符串使用了“r”前缀，字符串中的转义字符没有转义，路径字符串正常使用，没有受转义字符的影响。而 path2 由于没有“r”前缀，转义字符都进行了转义，路径的本意已经受转义字符的影响而面目全非了。

5.2　字符串的输入和输出

在实际应用中，程序经常需要和用户进行交互，字符串的内容一般由用户输入，程序运行的结果也需要以字符串的形式输出显示。这个过程就需要使用字符串的输入和输出的方法。

5.2.1　字符串的输入

在程序运行中，可以使用 input() 函数接收用户输入的字符串。input() 函数会从输入设备读取一行文本，默认的输入设备是键盘，其语法格式为：

```
[字符串变量] = input([提示信息])
```

其中，“提示信息”可选，该函数会把输入的数据以字符串形式返回，一般通过一个“字符串变量”来接收并供后续使用（根据需要可以转换成其他类型）。

下面的示例代码及运行结果演示了 input() 函数的使用，如图 5-8 所示。

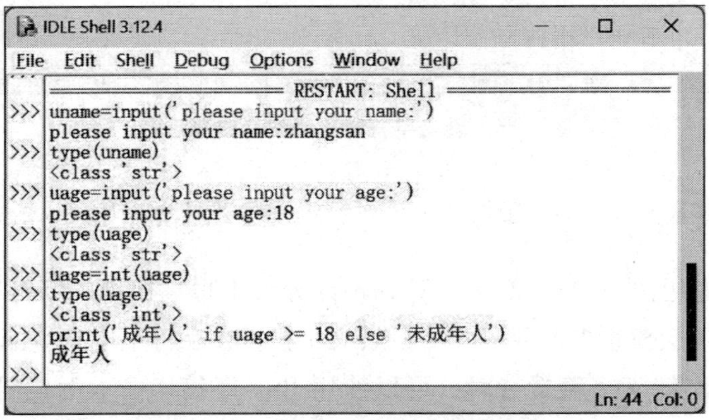

图 5-8　字符串的输入示例

> **注意**　从图 5-8 示例代码可以看到，无论用户输入的是什么（即使看起来像数字），input() 函数返回值的类型总是字符串（如果需要，可以使用类型转换函数把字符串转换成其他类型）。

5.2.2　字符串的输出

输出字符串可以使用 print() 函数，其语法格式如下：

```
print( *objects, sep='', end='\n', file=sys.stdout, flush=False)
```

其功能是将 objects（“*”表示打包参数为元组，后续函数部分会学习；多项内容以逗号隔开）打印到 file 指定的文本流，以 sep（默认为“ ”（一个空格））分隔并在末尾加上 end（默认为“\n”换行）。sep、end、file 和 flush 如果存在，它们必须以关键字参数的形式给出（后续会学习函数及参数。关键字参数形式的意思是写成“参数名称 = 参数值”的形式，例如：end=',')。

所有非关键字参数都会被转换为字符串，就像是执行 str() 一样，并会被写入输出文本流，以 sep 分隔且在末尾加上 end。sep 和 end 都必须为字符串，它们也可以为 None，这意味着使用默认值。如果没有给出 objects，则 print() 将只写入 end（也就是说一个空的 print() 函数会输出一个换行）。

file 参数如果存在，则字符串内容将会输出到这个参数的指定文件。flush 参数指定是否刷新输出流。

下面的示例代码及运行结果演示了 print() 函数的几种不同参数的使用，如图 5-9 所示。

> **注意**　正确区分 sep 参数和 end 参数的作用。从图 5-9 所示的示例代码可以看到，sep 参数的作用是在一个 print() 语句中输出多项值的时候指定多个值的分隔符，end 参数的作用是指定 print() 语句在输出结束时的行结束符。

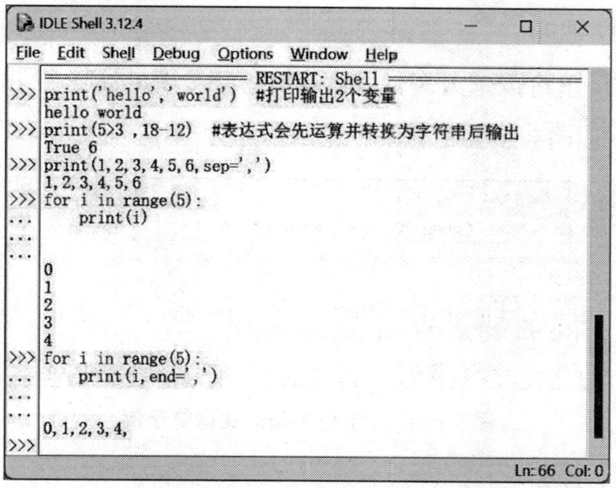

```
IDLE Shell 3.12.4
File Edit Shell Debug Options Window Help
===================== RESTART: Shell =====================
>>> print('hello','world')  #打印输出2个变量
hello world
>>> print(5>3 ,18-12)  #表达式会先运算并转换为字符串后输出
True 6
>>> print(1,2,3,4,5,6,sep=',')
1,2,3,4,5,6
>>> for i in range(5):
...     print(i)
...
...

0
1
2
3
4
>>> for i in range(5):
...     print(i,end=',')
...
...

0,1,2,3,4,
>>>
Ln: 66  Col: 0
```

图 5-9　字符串的输出示例

5.3 字符串格式化

通过格式化，我们可以采用更加合适、美观的形式输出字符串的内容。在 Python 中，进行复杂格式输出的方法主要有下列 4 种：

（1）f 字符串；

（2）字符串 format() 方法；

（3）手动格式化字符串；

（4）% 字符串（旧式 printf 风格）。

其中，f 字符串简单明了、性能高，所以推荐使用这种方法，但是需要注意的是 f 字符串只能在 Python 3.6 及以上的版本中使用。下面分别介绍这 4 种方法。

5.3.1 f 字符串

在字符串定界符左边加前缀“f”或“F”，在字符串里面把表达式使用{表达式:格式描述}形式标识出来，可以实现表达式的替换及格式的控制。

1. 简单使用

f 字符串中用大括号“{}”把变量括起来，表示被替换字段，可直接填入替换内容。示例代码及运行结果如图 5-10 所示。

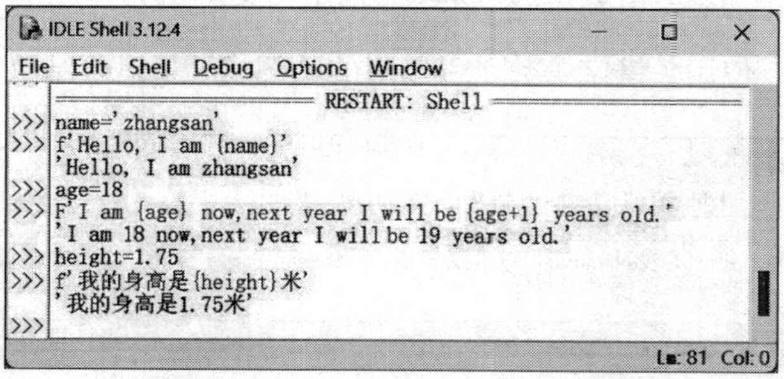

```
IDLE Shell 3.12.4
File Edit Shell Debug Options Window
===================== RESTART: Shell =====================
>>> name='zhangsan'
>>> f'Hello, I am {name}'
'Hello, I am zhangsan'
>>> age=18
>>> F'I am {age} now,next year I will be {age+1} years old.'
'I am 18 now,next year I will be 19 years old.'
>>> height=1.75
>>> f'我的身高是{height}米'
'我的身高是1.75米'
>>>
Ln: 81  Col: 0
```

图 5-10　f 字符串简单示例

2. 表达式求值与函数调用

f 字符串中的大括号 {} 里可以填入表达式或调用函数，Python 会求出其结果并填入返回的字符串内。示例代码及运行结果如图 5－11 所示。

图 5－11　f 字符串表达式运算示例

3. 扩展阅读：自定义格式

f 字符串采用 {表达式: 格式描述} 设置表达式格式。通过设定格式描述，可以自定义格式。

详细内容可扫描右方二维码进行学习。

▶扩展阅读◀
自定义格式

5.3.2　进阶学习：字符串 format() 方法

str.format() 方法的基本用法的示例代码及运行结果如图 5－12 所示。

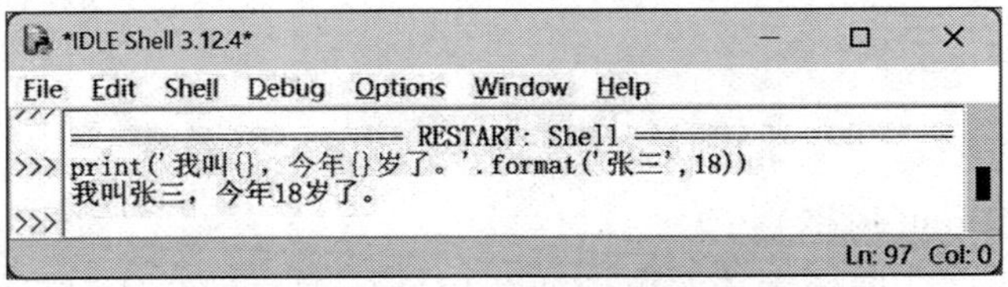

图 5－12　format() 方法基本示例

大括号{}及之内的字符（称为格式字段）被替换为传递给 str.format() 方法的对象。大括号{}中可以使用数字来表示传递给 str.format() 方法的对象所在的位置。示例代码及运行结果如图 5－13 所示。

图 5－13　format() 方法序号传参示例

在 str.format() 方法中，使用关键字参数名引用值的示例代码及运行结果如图 5－14 所示。

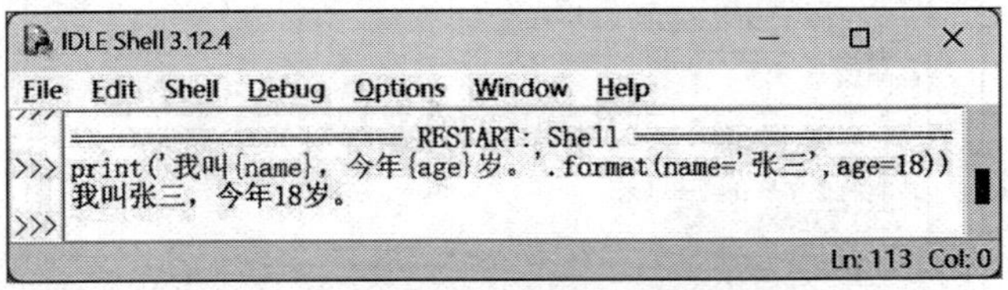

图 5－14　format() 方法关键字传参示例

位置参数和关键字参数可以任意组合，示例代码及运行结果如图 5－15 所示。

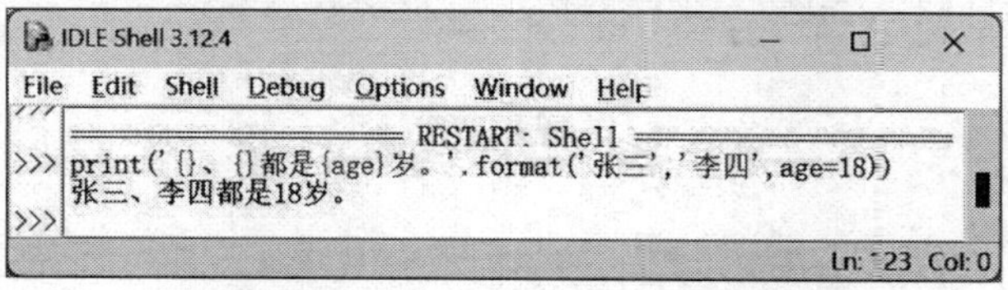

图 5－15 format()方法混合传参示例

如果不想分拆较长的格式字符串，最好按名称引用变量进行格式化，不要按位置。这项操作可以通过传递字典（后续会学习字典的概念及使用），并用中括号“[ ]”访问键来完成。示例代码及运行结果如图 5－16 所示。

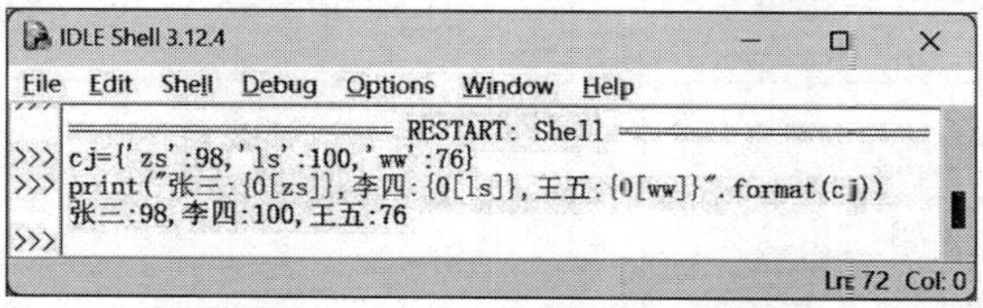

图 5－16 format()方法字典传参示例

str. format()进行字符串格式化也遵循上一节自定义格式的语法。

5.3.3 扩展阅读：手动格式化字符串

通过灵活使用 str. rjust()、str. ljust()、str. center()、str. zfill()、bin()、oct()等函数，也可以进行字符串的手工格式化。

详细内容可扫描右方二维码进行学习。

▶扩展阅读◀
手动格式化字符串

5.3.4 扩展阅读：%字符串（旧式 printf 风格）

Python 还支持“格式描述% 表达式”的形式来进行字符串的格式化，这种方案一般在老版本的 Python 代码中使用较多。

详细内容可扫描右方二维码进行学习。

▶扩展阅读◀
%字符串（旧式 printf 风格）

5.4 字符串运算符

字符串也可以通过连接、重复、索引、切片等字符串运算符进行运算。常用的字符串运算符见表 5－2。

表 5－2 常用的字符吕运算符

运算符	说明
+	字符串连接
*	字符串重复
[ ]	字符串索引

续表

运算符	说明
[: :]	字符串切片
in	成员运算符，判断字符（或子串）是否被包含在字符串中
not in	成员运算符，判断字符（或子串）是否未被包含在字符串中

5.4.1 连接运算符

通过“+”运算符可以把多个字符串进行连接。示例代码及运行结果如图 5-17 所示。

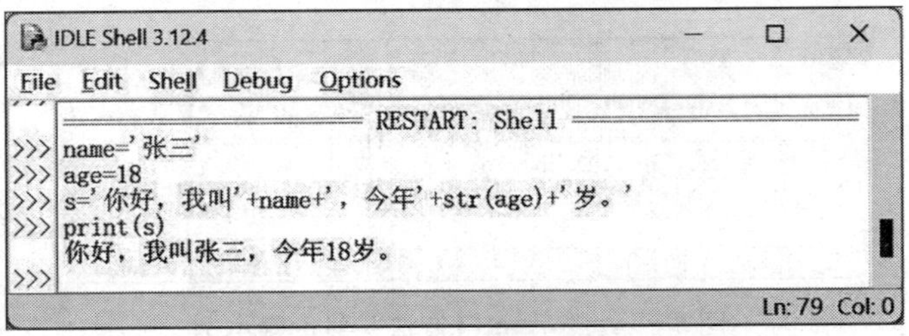

图 5-17 字符串连接运算符示例

5.4.2 重复运算符

通过“*”运算符可以把字符串进行指定次数的重复。示例代码及运行结果如图 5-18 所示。

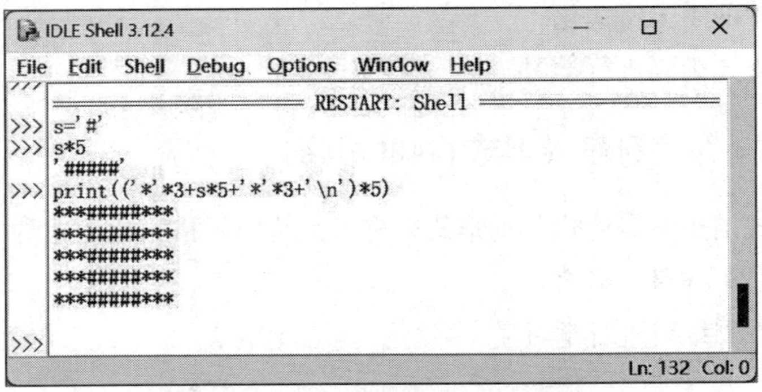

图 5-18 字符串重复运算符示例

5.4.3 索引运算符

通过“[ ]”运算符可以取得字符串中指定位置的字符（索引从 0 开始，支持负索引，最后一个位置是 -1）。示例代码及运行结果如图 5-19 所示。

5.4.4 切片运算符

通过“[: :]”运算符可以对字符串进行切片，取得字符串的子串。字符串切片的语法如下：

```
[起始索引: 结束索引: 步长]
```

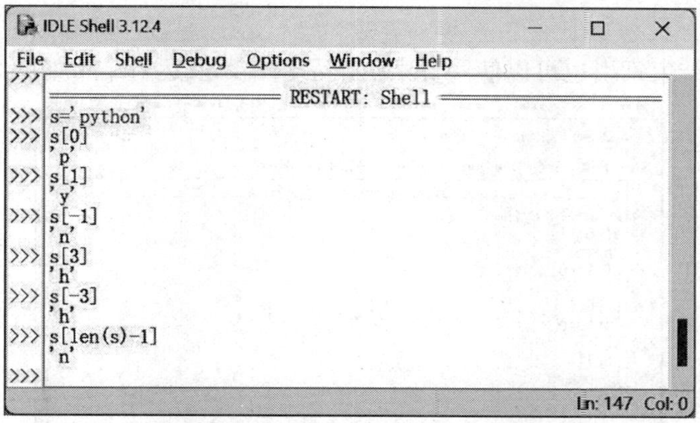

图5-19 字符串索引运算符示例

其中：

（1）起始索引位置的字符是包含的，结束索引位置的字符是不包含的，也就是说起始和结束索引是左闭右开区间。

（2）起始索引或结束索引都可以省略，起始索引省略表示从头开始，结束索引省略表示取到结束。如果全都省略，表示取全部字符（得到和原字符串一模一样的副本）。

（3）步长默认是1，可以省略。步长也可以为负值，表示从右向左取值。

字符串的切片很灵活，下面通过示例来详细介绍。

1. 常规切片

同时指定起始索引和结束索引来进行切片。示例代码及运行结果如图5-20所示。

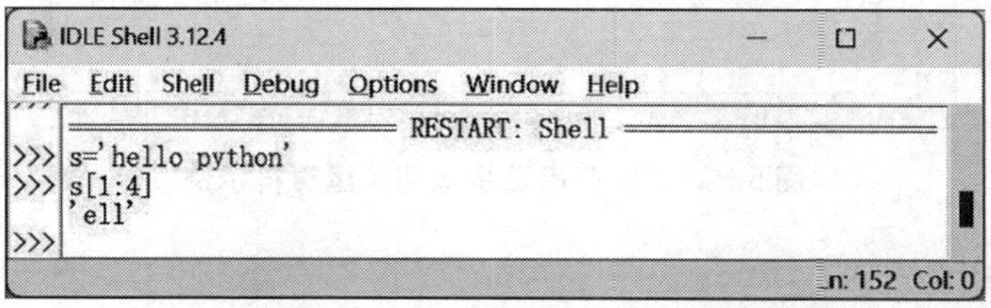

图5-20 字符串常规切片运算符示例

2. 省略索引切片

切片的起始索引省略表示从头取，结束索引省略表示取到结尾，全部省略表示从头取到尾。示例代码及运行结果如图5-21所示。

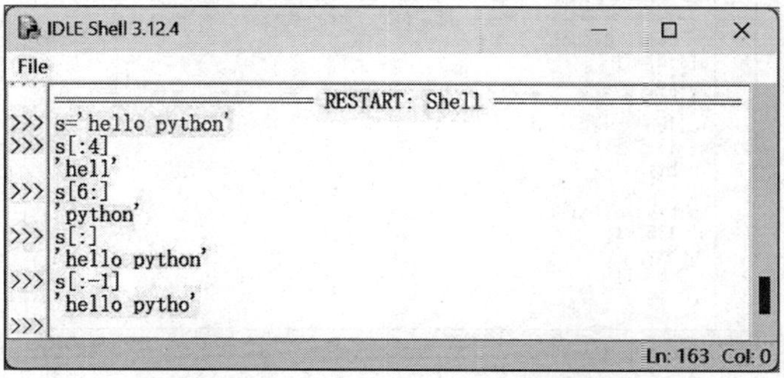

图5-21 字符串省略索引切片运算符示例

3. 负索引切片

切片的起始索引和结束索引也可以使用负索引。示例代码及运行结果如图 5－22 所示。

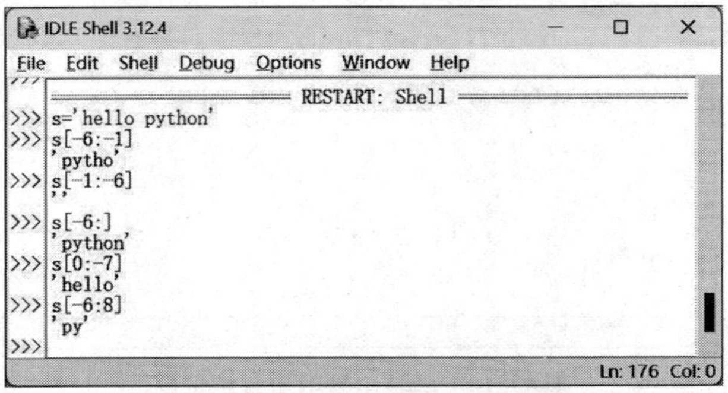

图 5－22　字符串负索引切片运算符示例

4. 指定正步长切片

上述的示例没有指定步长，则步长默认为 1，根据需要也可以指定步长的值。示例代码及运行结果如图 5－23 所示。

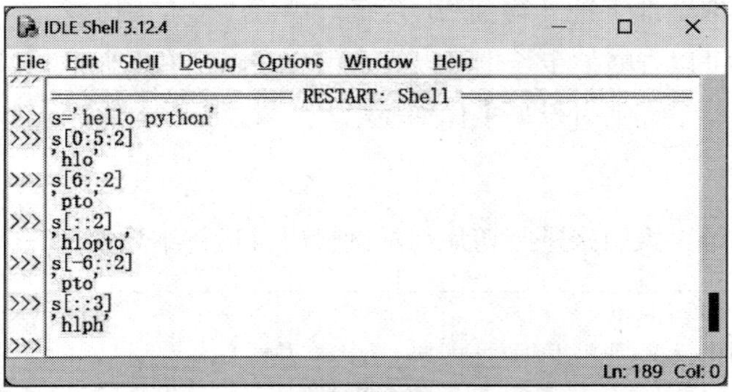

图 5－23　字符串正步长切片运算符示例

5. 指定负步长切片

步长为负数表示从右向左取值，在这种情况下请注意起始索引和结束索引的写法必须是：起始索引在右端，结束索引在左端（索引从右向左）。同样是包含起始索引位置的字符，不包含结束位置的字符。示例代码及运行结果如图 5－24 所示。

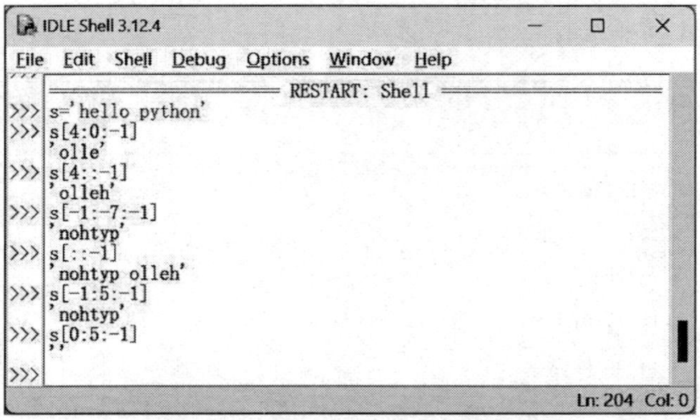

图 5－24　字符串负步长切片运算符示例

> **注意** 对字符串进行切片会得到一个新的子串，并不会对原字符串做任何改动。

5.4.5 成员运算符

通过成员运算符“in”“not in”可以方便地判断一个字符串是否包含在另一个字符串中。

图 5-25 中的示例代码演示了接收用户输入一个字符，然后通过“in”成员运算符判断这个字符是否是数字字符。

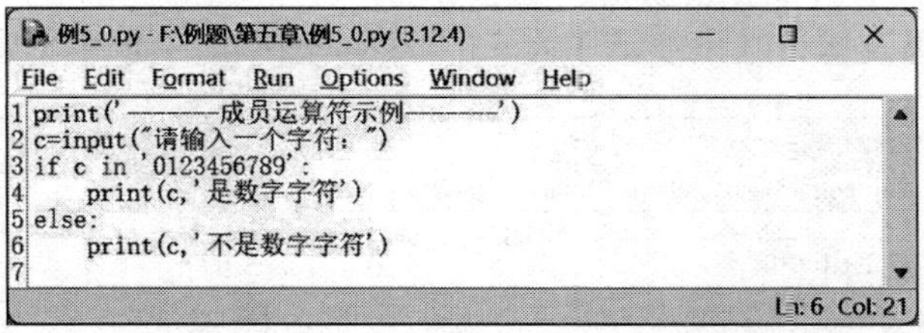

图 5-25 字符串成员运算符示例程序

运行此程序，分别输入一个数字字符和一个非数字字符，结果如图 5-26 所示。

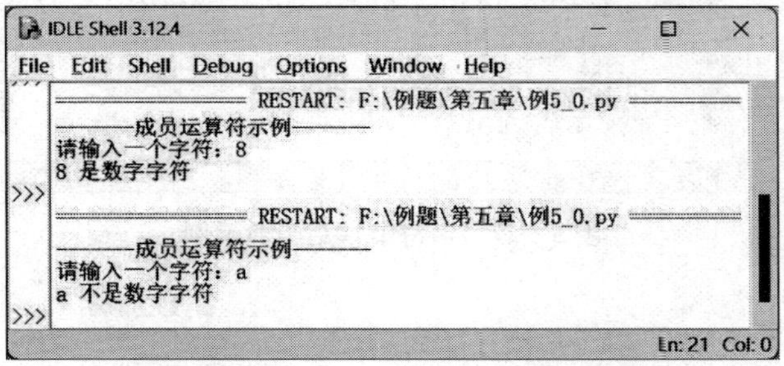

图 5-26 字符串成员运算符示例程序运行结果

5.5 字符串函数

Python 有几个内置函数可以对字符串进行操作，具体见表 5-3。

表 5-3 字符串函数

函数	说明
len()	取长度（字符个数）。其参数可以是：序列（例如 string、bytes、tuple、list 或 range 等）、集合（例如 dictionary、set 或 frozen set 等）。
str()	返回一个字符串类型的数据。 str() 的输出追求可读性，输出格式要便于理解，适合用于输出内容到用户终端。
repr()	返回包含一个对象的可打印表示形式的字符串。 repr() 的输出追求明确性，除了对象内容，还需要展示出对象的数据类型信息，适合开发和调试阶段使用。

续表

函数	说明
ord()	对表示单个 Unicode 字符的字符串，返回代表 Unicode 码点的整数。例如 ord('a')返回整数 97，是 chr()的逆函数。
chr()	返回 Unicode 码位为整数参数的字符的字符串格式。例如 chr(97) 返回字符串 'a'，是 ord()的逆函数。 如果参数超出这个范围，会触发 ValueError 异常。

图 5－27 中的示例代码及运行结果演示了表 5－3 中各个函数的使用。

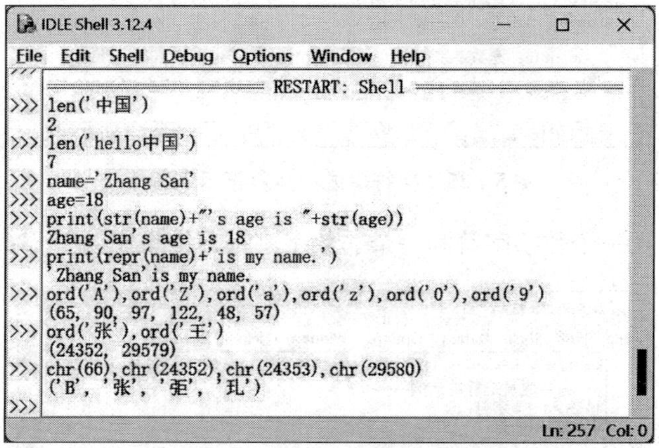

```
IDLE Shell 3.12.4
File Edit Shell Debug Options Window Help
========================= RESTART: Shell =========================
>>> len('中国')
2
>>> len('hello中国')
7
>>> name='Zhang San'
>>> age=18
>>> print(str(name)+"'s age is "+str(age))
Zhang San's age is 18
>>> print(repr(name)+'is my name.')
'Zhang San'is my name.
>>> ord('A'),ord('Z'),ord('a'),ord('z'),ord('0'),ord('9')
(65, 90, 97, 122, 48, 57)
>>> ord('张'),ord('王')
(24352, 29579)
>>> chr(66),chr(24352),chr(24353),chr(29580)
('B', '张', '弡', '玌')
>>>
Ln: 257 Col: 0
```

图 5－27 字符串常用函数示例

5.6 字符串方法

在 Python 中一切皆对象，字符串在 Python 中也是内置对象 str 类的一个对象，可以通过 help(str) 来查看其文档，如图 5－28 所示；或通过 dir(str) 查看其成员列表，如图 5－29 所示。

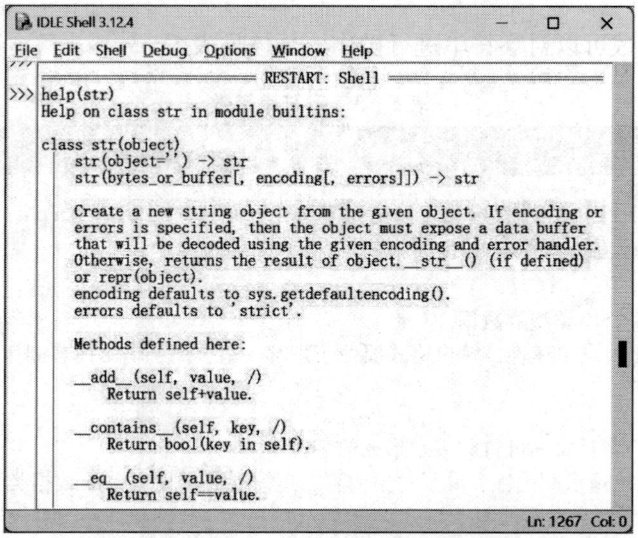

```
IDLE Shell 3.12.4
File Edit Shell Debug Options Window Help
========================= RESTART: Shell =========================
>>> help(str)
Help on class str in module builtins:

class str(object)
 |  str(object='') -> str
 |  str(bytes_or_buffer[, encoding[, errors]]) -> str
 |
 |  Create a new string object from the given object. If encoding or
 |  errors is specified, then the object must expose a data buffer
 |  that will be decoded using the given encoding and error handler.
 |  Otherwise, returns the result of object.__str__() (if defined)
 |  or repr(object).
 |  encoding defaults to sys.getdefaultencoding().
 |  errors defaults to 'strict'.
 |
 |  Methods defined here:
 |
 |  __add__(self, value, /)
 |      Return self+value.
 |
 |  __contains__(self, key, /)
 |      Return bool(key in self).
 |
 |  __eq__(self, value, /)
 |      Return self==value.
Ln: 1267 Col: 0
```

图 5－28 使用 help(str) 查看字符串文档示例

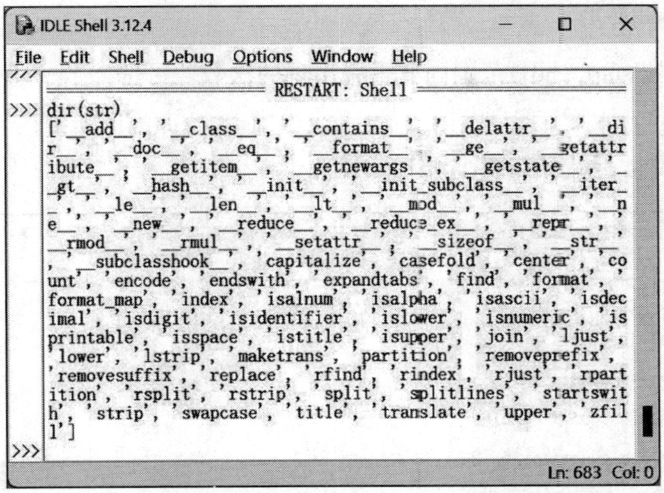

图 5-29 使用 dir(str) 查看字符串类的成员示例

字符串对象的方法很多，在对字符串进行操作时非常有用，下面分别对这些常用方法进行介绍和演示。

5.6.1 调整对齐

字符串的对齐方法有如下 3 种：

```
str.center(width[, fillchar])
str.ljust(width[, fillchar])
str.rjust(width[, fillchar])
```

这 3 种方法都返回长度为 width 的字符串，原字符串在其正中/左边/右边。使用指定的 fillchar 填充两边/右边/左边的空位（默认使用 ASCII 空格符）。如果 width 小于等于 len(s)，则返回原字符串的副本。

这 3 种方法的示例代码及运行结果如图 5-30 所示。

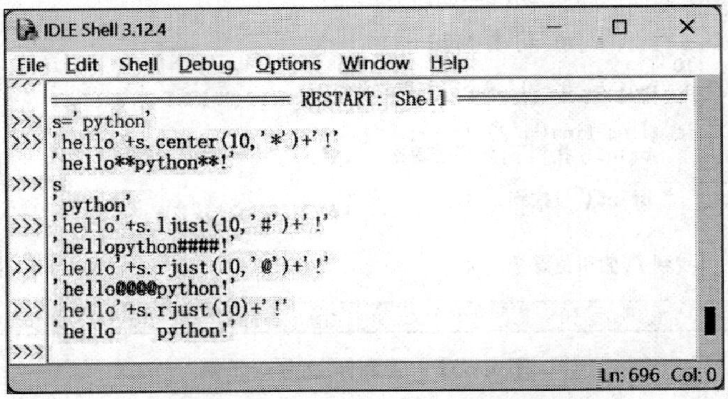

图 5-30 字符串对齐方法示例

5.6.2 子串个数统计

统计一个子串在另一个字符串中出现次数的方法如下：

```
str. count( sub[ , start[ , end] ] )
```

返回子字符串 sub 在[start, end] 范围内非重叠出现的次数。可选参数 start 与 end 会被解读为切片表示法。

此方法的示例代码及运行结果如图 5－31 所示。

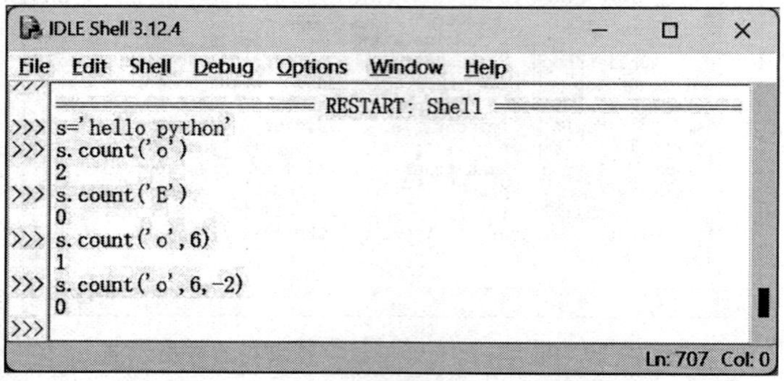

图 5－31　字符串子串个数统计方法示例

5.6.3　定位子串位置

在一个字符串中查找、定位另一个字符串出现的位置索引，可以使用下面的方法。

```
str. find( sub[ , start[ , end] ] )
```

此方法返回子字符串 sub 在 s[start: end] 切片内被找到的最小索引。可选参数 start 与 end 会被解读为切片表示法。如果 sub 未被找到则返回 －1。

此方法的示例代码及运行结果如图 5－32 所示。

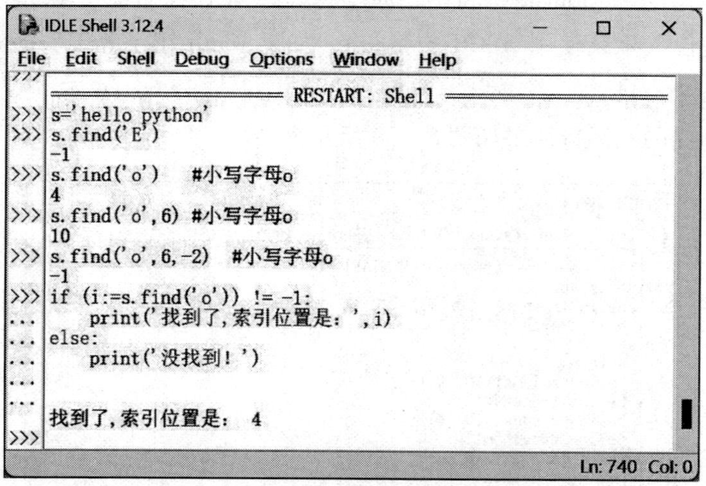

图 5－32　子串定位方法示例

另一个查找定位子串索引位置的方法如下：

```
str. index( sub[ , start[ , end] ] )
```

此方法类似于 find()，但在找不到子串时会引发 ValueError。可以使用异常处理机制来解决找不到子串时的异常问题。

此方法的示例代码及运行结果如图 5－33 所示。

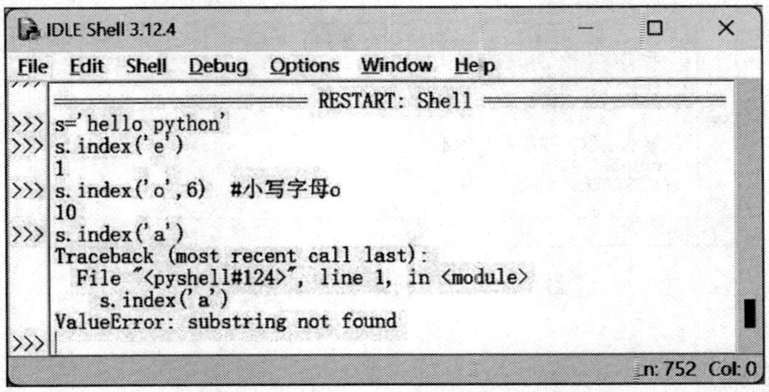

图 5－33　index()方法示例

5.6.4　裁剪字符串

可以通过下面的方法对字符串左/右/两端的符号进行裁剪（删除左/右/两端指定的字符）。

```
str.lstrip([chars])
str.rstrip([chars])
str.strip([chars])
```

这三个方法都是返回原字符串的副本，移除包含在 chars 参数中的前导/末尾/左右两端的字符。chars 参数如果省略或为 None，则默认移除空白符。

此方法的示例代码及运行结果如图 5－34 所示。

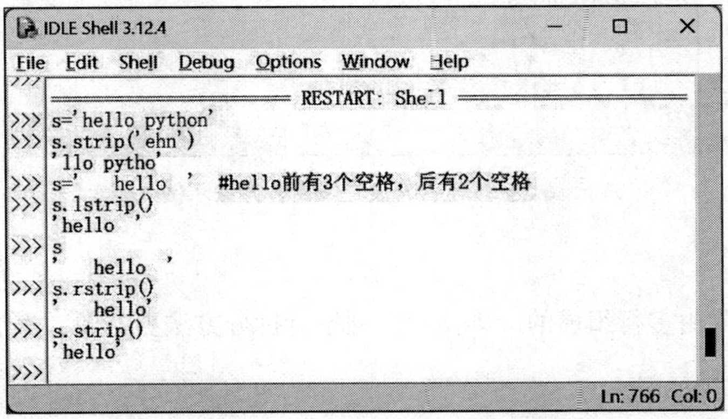

图 5－34　字符串裁剪方法示例

5.6.5　替换字符串

可以把字符串中的部分字符（子串）替换成新的字符（子串）。

```
str.replace(old, new[, count])
```

此方法返回字符串的副本，其中出现的所有子字符串 old 都将被替换为 new。如果给出了可选参数 count，则只有前 count 个 old 子串被替换。

此方法的示例代码及运行结果如图 5－35 所示。

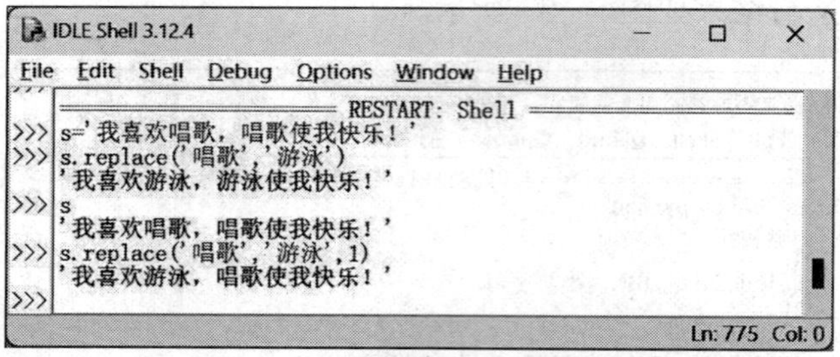

图 5－35　字符串替换方法示例

5.6.6　拆分字符串

1. 常规拆分

把一个字符串根据指定的分隔字符拆分成多个子串组成的列表，可以使用如下方法：

```
str.split(sep = None, maxsplit = -1)
```

此方法返回一个由字符串内单词组成的列表，使用 sep 作为分隔字符串（如果未省略）。如果给出了 maxsplit，则最多进行 maxsplit 次拆分（因此，列表最多会有 maxsplit + 1 个元素）。如果 maxsplit 未指定或为 －1，则不限制拆分次数（进行所有可能的拆分）。

此方法的示例代码及运行结果如图 5－36 所示。

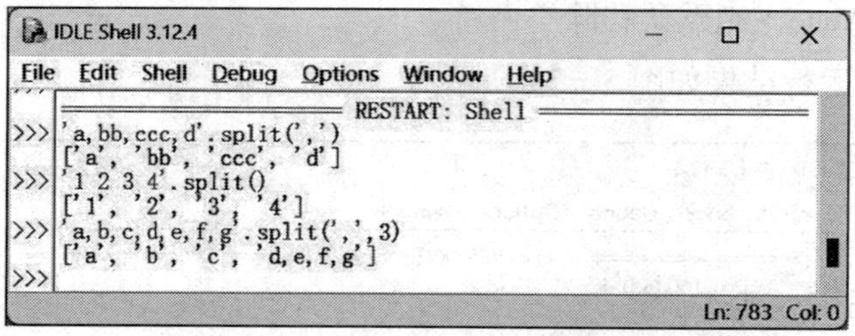

图 5－36　字符串常规拆分方法示例

2. 按行拆分

如果待拆分字符串是由多行组成的，则使用下列按行拆分方法更方便，方法如下：

```
str.splitlines(keepends = False)
```

此方法返回由原字符串中各行组成的列表，在行边界的位置拆分。默认返回的结果列表中不包含行边界，除非指定 keepends 参数为真。其中，行边界符号见表 5－4。

表 5－4　行边界符号

表示符	描述
\n	换行
\r	回车
\r\n	回车 + 换行
\v 或 \x0b	行制表符

续表

表示符	描述
\f 或 \x0c	换表单
\x1c	文件分隔符
\x1d	组分隔符
\x1e	记录分隔符
\x85	下一行（C1 控制码）
\u2028	行分隔符
\u2029	段分隔符

此方法的示例代码及运行结果如图 5－37 所示。

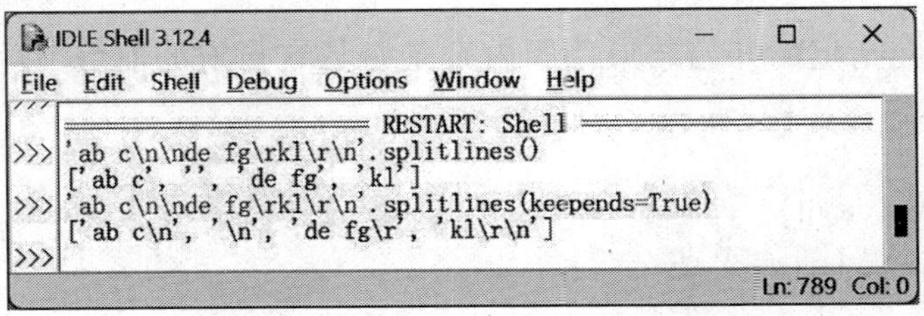

图 5－37　字符串按行拆分方法示例

此方法不同于 split()，当给出了分隔字符串 sep 时，对于空字符串此方法将返回一个空列表，而末尾的换行不会令结果中增加额外的行。

splitlines() 和 split() 方法的区别示例代码及运行结果如图 5－38 所示。

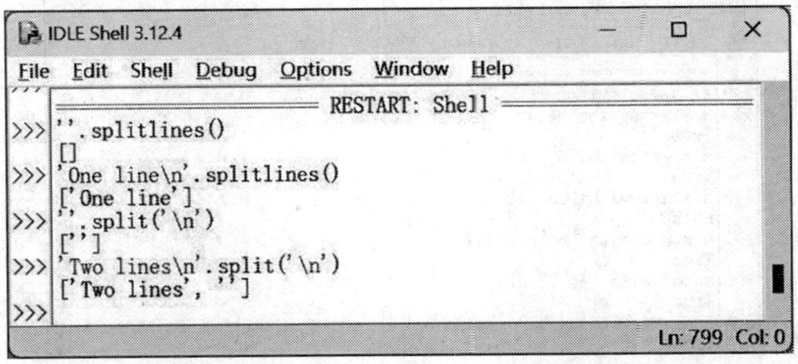

图 5－38　splitlines() 和 split() 方法的区别示例

5.6.7　拼接字符串

把可以迭代的对象中的多个元素拼接合并成字符串的方法如下：

```
str.join(iterable)
```

此方法返回一个由参数 iterable（可迭代对象）中的多个元素拼接而成的字符串。如果 iterable 中存在任何非字符串值包含 bytes 对象，则会引发 TypeError。调用该方法的字符串将作为元素之间的分隔。

此方法的示例代码及运行结果如图 5－39 所示。

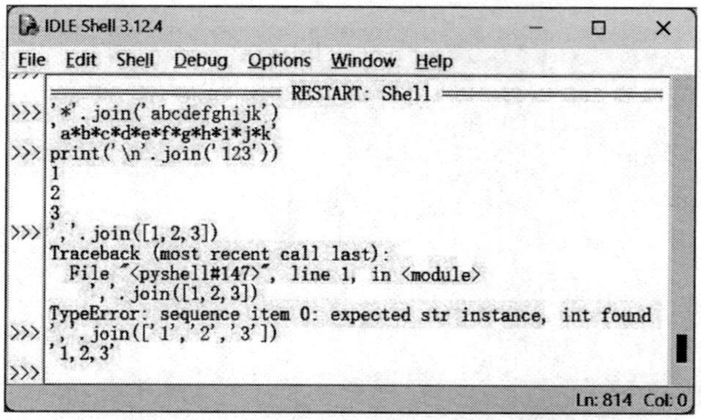

图 5-39　字符串拼接方法示例

5.6.8　检查前后缀

检查一个字符串（在指定的开始结束范围内）是否具有指定的前缀/后缀，可以使用如下两个方法：

```
str.startswith(prefix[, start[, end]])
str.endswith(suffix[, start[, end]])
```

如果字符串以指定的 prefix / suffix 字符串开始/结尾，则返回 True，否则返回 False。prefix / suffix 也可以为元组。如果有可选项 start，将从所指定位置开始检查。如果有可选项 end，将在所指定位置停止比较。start/end 是左闭右开区间。

此方法的示例代码及运行结果如图 5-40 所示。

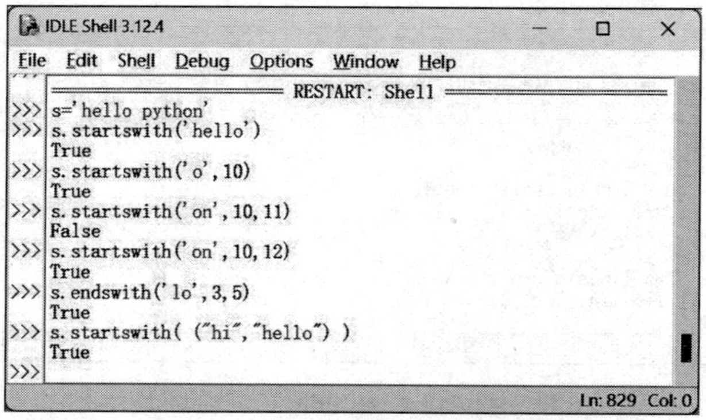

图 5-40　字符串检查前后缀方法示例

5.6.9　移除前后缀

移除字符串的前/后缀，可以使用下面的方法：

```
str.removeprefix(prefix)
str.removesuffix(suffix)
```

如果字符串以指定的 prefix / suffix 字符串开头/结尾，则返回 string[len(prefix):]/ string[:-len(suffix)]。否则返回原始字符串的副本。

此方法的示例代码及运行结果如图 5 - 41 所示。

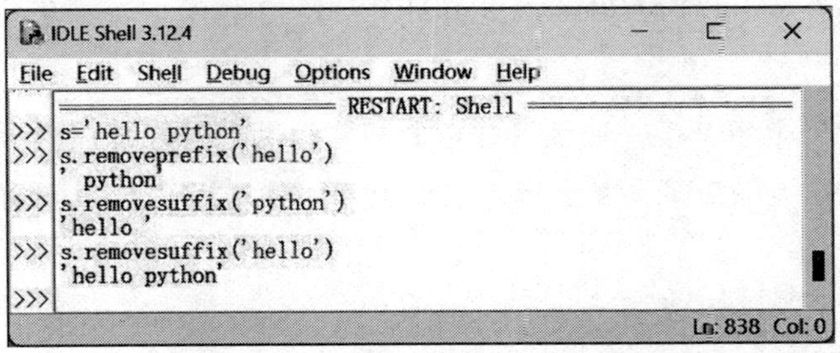

```
IDLE Shell 3.12.4
File Edit Shell Debug Options Window Help
===================== RESTART: Shell =====================
>>> s='hello python'
>>> s.removeprefix('hello')
' python'
>>> s.removesuffix('python')
'hello '
>>> s.removesuffix('hello')
'hello python'
>>>
Ln: 838 Col: 0
```

图 5 - 41　字符串移除前后缀方法示例

5.6.10　零填充

可以返回字符串指定长度的副本，不足的宽度在左边填充数字字符“0”。

```
str. zfill( width)
```

返回原字符串的副本，在左边填充 ASCII '0 '数码使其长度变为 width。正负值前缀（'+'／'-'）的处理方式是在正负符号之后填充而不是在之前。如果 width 小于等于 len(s)，则返回原字符串的副本。

此方法的示例代码及运行结果如图 5 - 42 所示。

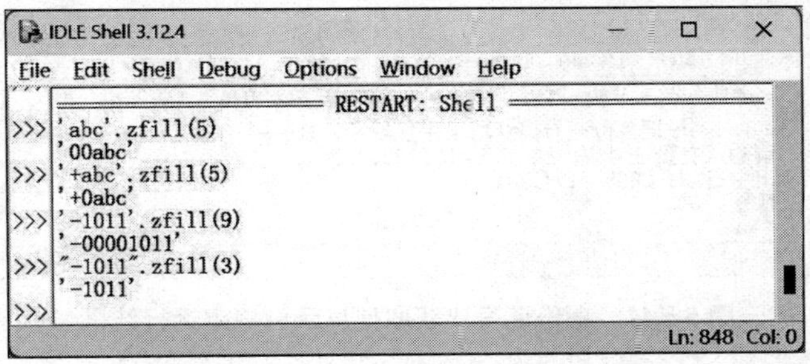

```
IDLE Shell 3.12.4
File Edit Shell Debug Options Window Help
===================== RESTART: Shell =====================
>>> 'abc'.zfill(5)
'00abc'
>>> '+abc'.zfill(5)
'+0abc'
>>> '-1011'.zfill(9)
'-00001011'
>>> "-1011".zfill(3)
'-1011'
>>>
Ln: 848 Col: 0
```

图 5 - 42　字符串零填充方法示例

案例

案例一：身份证号码获取信息

问题：

请根据用户输入的身份证号码，获取出生日期及性别并输出。

分析：

身份证号码共 18 位，由 17 位本体码和 1 位校验码组成。其编码规则如下：

（1）前 6 位是地址码，表示登记户口时所在地的行政区划代码；

（2）7 到 14 位是出生年月日，采用 YYYYMMDD 格式；

（3）15 到 17 位是顺序码，表示在同一地址码所标识的区域范围内，对同年、同月、同日出生的人编订的顺序号，顺序码的奇数分配给男性，偶数分配给女性，即第 17 位是奇数表示男性，偶数表示女性；

（4）第 18 位是校验码，采用 ISO 7064：1983. MOD 11 －2 校验字符系统。

解决：

用户输入的身份证号码是字符串，通过字符串的切片，可以提取指定范围内的子串（需要注意的是：上述规则中所说的位次是从 1 开始的，而字符串切片中的索引是从 0 开始的）。输出时可以使用 f 字符串输出。

编程：

根据上面的分析思路和解决步骤，可以编写程序代码如图 5－43 所示。

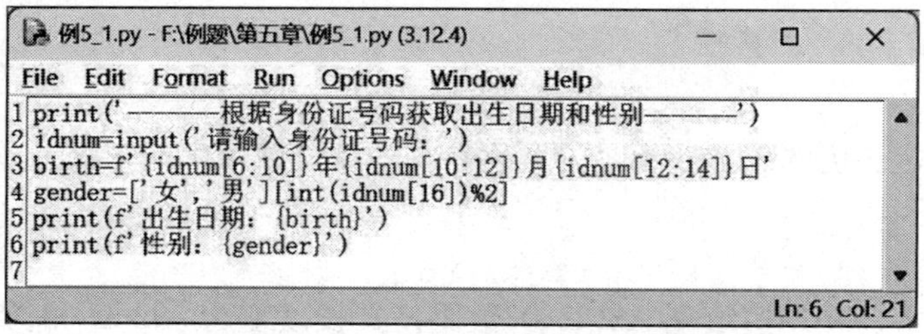

图 5－43　身份证号码获取信息示例程序

程序运行结果如图 5－44 所示。

图 5－44　身份证号码获取信息示例程序运行结果

案例二：“回文串”判断

问题：

“回文串”是指正读和反读都一样的字符串。例如“上海自来水来自海上”“山西出煤处煤出西山”等。编写程序判断用户输入的一个字符串是否是回文。

此问题可以有两种分析和解决方法：

分析 1：

“回文串”是自对称的字符串，也就是说左边的第一个字符和右边的最后一个字符是一样的，左边第二个字符和右边倒数第二个字符是一样的，以此类推。

解决 1：

可以通过循环，分别读取字符串的第一个字符和最后一个字符判断是否相等，第二个和倒数第二个是否相等……直至中间，判断是否都相等，如果都相等，可以知道是“回文串”。

编程 1：

根据上面的分析思路和解决步骤，可以编写程序代码如图 5－45 所示。

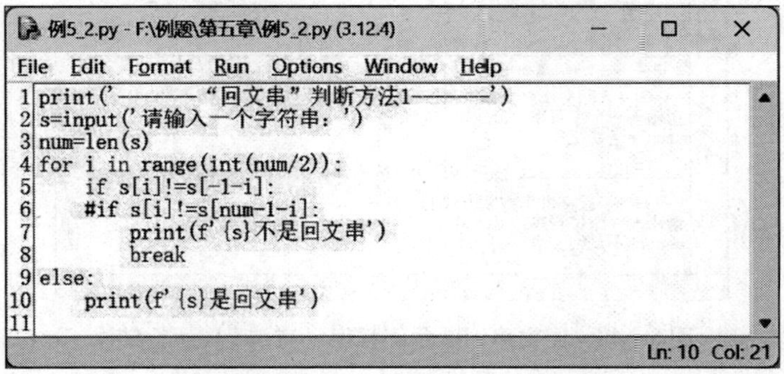

```
例5_2.py - F:\例题\第五章\例5_2.py (3.12.4)
File Edit Format Run Options Window Help
print('————"回文串"判断方法1————')
s=input('请输入一个字符串：')
num=len(s)
for i in range(int(num/2)):
    if s[i]!=s[-1-i]:
    #if s[i]!=s[num-1-i]:
        print(f'{s}不是回文串')
        break
else:
    print(f'{s}是回文串')

Ln: 10 Col: 21
```

图 5-45　回文串判断示例程序（方法 1）

程序运行结果如图 5-46 所示。

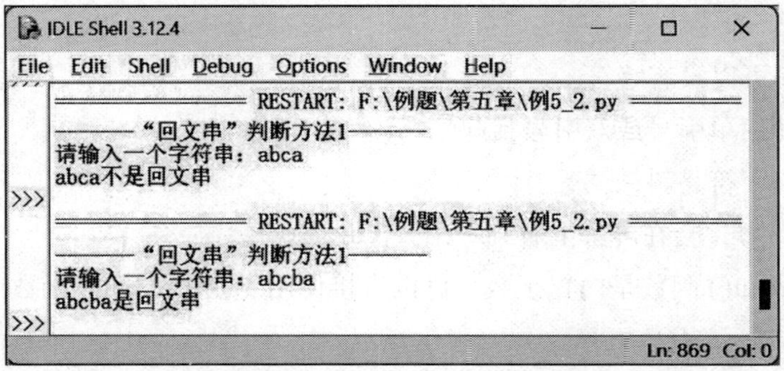

```
IDLE Shell 3.12.4
File Edit Shell Debug Options Window Help
========== RESTART: F:\例题\第五章\例5_2.py ==========
————"回文串"判断方法1————
请输入一个字符串：abca
abca不是回文串
>>>
========== RESTART: F:\例题\第五章\例5_2.py ==========
————"回文串"判断方法1————
请输入一个字符串：abcba
abcba是回文串
>>>
Ln: 869 Col: 0
```

图 5-46　回文串判断示例程序（方法 1）运行结果

分析 2：

“回文串”是自对称的字符串，就是正着读和倒着读是一样的，也就是说把它的顺序颠倒过来还和原来一样。

解决 2：

可以取得一个字符串，它的字符顺序是原始字符串的逆序，然后判断这两个字符串是否相等，如果相等，可以知道是“回文串”。取得一个字符的逆序字符串可以使用“-1”步长的切片或 reversed() 函数来完成。

编程 2：

根据上面的分析思路和解决步骤，可以编写程序代码如图 5-47 所示。

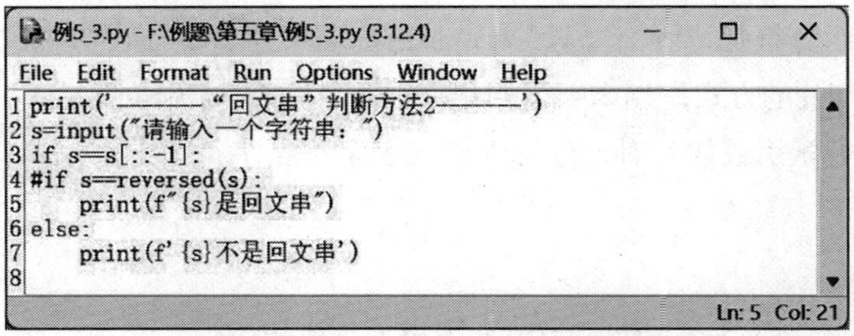

```
例5_3.py - F:\例题\第五章\例5_3.py (3.12.4)
File Edit Format Run Options Window Help
print('————"回文串"判断方法2————')
s=input("请输入一个字符串：")
if s==s[::-1]:
#if s==reversed(s):
    print(f"{s}是回文串")
else:
    print(f'{s}不是回文串')

Ln: 5 Col: 21
```

图 5-47　回文串判断示例程序（方法 2）

程序运行结果如图 5-48 所示。

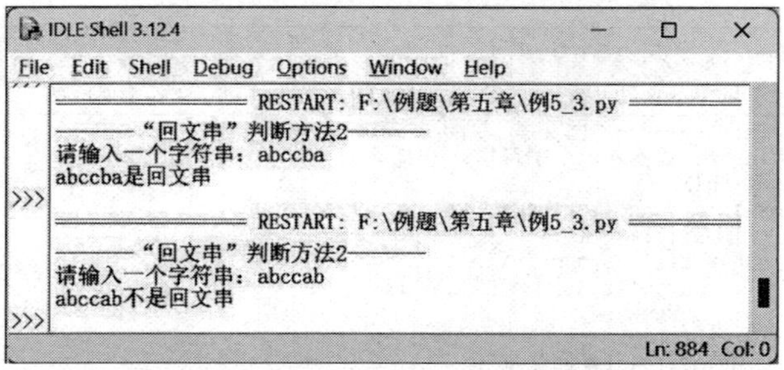

图 5-48 回文串判断示例程序（方法 2）运行结果

习 题

1. 判断题

（1）Python 字符串可以没有字符。(　　)

（2）字符串只能使用单引号或双引号括起来。(　　)

（3）字符串的转义字符是斜杠“/”。(　　)

（4）执行 print('\n')，会在屏幕上看到一个“\n”。(　　)

（5）Python 中的 input() 函数是内置函数，可以直接使用。调用 input() 函数必须传递一个字符串参数，作为给用户的输入提示信息。(　　)

（6）input() 函数接收用户输入信息后的返回值类型一定是字符串，即使用户输入的内容看起来像是数字。(　　)

（7）Raw 字符串是在字符串的前面（左侧）加上“r”或“R”前缀，Python 不会解析其中包含的转义字符。(　　)

（8）print() 函数可以输出传递给它的多个参数的值，默认情况下多个值在输出时以空格分隔，一个 print() 输出的内容占一行，行尾自动换行。(　　)

（9）空的 print() 语句（不带参数调用 print() 函数）会输出一行空行。(　　)

（10）print() 函数中的关键字参数 sep 指定分隔符，end 参数指定行结束符。(　　)

（11）“+”可以把左右两端的字符串连接起来生成一个新的字符串。(　　)

（12）字符串索引运算符是“[ ]”，通过“s[x]”形式可以取得 s 字符串中的第 x 个位置的字符，x 从 1 开始。(　　)

（13）字符串重复运算符是“*”，‘12’*3 的结果是“111 222”。(　　)

（14）通过字符串切片的方式，“s[2:4]”可以取得 s 字符串中索引位置是 2~4 的 3 个字符。(　　)

（15）对字符串进行索引或切片时，位置索引代表字符在字符串中的位置，从 0 开始，不能为负数。(　　)

2. 填空题

（1）根据现有程序片段及运行结果，在横线上填上合适的代码。

```
>>>print(______________________________)
He said: "good good study! "
```

（2）根据现有程序片段及运行结果，请在横线上填上合适的代码。

```
>>>name = '张三'
>>>age = 18
>>>print(________________________________________)
    My name is 张三, age is 18
```

（3）根据现有程序片段及运行结果，请在横线上填上合适的代码。

```
>>>print(________________________________________)
    换行符是 \n
```

（4）根据现有程序片段及运行结果，请在横线上填上合适的代码。

```
>>>name = '张三'
>>>age = 18
>>>print(________________________________________)
    姓名: 张三
    年龄: 18
```

（5）print(('12' *5 + '\n') *3) 的输出结果是：______________________________。

3. 选择题

（1）关于 Python 的字符串定界符，以下说法错误的是（　　）。

A. 单引号

B. 双引号

C. 三个单引号或三个双引号

D. 以上三种定界符括起来的字符串都可以是多行的字符串

（2）当需要在字符串中使用特殊字符时，可以使用 Python 的转义字符（　　）。

A. \　　B. /　　C. |　　D. $

（3）字符串前面加上（　　）前缀，则字符串中的转义字符不再转义，而是原义输出。

A. r　　B. f　　C. #　　D. u

（4）假设 s = "hello python"，则下列语句可以取得"python"的是（　　）。

A. s[5:0]　　B. s[6: -1]

C. s(5:]　　D. s[6:]

（5）执行下面的语句后，输出结果是（　　）。

```
s = "ilovepython"
r = s[ -10:5] + s[ -6:]
print(r)
```

A. pythonlove　　B. lovepython　　C. nohtypevol　　D. evolpython

（6）执行以下 Python 代码，输出的结果是（　　）。

```
s = "hellopython"
print(s[s.index("o"): -len(s): -1])
```

A. olleh　　B. olle　　C. hello　　D. ello

（7）执行下列代码，输出结果是（　　）。

```
>>>s ='hello python'
>>>print(s.find('o',6, -2))
```

A. 10　　B. -1　　C. 4　　D. -2

4. 简答题

（1）Python 中的字符串定界符有哪些？区别是什么？

（2）简述 Python 中字符串的 3 种格式化方法。

（3）总结字符串的索引和切片，及负索引、负步长切片注意事项。

（4）列举字符串的常用运算符。

（5）列举字符串的常用方法。

实训

1. 打印用户信息

提示并接收用户输入的姓名、班级、年龄，然后按示例格式打印输出这些信息。示例如下（斜体并标注下划线的文字为某次程序运行时的用户输入）：

```
请输入如下信息：
姓名：张三
班级：大一班
年龄：18
您的信息如下：
姓名：张三，班级：大一班，年龄：18 岁。
```

2. 打印矩形

接收用户输入的行数和列数，然后打印输出由“#”号组成的对应行数和列数的矩形图案。示例如下（斜体并标注下划线的文字为某次程序运行时的用户输入）：

```
请输入行数：3
请输入列数：5
3 行 5 列的矩形如下：
#####
#####
#####
```

请采用不同的方法实现此程序（例如使用循环、使用字符串重复运算符）。

3. 打印字符 Unicode 码

编写程序分别输出数字字符（‘0’～‘9’）、小写字母（‘a’～‘z’）、大写字母（‘A’～‘Z’）的

Unicode 码点的整数。示例如下：

```
数字字符（'0' ~'9'）的 Unicode 码点整数是：48 49 50 51 52 53 54 55 56 57
小写字母（'a' ~'z'）的 Unicode 码点整数是：97 ……（略）
大写字母（'A' ~'Z'）的 Unicode 码点整数是：65……（略）
```

4. 判断字符串是否全部由数字字符组成

接收用户输入的一个字符串，然后判断该字符串是否全是由数字字符组成的（是否可以转换为整数）。示例如下（斜体并标注下划线的文字为某次程序运行时的用户输入）：

```
请输入一个字符串：1235
1235 全是数字字符
```

5. 打印"＊"号金字塔

编写程序接收用户输入的层数，输出由"＊"号组成的金字塔。示例如下（斜体并标注下划线的文字为某次程序运行时的用户输入）：

```
请输入金字塔的层数：3
3 层的金字塔：
                                    *
                                  * * *
                                * * * * *
```

6. 找最大字符及位置

请用户输入一个字符串，找出其中最大的字符，输出该字符及其对应的位置。示例如下（斜体并标注下划线的文字为某次程序运行时的用户输入）：

```
请输入一串字符：1234eriu8her
最大字符是：u，其位置是：7
```

7. 多行输出水果

输入多种水果（空格分隔），然后分行输出。示例如下（斜体并标注下划线的文字为某次程序运行时的用户输入）：

```
请输入多种水果名称（空格分隔）：apple   pear   banana
apple
pear
banana
```

8. 电子邮箱格式判断

电子邮箱地址的格式为：名称@主机名。类似于"abc@cd.com"的形式，一个合法的电子邮箱地址由"@"符号分隔为两部分，"@"符号前面的为自定义名称，至少一个字符，"@"后面的部分为主机名。主机名由至少一个"."分隔，"."分隔的每部分至少有一个字符。请根据上述描述，编写程序判断用户输入的电子邮箱地址是否是合法的格式。示例如下（斜体并标注下划线的文字为某次程序运行时的用户输入）：

请输入电子邮箱地址：*ab. c@ 12. d. com*
ab. c@ 12. d. com　是合法的电子邮箱格式

第6章 复合数据类型

单个普通变量可以存储一个具体的信息，如果有多个类似信息需要存储，使用多个单独变量的方法就显得不够方便。例如一个班级中有100个学生，要存储这个班级中的所有学生的名字，如果采用单个普通变量的方法，就需要定义100个变量，每个变量存放一个学生姓名。如果学生更多，有成千上万个，那该怎么办呢？

复合数据类型可以包含多个元素，通过复合数据类型可以非常方便地对多个值进行批量操作。常用的复合数据类型有：列表、元组、集合、字典。在实际编程中可以根据需要结合每种复合数据的特点来选择使用。

学习目标

知识目标	1. 了解常用复合数据类型 2. 理解列表、元组、集合、字典的特点 3. 掌握列表、元组、集合、字典的基本操作 4. 掌握推导式创建列表、元组、集合、字典的方法 5. 理解列表、元组、集合、字典的区别
技能目标	1. 具有使用列表、元组、集合、字典等复合数据类型的能力 2. 具有针对具体问题正确选择适合的复合数据类型的能力 3. 具有使用推导式创建列表、元组、集合、字典的能力
素养目标	1. 具有主动学习的能力和强烈的好奇心 2. 具有系统思考的学习能力 3. 具有提炼重点并归纳总结的能力 4. 具有运用编程解决实际问题的能力

知识导图

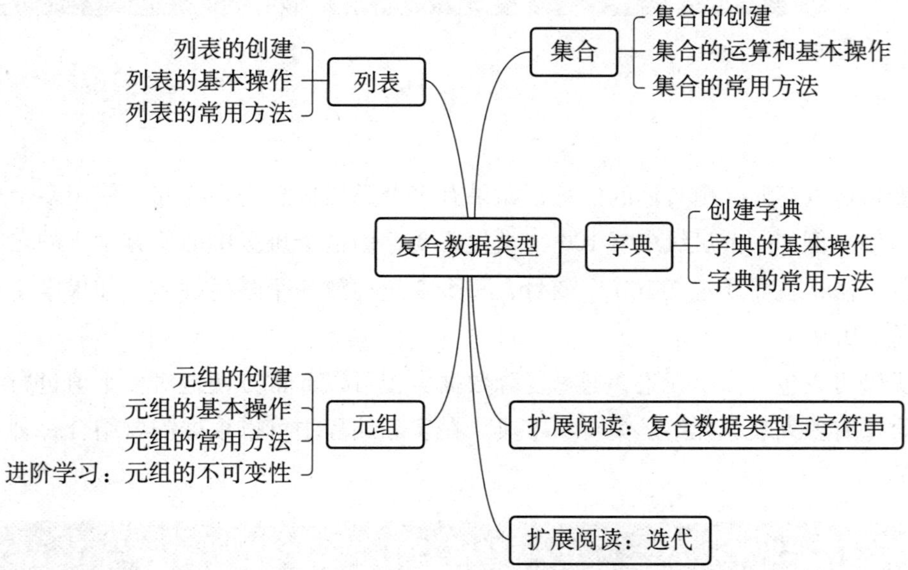

6.1 列表

列表（list）是序列（sequence）的一种。相对于字符串（不可变序列），列表是可变的。通过列表可以把一系列数据存储到一起，通过下标可以访问列表中的每一个元素或通过切片获取其中的部分元素；并且得益于其可变性，可以对列表进行元素的增删或对其中的元素或切片进行重新赋值。

列表作为最常用的一种序列，有如下特点：

（1）有序：列表是序列的一种，里面的元素有先后顺序，可以通过位置索引进行访问。

（2）元素类型灵活：列表中的元素不限定类型，也不要求一个列表中的元素类型必须一致，所有数据类型都可以作为列表中的元素。

（3）长度不限：不用预先声明或设定列表长度，列表长度根据需要自动伸缩。

6.1.1 列表的创建

在 Python 中创建列表的方法主要有以下 3 种：

1. 使用中括号“[ ]”创建

将元素放在一对中括号“[ ]”里面并且用逗号隔开就创建了一个列表。一般情况下会把这个列表赋值给一个变量，这样就可以通过变量来引用这个列表了。语法格式如下：

```
listname = [element1, element2, …, elementN]
```

使用中括号创建列表的示例代码及运行结果如图 6－1 所示。

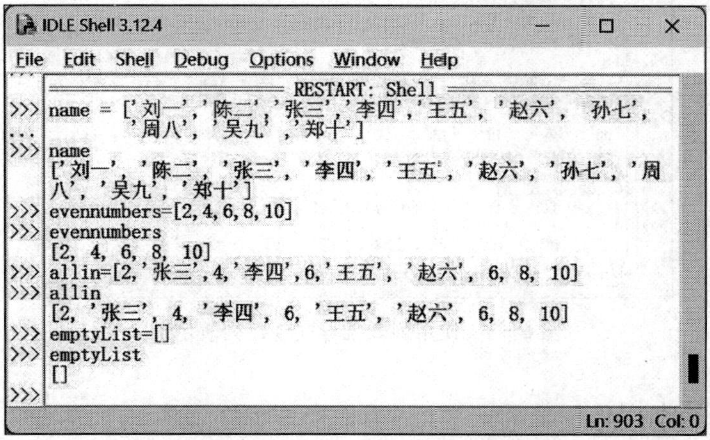

图 6－1　使用中括号[]创建列表示例

2. 使用 list() 函数创建

list() 函数可以接收一个可迭代对象（iterable）作为参数，生成一个列表。语法格式如下：

```
listname = list(可迭代对象)
```

使用 list() 函数创建列表的示例代码及运行结果如图 6－2 所示。

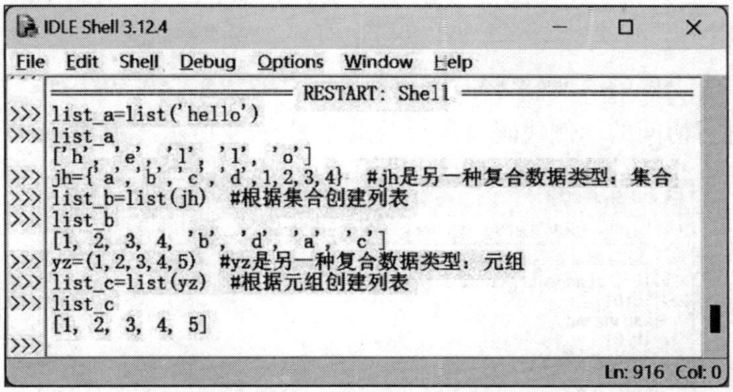

图 6－2　使用 list() 函数创建列表示例

3. 进阶学习：使用列表推导式创建

列表推导式是根据已有的迭代对象经过加工后创建一个新的列表，主要用于动态创建新列表。其语法格式如下：

```
listname = [表达式 for 临时变量 in 可迭代对象 [if 条件表达式]]
```

使用列表推导式创建列表的过程为：使用 for 循环取出可迭代对象中的元素放入临时变量中，然后判断条件表达式是否为真，如果条件表达式为真，则计算表达式，并把其值作为一个新元素放入新列表，以此类推，直至遍历完可迭代对象。其中，if 条件表达式是可以省略的。

使用列表推导式创建列表的示例代码及运行结果如图 6－3 所示。

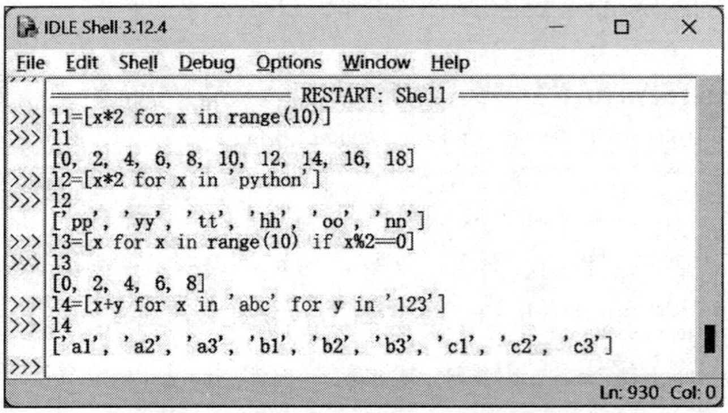

图 6-3　使用列表推导式创建列表示例

6.1.2　列表的基本操作

1. 索引元素

列表是序列的一种，其中的元素是有序的，可以按照位置索引来访问元素。

Python 中的索引都是从 0 开始，所以如果一个列表长度为 n，那么它的索引是从 0 到 $n-1$。索引也可以使用负数，-1 标识最后一个位置，依此类推，第一个元素位置为 $-n$。

由于列表是可变序列，所以也可以通过索引对单个元素进行修改赋值。

语法格式如下：

```
变量 = 列表名[索引]
列表名[索引] = 值
```

通过索引对元素进行访问的示例代码及运行结果如图 6-4 所示。

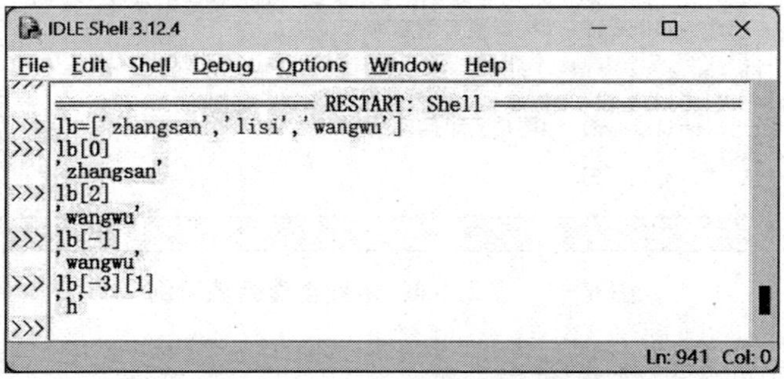

图 6-4　通过索引对元素进行访问的示例

通过索引对元素进行赋值操作的示例代码及运行结果如图 6-5 所示。

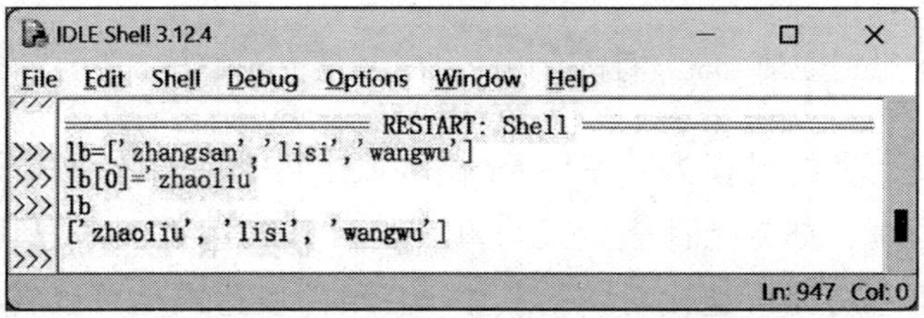

图 6-5　通过索引对元素进行赋值操作的示例

2. 列表切片

和字符串及其他序列一样，列表也支持切片操作。示例代码及运行结果如图6-6所示。

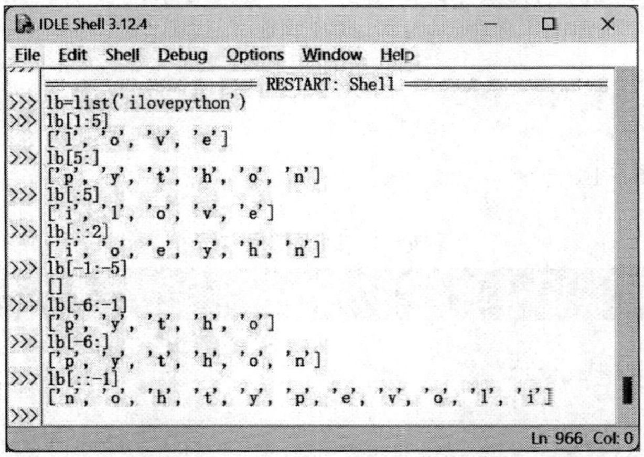

图6-6　通过切片读取列表元素示例

相对于字符串（不可变序列），列表是可变的，可以对切片进行赋值操作。示例代码及运行结果如图6-7。

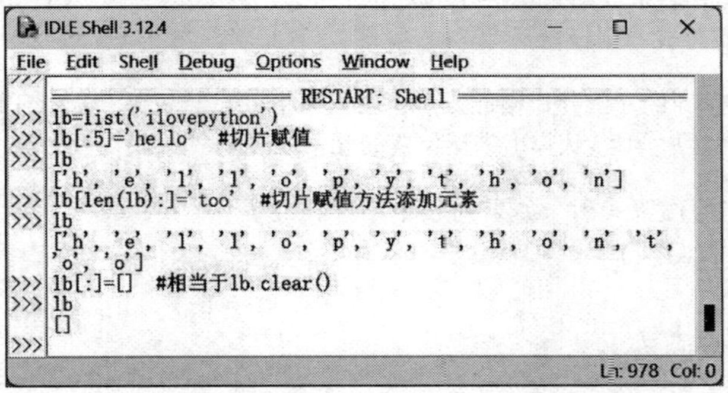

图6-7　通过切片修改列表元素示例

3. 列表操作函数和运算符

类似于字符串，列表也支持通过 len() 函数求长度，通过“+”运算符进行列表合并，通过“*”运算符进行列表元素重复倍增，通过“in”运算符判断一个值是否包含在列表中。示例代码及运行结果如图6-8所示。

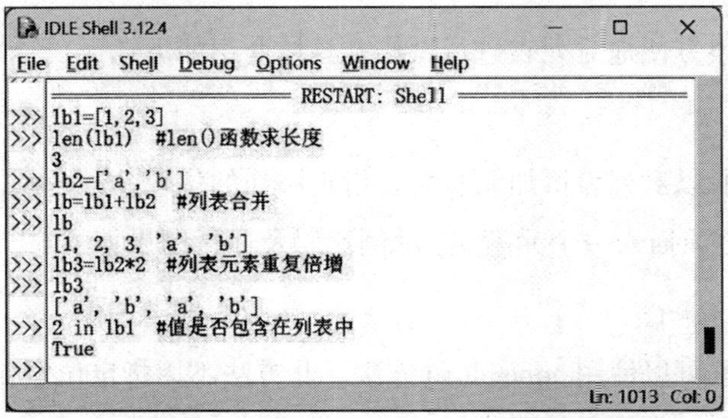

图6-8　列表操作函数和运算符示例

6.1.3 列表的常用方法

列表 list 是一个类型，一个具体的列表相当于一个列表对象，可以使用列表对象名调用列表类中的方法，其语法格式如下：

```
列表名.方法名([参数])
```

列表的常用方法见表 6－1。

表 6－1 列表常用方法

方法	描述	示例（代码/结果）
append(o)	在列表尾部追加一个元素 o	[1, 2].append(5) [1, 2, 5]
insert(i, v)	在列表的 i 位置插入一个元素 v	[1, 2].insert(0, 'ab') [ab, 1, 2]
extend(it)	扩展一个列表，把可迭代对象 it 中的所有元素添加到末尾	[1, 2].extend([1, 2, 3]) [1, 2, 1, 2, 3]
remove(v)	移除（如果有多个，则是第一个匹配的）元素 v，如果 v 不存在，则报错	[1, 2, 1].remove(1) [2, 1]
pop([i])	弹出指定位置 i 的元素并返回此元素，如果未指定参数（位置），则默认弹出末尾位置的元素	[1, 2].pop() 2
index(v)	返回元素 v 的位置索引，如果列表中不存在元素 v，则报错	[1, 2].index(2) 1
count(v)	返回元素 v 的个数	[1, 2, 3, 1, 3].count(1) 2
reverse()	反转列表顺序	[2, 1, 3].reverse() [3, 1, 2]
sort(reverse = False)	从小到大排序列表。若 reverse = True，则从大到小排序	[2, 1, 3].sort() 1, 2, 3
clear()	清空列表	[1, 2, 3].clear() []

通过列表的方法可以很方便地对列表进行操作，具体介绍如下：

1. 插入元素

由于列表是有序的，所以对列表增加元素需要指定添加的位置。insert(i, v) 方法是在任意位置插入元素，可以在参数 i 位置之前插入一个元素 v。示例代码及运行结果如图 6－9 所示。

2. 追加元素

在列表中追加一个元素可以使用 append(v) 方法，此方法不用指定位置，而是直接把新元素 v 添加到列表的末尾。示例代码及运行结果如图 6－10 所示。

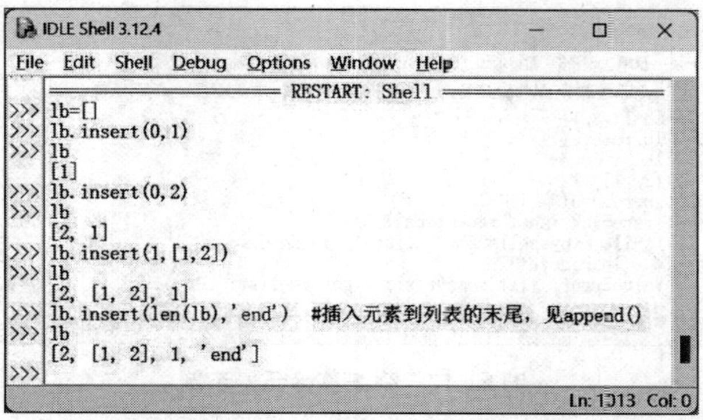

```
IDLE Shell 3.12.4
File Edit Shell Debug Options Window Help
==================== RESTART: Shell ====================
>>> lb=[]
>>> lb.insert(0,1)
>>> lb
[1]
>>> lb.insert(0,2)
>>> lb
[2, 1]
>>> lb.insert(1,[1,2])
>>> lb
[2, [1, 2], 1]
>>> lb.insert(len(lb),'end')   #插入元素到列表的末尾，见append()
>>> lb
[2, [1, 2], 1, 'end']
>>>
```

图 6-9 列表插入元素示例

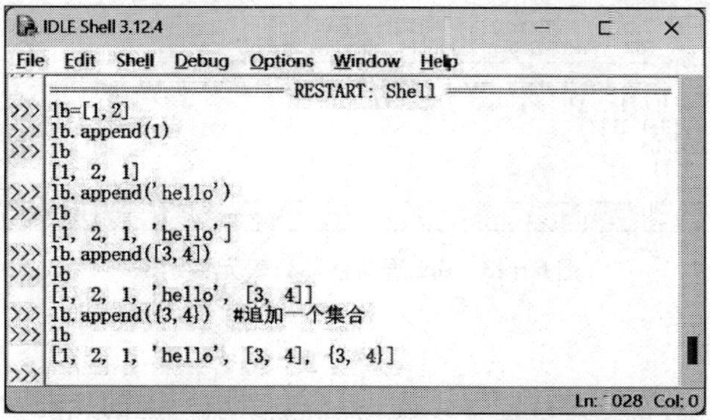

```
IDLE Shell 3.12.4
File Edit Shell Debug Options Window Help
==================== RESTART: Shell ====================
>>> lb=[1,2]
>>> lb.append(1)
>>> lb
[1, 2, 1]
>>> lb.append('hello')
>>> lb
[1, 2, 1, 'hello']
>>> lb.append([3,4])
>>> lb
[1, 2, 1, 'hello', [3, 4]]
>>> lb.append({3,4})   #追加一个集合
>>> lb
[1, 2, 1, 'hello', [3, 4], {3, 4}]
>>>
```

图 6-10 列表追加元素示例

3. 扩展列表

扩展列表可以使用 extend() 方法。与 append() 方法每次只能增加一个元素不同，extend() 方法的参数要求是一个可迭代对象（否则报告 TypeError 异常），它会“展开”其参数，把其参数进行迭代，迭代出的元素批量添加到列表的后面。示例代码及运行结果如图 6-11 所示。

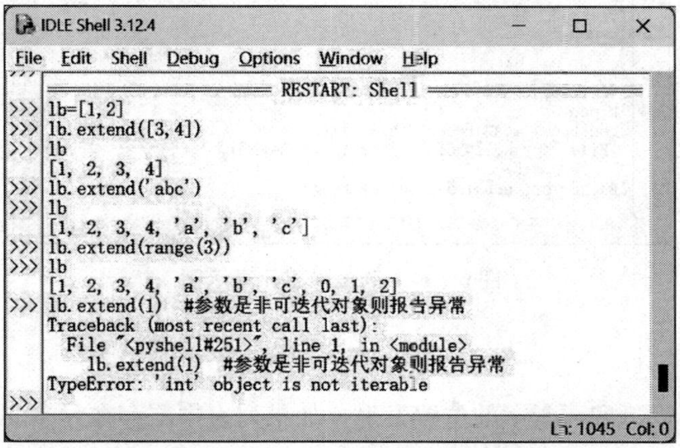

```
IDLE Shell 3.12.4
File Edit Shell Debug Options Window Help
==================== RESTART: Shell ====================
>>> lb=[1,2]
>>> lb.extend([3,4])
>>> lb
[1, 2, 3, 4]
>>> lb.extend('abc')
>>> lb
[1, 2, 3, 4, 'a', 'b', 'c']
>>> lb.extend(range(3))
>>> lb
[1, 2, 3, 4, 'a', 'b', 'c', 0, 1, 2]
>>> lb.extend(1)   #参数是非可迭代对象则报告异常
Traceback (most recent call last):
  File "<pyshell#251>", line 1, in <module>
    lb.extend(1)   #参数是非可迭代对象则报告异常
TypeError: 'int' object is not iterable
>>>
```

图 6-11 扩展列表示例

4. 移除指定元素

移除指定的元素可以使用 remove(v) 方法，如果列表中有多个匹配的元素 v，则移除第一个匹配的元素，如果列表中没有元素 v，则会报告异常。示例代码及运行结果如图 6-12 所示。

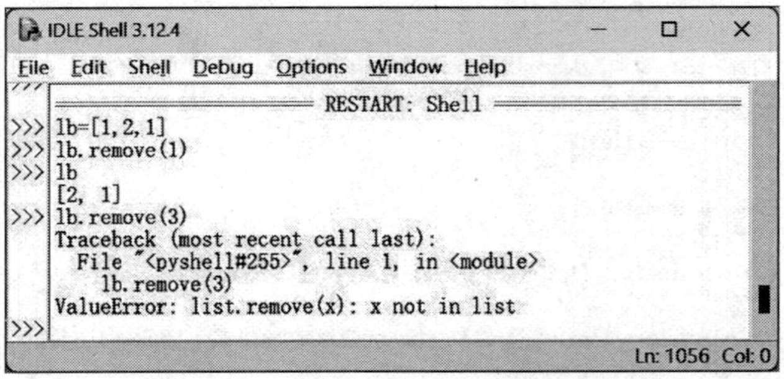

图 6-12　列表移除元素示例

移除指定元素也可以使用 del 语句。示例代码及运行结果如图 6-13 所示。

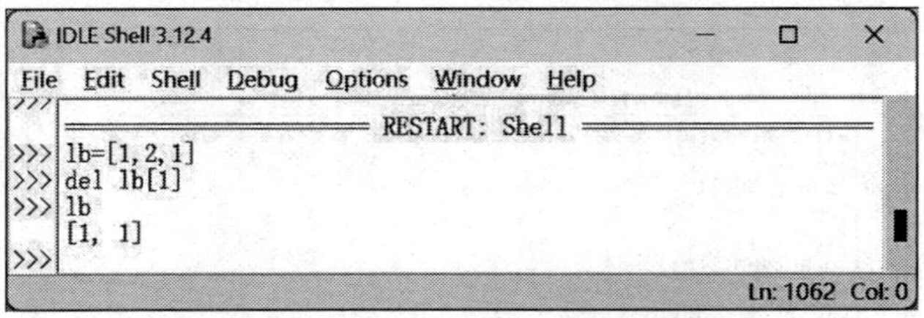

图 6-13　del 语句移除列表元素示例

5. 弹出指定位置元素

通过 pop([i]) 方法可以弹出指定位置（参数 i 是位置索引）上的元素（从列表中移除，并返回其值），如果不指定位置，则弹出末尾元素，如果指定位置超出列表有效索引，则发生异常。示例代码及运行结果如图 6-14 所示。

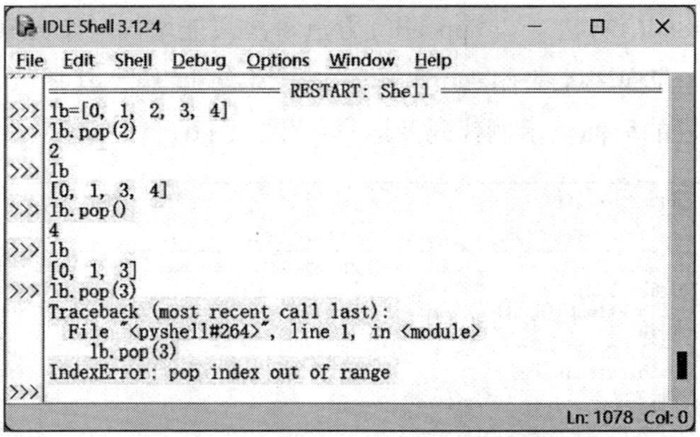

图 6-14　列表弹出元素示例

6. 返回元素位置索引

通过 index(v) 方法可以返回元素 v 的位置索引，如果列表中不存在元素 v，则报告异常。示例代码及运行结果如图 6-15 所示。

7. 统计元素个数

通过 count(v) 方法可以统计列表中元素 v 的个数（与字符串中同名方法不同，此方法只能接收一个参数，无法指定开始和结束位置）。示例代码及运行结果如图 6-16 所示。

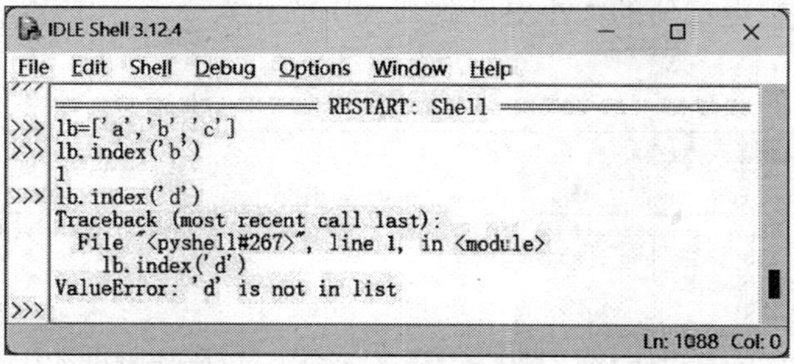

图 6－15　列表元素索引示例

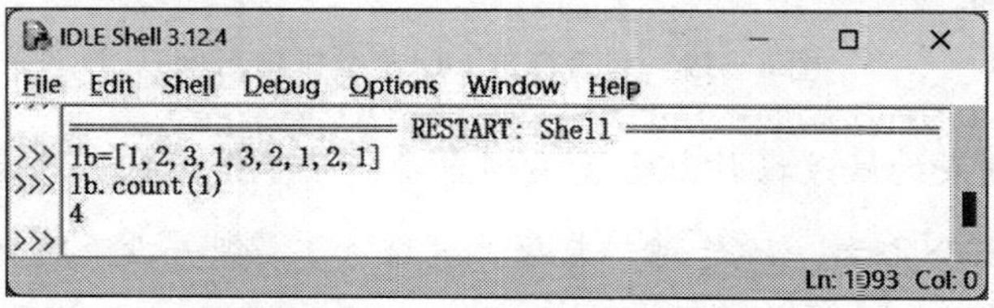

图 6－16　列表统计元素个数示例

8. 反转列表

反转列表即颠倒列表的顺序，可以使用 reverse() 方法。此方法不管元素值的大小关系，只是简单地反转颠倒顺序。示例代码及运行结果如图 6－17 所示。

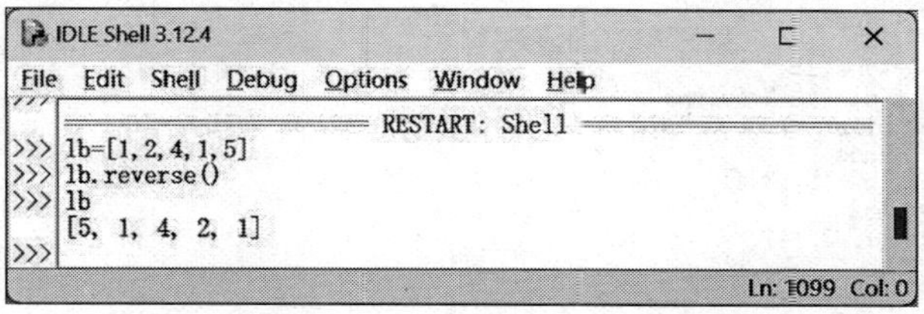

图 6－17　列表反转示例

9. 列表排序

通过 sort(reverse = False) 方法可以对列表进行排序，排序后列表中的元素位置进行重排，按照值从小到大顺序排列（默认参数 reverse = False），如果指定参数 reverse = True，则反转排序，按照从大到小的顺序排列。示例代码及运行结果如图 6－18 所示。

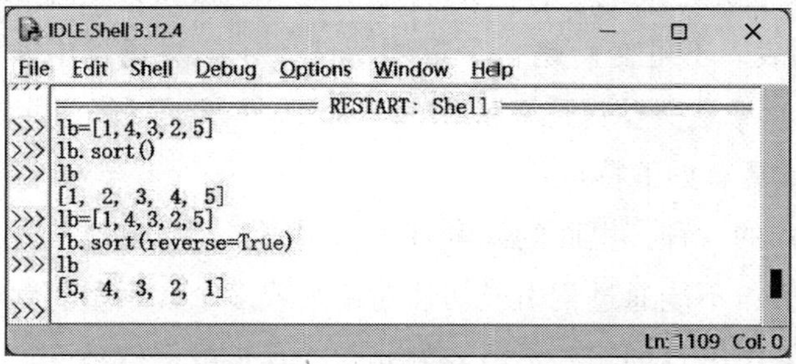

图 6－18　列表简单排序示例

sort() 方法还可以指定一个参数 key，key 需要是一个函数类型（此函数要求能接收一个参数，并返回一个可比较大小的值）。如果指定 key 参数，则排序时会先把列表中的每一个元素作为参数传递给

key 函数，然后按照 key 函数返回值的大小对应到列表中的元素来进行排序。示例代码及运行结果如图 6－19 所示。

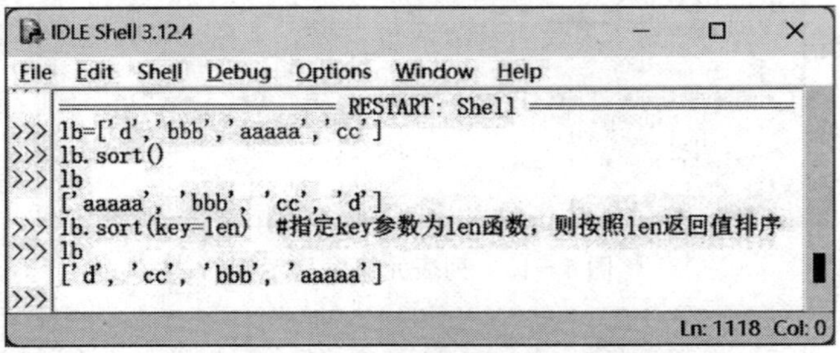

图 6－19　列表指定 key 参数排序示例

提示 列表的方法对列表的修改操作都会反映到自身，而不是返回一个新的列表。例如：append() 方法在列表自身末尾追加一个元素，只是列表本身长度增加 1，但并没有返回值；作为对比，“＋”运算符合并两个列表后得到一个新的列表，“＋”运算符左右两侧的列表并没有变化。示例代码及运行结果如图 6－20 所示。

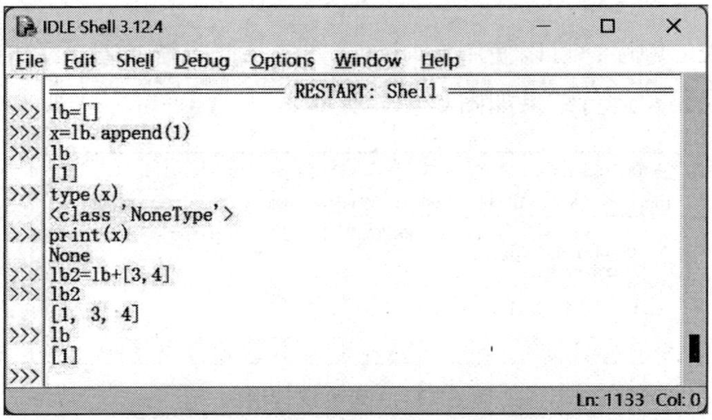

图 6－20　列表 append() 方法和“＋”运算对比示例

6.2 元组

元组和列表非常相似，也是序列的一种。区别是元组不能被修改（增减元素，元素重新赋值、排序等），相当于不可变的列表。不可变性是一个重要特性，在一些场景中非常有用（例如作为集合的元素或作为字典的键）。

元组作为不可变列表，具有如下特点：

（1）有序：元组是序列的一种，里面的元素有先后顺序，可以通过位置索引访问。

（2）元素不能重新赋值：不能通过索引或切片对单个或多个元素重新赋值。

（3）元素不能增删：元组一旦创建，不能增删元素，其长度保持不变。

6.2.1 元组的创建

在 Python 中创建元组的方法主要有以下 3 种：

1. 使用小括号“()”创建

将元素放在一对小括号“()”里面，并且用逗号隔开就创建了一个元组。一般情况下会把这个元组赋值给一个变量，这样就可以通过变量来引用这个元组了。语法格式如下：

```
tuplename = (element1, element2, ..., elementN)
```

使用小括号创建元组的示例代码及运行结果如图 6－21 所示。

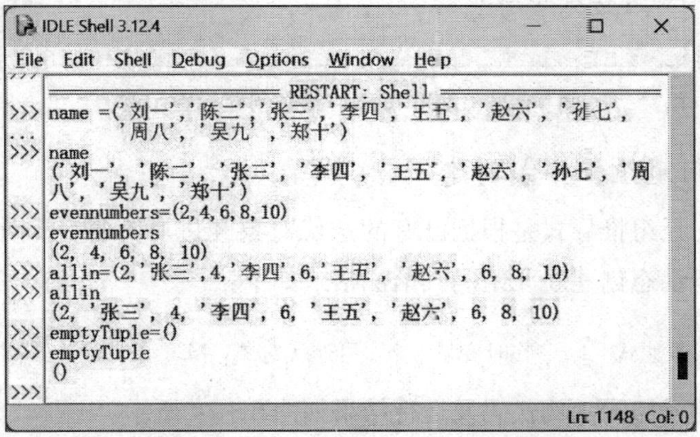

图 6－21 使用小括号创建元组示例

注意 如果只有一个元素，则不能直接使用“()”进行元组创建。需要使用(v,)的形式。如果有多个元素直接创建元组，左右两端的小括号可以省略。示例代码及运行结果如图 6－22 所示。

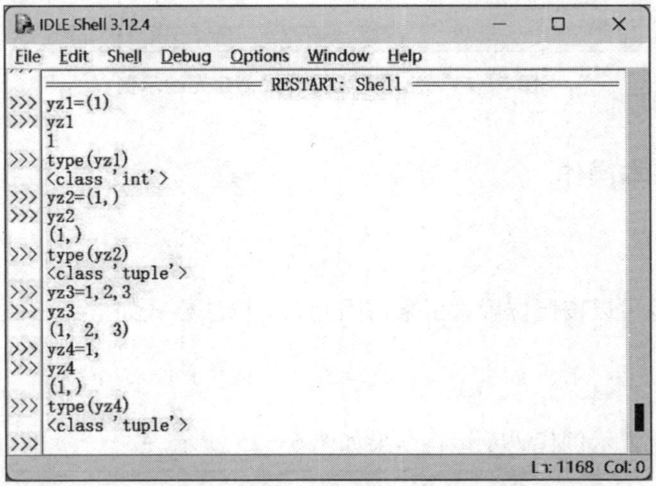

图 6－22 使用小括号创建元组注意事项

2. 使用 tuple() 函数创建

tuple() 函数可以接收一个可迭代对象作为参数，生成一个元组。语法格式如下：

```
tuplename  = tuple(可迭代对象)
```

使用 tuple() 函数创建元组的示例代码及运行结果如图 6－23 所示。

```
>>> tuple_a=tuple('hello')  #通过字符串创建元组
>>> tuple_a
('h', 'e', 'l', 'l', 'o')
>>> jh={'a','b','c','d',1,2,3,4}  #jh是另一种复合数据类型：集合
>>> tuple_b=tuple(jh)
>>> tuple_b
('d', 1, 2, 'c', 3, 4, 'a', 'b')
>>> lb=[1,2,3,4,5]  #通过列表创建元组
>>> tuple_c=tuple(lb)
>>> tuple_c
(1, 2, 3, 4, 5)
>>>
```

图 6－23　使用 **tuple()** 函数创建元组示例

3. 进阶学习：使用元组推导式创建

类似于列表推导式，元组推导式是根据已有的迭代对象经过对其每一个元素进行迭代加工后创建一个新的元组，主要用于动态创建新元组。其语法格式如下：

```
元组对象 = tuple(元素表达式  for  临时变量  in  可迭代对象  [if  条件表达式])
```

使用元组推导式创建元组的示例代码及运行结果如图 6－24 所示。

```
>>> a=tuple(range(10))
>>> a
(0, 1, 2, 3, 4, 5, 6, 7, 8, 9)
>>> b=tuple(x for x in range(10) if x%2)
>>> b
(1, 3, 5, 7, 9)
>>>
```

图 6－24　使用元组推导式创建元组示例

6.2.2　元组的基本操作

1. 访问元组元素

类似于列表，元组也可以按照位置索引来访问元素。语法格式如下：

```
变量 = 元组名[索引]
```

通过索引访问元组元素示例代码及运行结果如图 6－25 所示。

```
>>> yz=('zhangsan','lisi','wangwu')
>>> yz[0]
'zhangsan'
>>> yz[-1]
'wangwu'
>>> yz[0]='zhaoliu'  #元组具有不变性，不能通过索引或切片修改
Traceback (most recent call last):
  File "<pyshell#327>", line 1, in <module>
    yz[0]='zhaoliu'  #元组具有不变性，不能通过索引或切片修改
TypeError: 'tuple' object does not support item assignment
>>>
```

图 6－25　通过索引访问元组元素示例

2. 元组切片

和字符串及其他序列一样，元组也支持切片操作。示例代码及运行结果如图 6－26 所示。

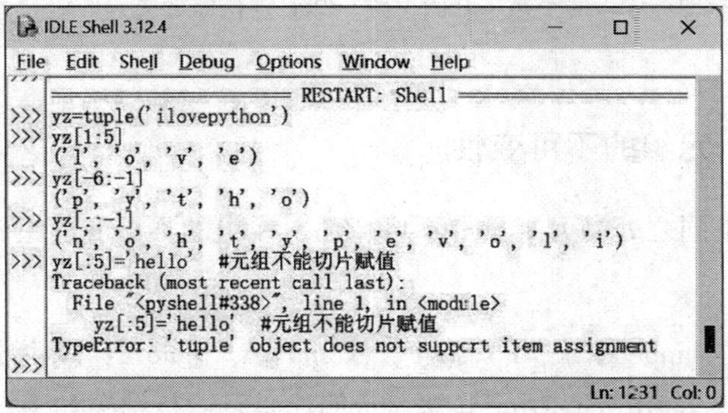

图 6－26　元组切片示例

3. 元组操作函数和运算符

类似于列表，元组也支持通过 len() 函数求长度，通过“+”运算符进行元组合并，通过“*”运算符进行元组重复倍增，通过“in”运算符判断一个值是否包含在元组中。示例代码及运行结果如图 6－27 所示。

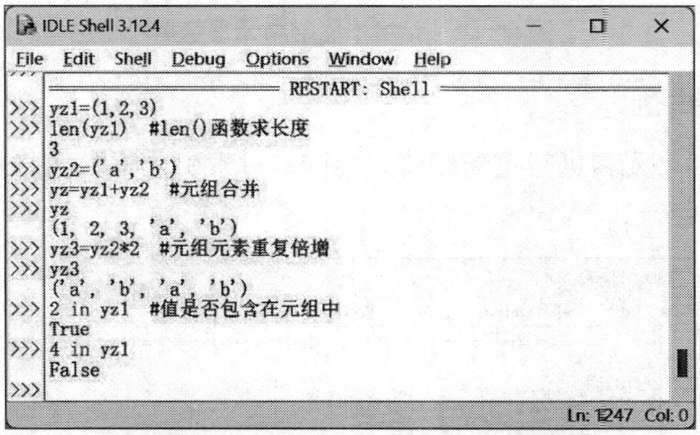

图 6－27　元组函数和运算符示例

6.2.3　元组的常用方法

元组 tuple 是一个类，一个具体的元组相当于一个元组对象，可以使用元组对象名调用类定义的方法，其语法格式如下：

```
元组名.方法名([参数])
```

元组具有不可变性，所以没有增加、删除元素或者排序等操作。元组只有下列两个方法，具体见表 6－2。

表 6－2　元组的方法

方法	描述	示例（代码/结果）
index(v)	返回元素 v 的索引，如果不存在，则报错	[1, 2].index(2) 1

续表

方法	描述	示例（代码/结果）
count(v, [start[, end]])	返回元素 v 的个数，开始位置、结束位置皆可选	[1,2,3,1,3].count(1) 2

6.2.4　进阶学习：元组的不可变性

元组和列表最主要的不同之处是元组具有不可变性。元组的不可变性主要体现在以下 3 个方面：

1. 不能增删元素

元组没有类似于列表的 append( )、insert( )、extend( )、remove( ) 等增删元素的方法。尝试使用 append( ) 方法追加元素会报告 AttributeError 异常。示例代码及运行结果如图 6－28 所示。

```
IDLE Shell 3.12.4
File Edit Shell Debug Options Window Help
==================== RESTART: Shell ====================
>>> yz=(1,2)
>>> yz.append(3)
Traceback (most recent call last):
  File "<pyshell#352>", line 1, in <module>
    yz.append(3)
AttributeError: 'tuple' object has no attribute 'append'
>>>
Ln: 1268 Col: 0
```

图 6－28　元组不能增删元素示例

2. 不能对元素重新赋值

元组不能对其中的某一个元素进行重新赋值。尝试通过索引元素赋值将报告 TypeError 异常。示例代码及运行结果如图 6－29 所示。

```
IDLE Shell 3.12.4
File Edit Shell Debug Options Window Help
==================== RESTART: Shell ====================
>>> yz=(1,2)
>>> yz[0]=3
Traceback (most recent call last):
  File "<pyshell#354>", line 1, in <module>
    yz[0]=3
TypeError: 'tuple' object does not support item assignment
>>>
Ln: 1276 Col: 0
```

图 6－29　元组不能对元素重新赋值示例

3. 不能对切片进行赋值

和列表不同，元组不能对切片进行赋值从而达到替换元组中多个元素的目的。尝试对切片进行赋值将会报告 TypeError 异常。示例代码及运行结果如图 6－30 所示。

```
IDLE Shell 3.12.4
File Edit Shell Debug Options Window Help
==================== RESTART: Shell ====================
>>> yz=(1,2)
>>> yz[:]
(1, 2)
>>> yz[:]=(3,4)
Traceback (most recent call last):
  File "<pyshell#357>", line 1, in <module>
    yz[:]=(3,4)
TypeError: 'tuple' object does not support item assignment
>>>
Ln: 1286 Col: 0
```

图 6－30　元组不能对切片进行赋值示例

提示 元组的不可变性并不要求其元素必须是不可变类型，只是要求元素一旦确定就不能重新赋值。如果元组中的元素是引用数据类型，只要保证引用（地址）不变，是可以对其内容进行修改的。

元组中的元素可以是引用类型，并且可以修改内容（但不能对元素整体重新赋值）。示例代码及运行结果如图 6-31 所示。

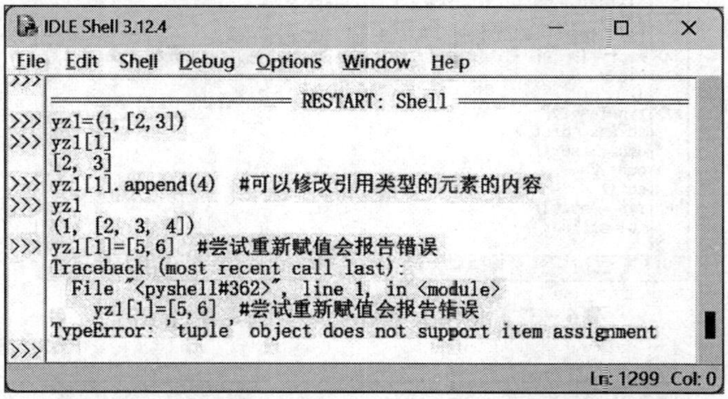

图 6-31　元组的引用类型元素可以修改内容示例

6.3 集合

Python 中的集合（set）和数学中的集合概念一样，是由不重复元素组成的无序容器。由于要保证元素的互异性，集合中的元素必须是可 hash 的，即不能是可变的类型。

集合的特点如下：

（1）无序：元素在集合中没有顺序，不能通过索引位置访问元素。

（2）互异：集合中的元素不能重复，重复添加会自动去重。

（3）元素可 hash：元素不能是可变类型（例如：列表、字典、集合等都不能作为集合的元素）。

6.3.1 集合的创建

在 Python 中创建集合的方法主要有以下 3 种：

1. 使用大括号“{}”创建

将元素放在一对大括号“{}”里面并且用逗号隔开就创建了一个集合。一般情况下会把这个集合赋值给一个变量，这样就可以通过变量来引用这个集合了。语法格式如下：

```
setname = {element1, element2, …, elementn}
```

使用大括号创建集合的示例代码及运行结果如图 6-32 所示。

2. 使用 set() 函数创建

set() 函数可以接收一个可迭代对象作为参数，生成一个集合。语法格式如下：

```
setname = set(可迭代对象)
```

使用 set() 函数创建集合的示例代码及运行结果如图 6-33 所示。

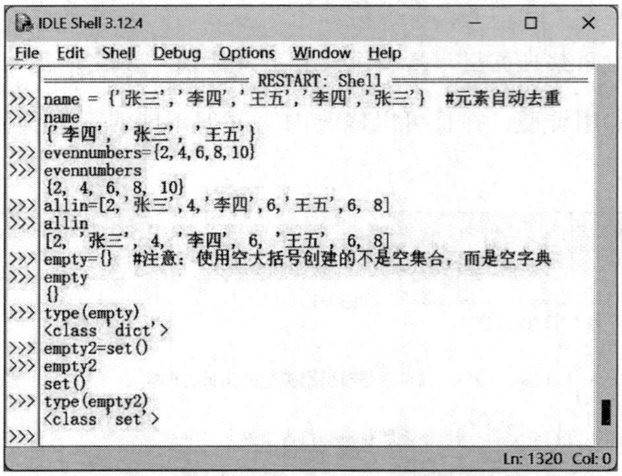

图 6－32 使用大括号“{ }”创建集合示例

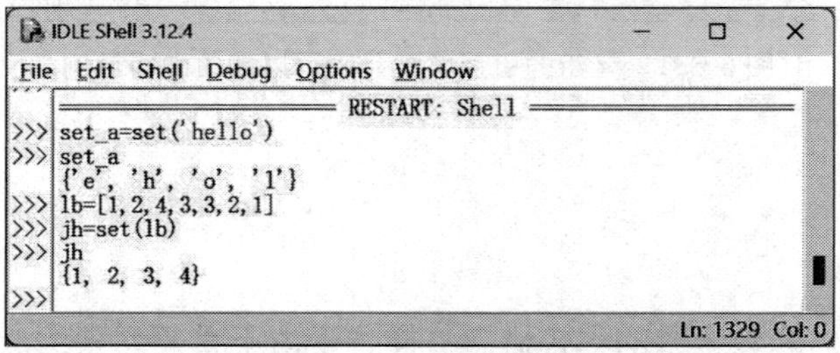

图 6－33 使用 set() 函数创建集合示例

3. 进阶学习：使用集合推导式创建

集合推导式是根据已有的迭代对象经过加工后创建一个新的集合，主要用于动态创建新集合。语法格式如下：

```
{表达式 for 临时变量 in 可迭代对象 if 条件表达式}
```

使用集合推导式创建集合的示例代码及运行结果如图 6－34 所示。

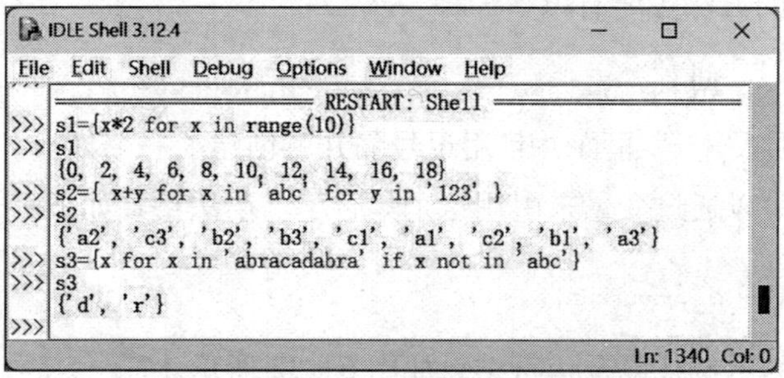

图 6－34 使用集合推导式创建集合示例

6.3.2 集合的运算和基本操作

1. 遍历集合

集合不是序列，所以不能按照位置索引来访问。但是可以通过 for 循环来遍历，示例代码及运行结果如图 6－35 所示。

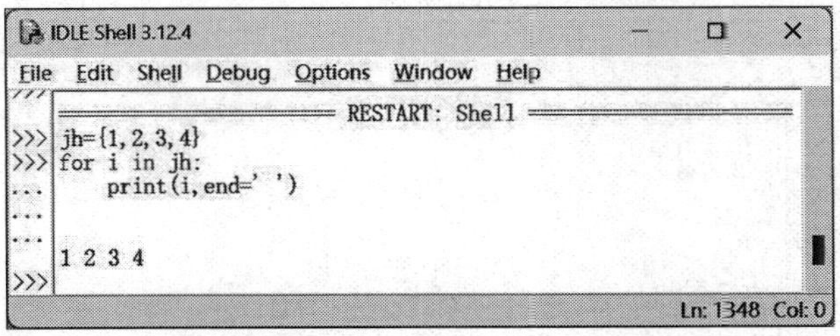

图 6－35 使用 for 循环遍历集合示例

2. 集合比较运算符

通过“==”“<”“>”等运算符，集合之间可以进行比较运算，比较运算的结果是 bool 类型。集合比较运算符见表 6－3。

表 6－3 集合比较运算符

运算符	描述
==	比较两个集合的元素是否一致（个数及值比较，忽略次序），若一致则返回 True
!=	和“==”相反
<	如果左边的集合所有元素都在右边集合中，并且右边集合中的元素多于左边集合，则返回 True
<=	如果左边的集合所有元素都在右边集合中或者和右边集合中的元素完全一致，则返回 True
>	和“<”相反
>=	和“<=”相反

集合比较运算符的示例代码及运行结果如图 6－36 所示。

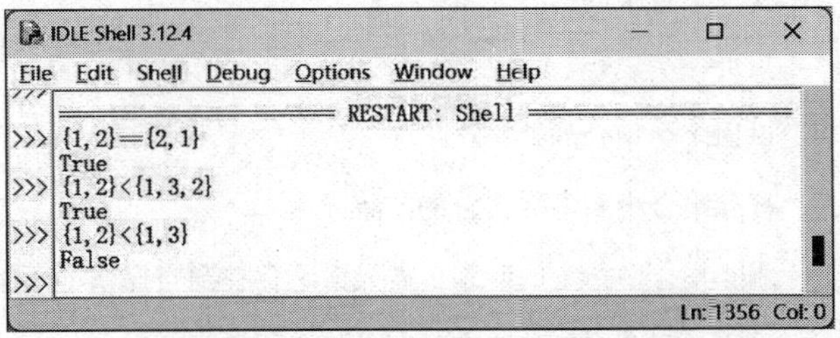

图 6－36 集合比较运算符示例

3. 集合逻辑运算符

通过“&”“|”“－”等运算符，集合可以进行交集、并集、差集等逻辑运算，运算结果是集合类型。集合逻辑运算符见表 6－4。

表 6－4 集合逻辑运算符

运算符	描述	示例 (a = {1, 2, 3}; b = {2, 3, 4})	结果
&	交集	a&b	{2, 3}
|	并集	a|b	{1, 2, 3, 4}
－	差集	a－b	{1}
∧	对称差	a∧b	{1, 4}

集合逻辑运算符的示例代码及运行结果如图 6－37 所示。

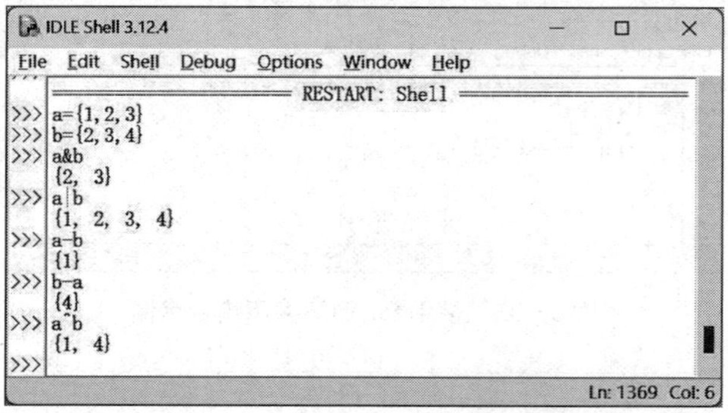

图 6－37　集合逻辑运算符示例

6.3.3　集合的常用方法

集合(set)是一个类，一个具体的集合相当于一个 set 对象，可以使用集合对象名调用类定义的方法，其语法格式如下：

```
集合名.方法名([参数])
```

集合常用的方法见表 6－5。

表 6－5　集合常用方法

方法	描述
add()	为集合添加元素
clear()	移除集合中的所有元素
copy()	拷贝一个集合
difference()	返回多个集合的差集
difference_update()	移除集合中和参数集合的差集元素
discard()	删除集合中指定的元素，若元素不存在则空操作（不报告异常）
intersection()	返回本集合与参数的交集，本集合不变
intersection_update()	更新本集合为其与参数的交集
isdisjoint()	判断两个集合是否包含相同的元素，如果没有则返回 True，否则返回 False
issubset()	判断集合是否为参数集合的子集
issuperset()	判断集合是否为参数集合的超集
pop()	随机移除元素，并返回该元素，若集合为空则报告 KeyError 异常
remove()	移除指定元素，若移除的元素不存在则报告 KeyError 异常
symmetric_difference()	返回两个集合中不重复的元素集合
symmetric_difference_update()	移除当前集合中与参数集合中相同的元素，并将参数集合中不同的元素插入当前集合
union()	返回两个集合的并集
update()	更新集合为其自身与和参数（可迭代对象）中元素的并集

通过集合的方法可以方便地对集合进行操作，具体介绍如下：

1. 添加元素

add()方法可以把参数整体作为一个元素添加到当前集合中，示例代码及运行结果如图 6－38 所示。

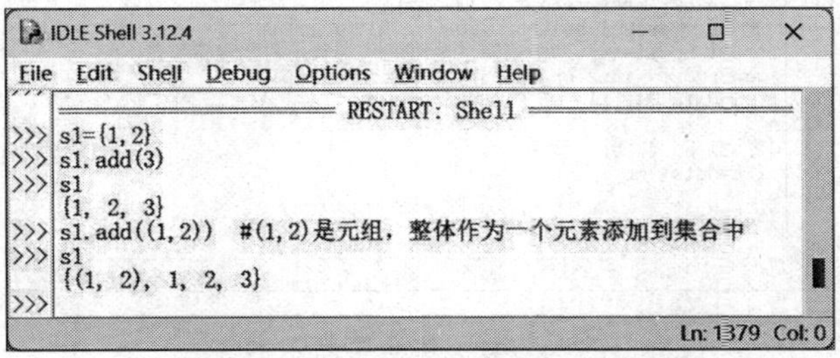

```
>>> s1={1,2}
>>> s1.add(3)
>>> s1
{1, 2, 3}
>>> s1.add((1,2))  #(1,2)是元组，整体作为一个元素添加到集合中
>>> s1
{(1, 2), 1, 2, 3}
>>>
```

图 6－38 集合添加元素示例

注意 集合中的元素具有唯一性和不可变性，如果添加的元素集合中已有，则添加时会自动去重；如果添加的元素不能 hash（即可变类型），则添加失败并报告 TypeError 异常。

集合自动去重的示例代码及运行结果如图 6－39 所示。

```
>>> s1={1,2}
>>> s1.add(1)  #集合中已存在1，添加时会自动去重
>>> s1
{1, 2}
>>>
```

图 6－39 集合自动去重示例

往集合中添加非 hash 类型元素会失败并报告 TypeError 异常。示例代码及运行结果如图 6－40 所示。

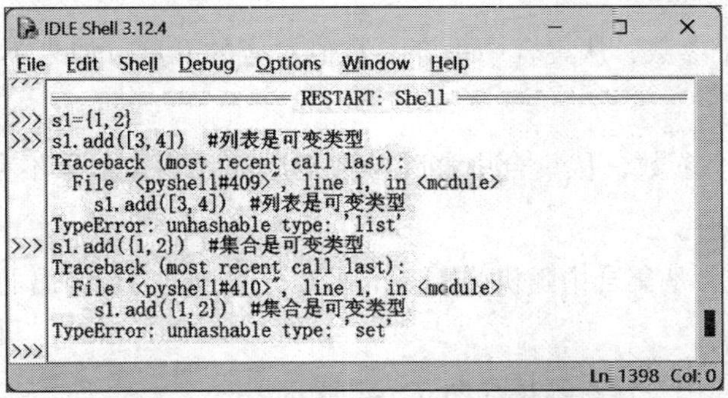

```
>>> s1={1,2}
>>> s1.add([3,4])  #列表是可变类型
Traceback (most recent call last):
  File "<pyshell#409>", line 1, in <module>
    s1.add([3,4])  #列表是可变类型
TypeError: unhashable type: 'list'
>>> s1.add({1,2})  #集合是可变类型
Traceback (most recent call last):
  File "<pyshell#410>", line 1, in <module>
    s1.add({1,2})  #集合是可变类型
TypeError: unhashable type: 'set'
>>>
```

图 6－40 集合添加非 hash 类型报错示例

2. 更新集合

和 add()方法（把参数作为一个元素整体添加到集合中）不同，update()方法是更新集合，其参数要求是一个可迭代对象（否则报告 TypeError 异常），通过 update()方法会展开参数，对其进行迭代，把迭代出的值（同样要求可以 hash）批量添加到集合中，添加时同样会自动去重。示例代码及运行结

果如图 6－41 所示。

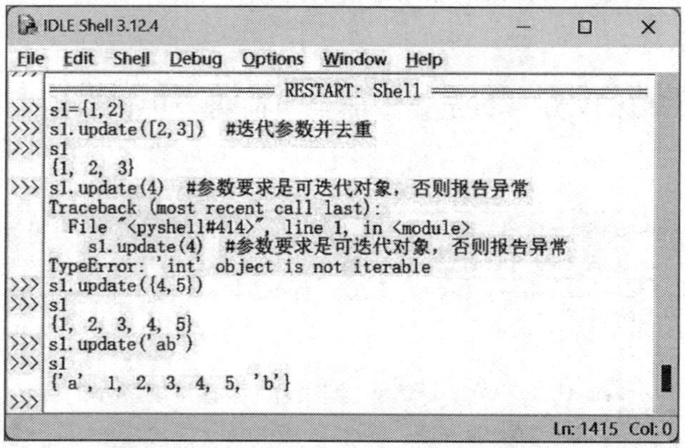

图 6－41　集合更新示例

3. 返回差集/更新为差集

difference( ) 方法返回当前集合与其多个参数集合的差集，当前集合不变；difference_update( ) 方法更新当前集合为其与所有参数集合的差集，没有返回值，当前集合发生变化。示例代码及运行结果如图 6－42 所示。

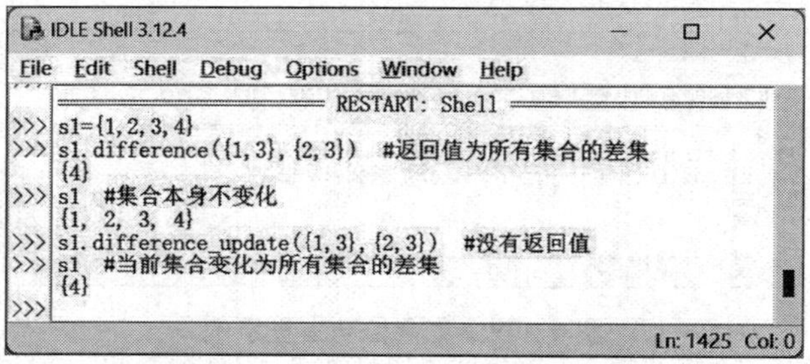

图 6－42　集合返回/更新为差集示例

4. 丢弃/移除/弹出元素

discard( ) 方法需要一个参数，从集合中丢弃参数值对应的元素，如果不存在则空操作，不报告异常，没有返回值。

remove( ) 方法需要一个参数，从集合中移除参数对应的元素，如果不存在则报告 KeyError 异常，没有返回值。

pop( ) 方法不接收参数，从集合中随机弹出一个元素，返回值为被弹出的元素值。如果空集合执行此方法则报告 KeyError 异常。

上述 3 种方法的示例代码及运行结果如图 6－43 所示。

6.4 字典

日常生活中遇到不认识的字大家都会查字典，一般都是通过拼音或笔画先查目录，然后根据目录对应的页码去找到对应的汉字。Python 中的字典（dict）与此类似，也被称为映射。

字典也类似于一个特殊的集合，其元素由“键: 值”对组成。一个字典中存储了若干个条目，每

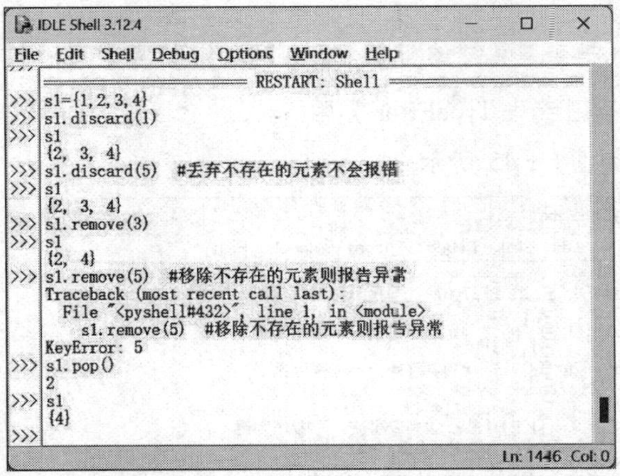

```
IDLE Shell 3.12.4
File Edit Shell Debug Options Window Help
==================== RESTART: Shell ====================
>>> s1={1,2,3,4}
>>> s1.discard(1)
>>> s1
{2, 3, 4}
>>> s1.discard(5)  #丢弃不存在的元素不会报错
>>> s1
{2, 3, 4}
>>> s1.remove(3)
>>> s1
{2, 4}
>>> s1.remove(5)  #移除不存在的元素则报告异常
Traceback (most recent call last):
  File "<pyshell#432>", line 1, in <module>
    s1.remove(5)  #移除不存在的元素则报告异常
KeyError: 5
>>> s1.pop()
2
>>> s1
{4}
>>>
Ln: 1446 Col: 0
```

图 6-43　集合丢弃/移除/弹出元素示例

个条目都是一个“键: 值”对，关键字（key）在字典中是唯一的，每个关键字对应一个值（value），可以使用键来获取相关联的值。由于键的特殊性，其必须是不可变类型（可 hash）。

字典作为常用的映射类型，其特点如下：

（1）由“键: 值”对组成：一个元素是由一对键和值组成的，不能通过位置索引访问“键: 值”对，可以通过键访问对应的值，“键: 值”对没有先后顺序。

（2）键必须是不可变类型：键作为索引，必须是可 hash 的类型（比如：数字、布尔、字符串、元组等可以作为键，但是列表、集合、字典都不能作为键）。

（3）键不能重复：重复添加键相同的“键: 值”对，相当于更新此键的对应值。

6.4.1　创建字典

在 Python 中创建字典的方法主要有以下 3 种：

1. 使用大括号“{}”创建

将使用冒号“:”对应的“键: 值”对元素放在一对大括号“{}”里面，并且用逗号隔开就创建了一个字典。一般情况下会把这个字典赋值给一个变量，这样就可以通过变量来引用这个字典了。语法格式如下：

```
dicname = { key1: value1, key2: value2, key3: value3, … }
```

其中 key1，key2，key3，…是关键字，value1，value2，value3，…是对应的值。使用大括号创建字典的示例代码及运行结果如图 6-44 所示。

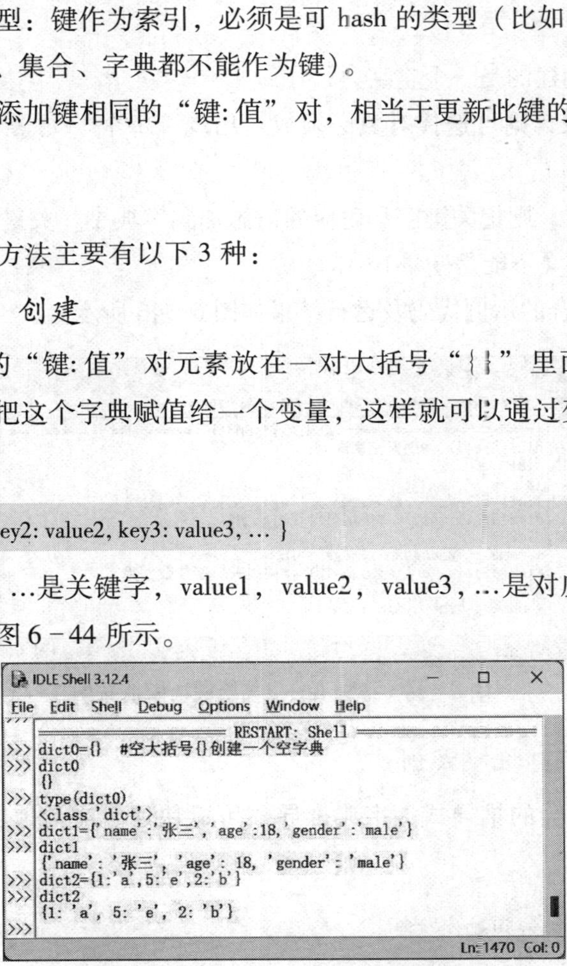

```
IDLE Shell 3.12.4
File Edit Shell Debug Options Window Help
==================== RESTART: Shell ====================
>>> dict0={}  #空大括号{}创建一个空字典
>>> dict0
{}
>>> type(dict0)
<class 'dict'>
>>> dict1={'name':'张三','age':18,'gender':'male'}
>>> dict1
{'name': '张三', 'age': 18, 'gender': 'male'}
>>> dict2={1:'a',5:'e',2:'b'}
>>> dict2
{1: 'a', 5: 'e', 2: 'b'}
>>>
Ln: 1470 Col: 0
```

图 6-44　使用大括号“{}”创建字典示例

注意 键要求唯一，如果有重复键的“键: 值”对，则相当于更新键对应的值；键要求可 hash（键必须是不可变类型），否则报告 TypeError 异常。

示例代码及运行结果如图 6－45 所示。

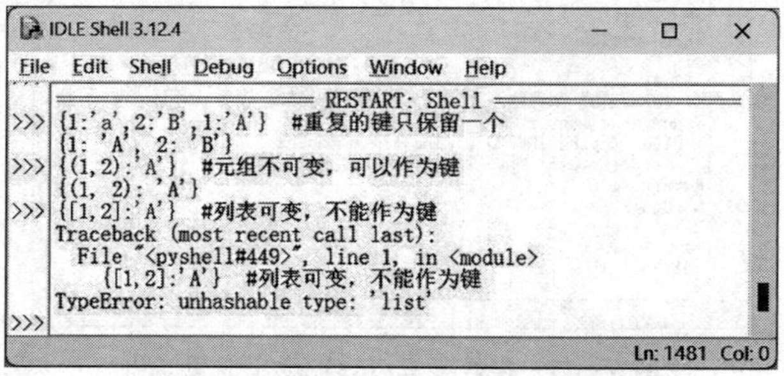

图 6－45 字典键的注意事项示例

2. 使用 dict() 函数创建

dict() 函数可以接收可迭代对象或关键字参数作为参数，生成一个字典。其语法格式如下：

```
dictname = dict( 可迭代对象 或 关键字参数)
```

参数情况说明如下：

（1）如果没有参数，创建的是一个空字典；

（2）如果是可迭代对象，则可迭代对象必须成对出现，每个“元素对”中的第一项作为“键”，第二项作为“值”；

（3）如果是关键字参数，则把关键字和对应的值添加到字典中，关键字参数的等号左边必须是一个变量，右边必须是一个值（不能是变量）。

使用 dict() 函数创建集合的示例代码及运行结果如图 6－46 所示。

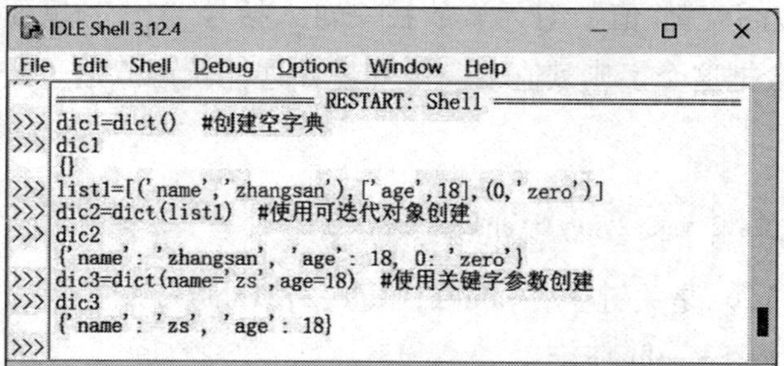

图 6－46 使用 dict() 函数创建字典示例

3. 进阶学习：使用字典推导式创建

类似于序列、元组、集合的推导式，字典推导式可以快速、灵活地创建一个字典。其语法格式如下：

```
{ key: value for key, value in 可迭代对象 }
```

使用字典推导式创建字典的示例代码及运行结果如图 6－47 所示。

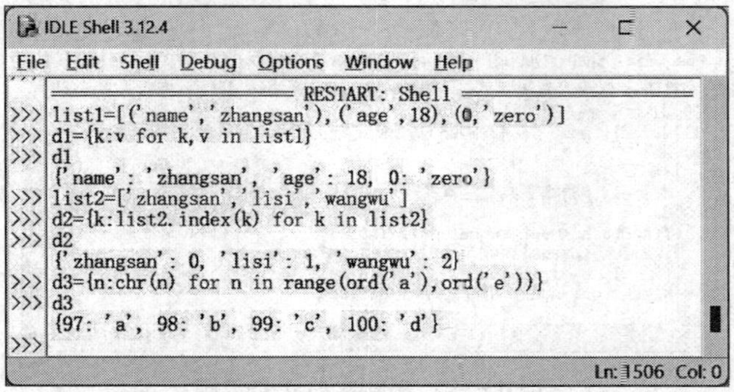

图 6-47　使用字典推导式创建字典示例

6.4.2　字典的基本操作

1. 通过键访问值

通过键索引，可以方便地取得对应的值。示例代码及运行结果如图 6-48 所示。

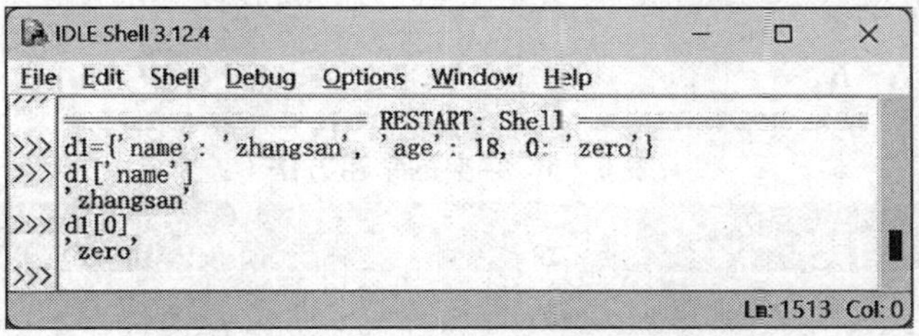

图 6-48　字典通过键访问值示例

2. 增、改字典元素

增、改字典元素的方法是一样的，都是通过下面的赋值语句进行操作。

```
d[key] = val
```

如果字典 d 中的 key 键已存在，则更新其值为 val，否则新增键为 key，值为 val 的“键: 值”对元素。示例代码及运行结果如图 6-49 所示。

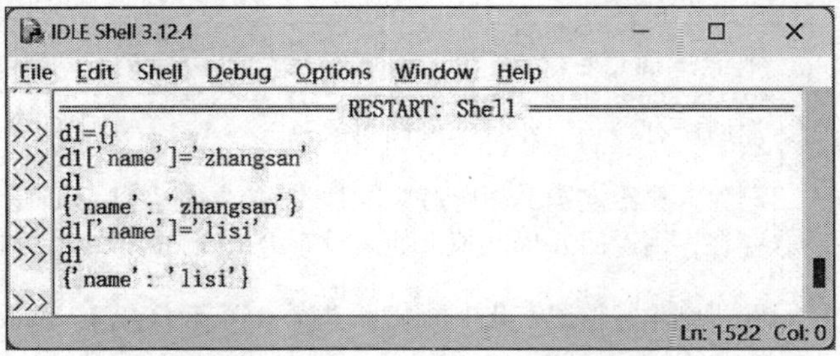

图 6-49　增、改字典元素示例

3. 删除字典元素

删除字典元素或字典本身类似于删除变量，可以使用 del 语句。示例代码及运行结果如图 6-50 所示。

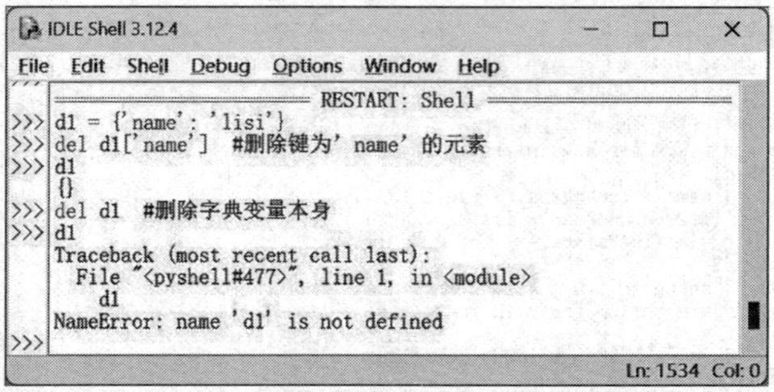

图 6-50　删除字典元素示例

6.4.3　字典的常用方法

字典(dict)是一个类，一个具体的字典相当于一个 dict 对象，可以使用字典对象名调用类定义的方法。其语法格式如下：

```
字典名.方法名([参数])
```

字典的常用方法见表 6-6。

表 6-6　字典的常用方法

方法	描述
clear()	清空字典内所有元素
copy()	返回一个字典的浅复制
fromkeys(it, val = None)	创建一个新字典，以可迭代对象 it 中的值作为字典的键，val 为字典所有键对应的初始值
get(key, default = None)	返回指定键的值，如果键不在字典中，则返回 default 设置的默认值
items()	返回“键:值”对组成的视图对象
keys()	返回所有“键”组成的视图对象
setdefault(key, default = None)	和 get()类似，但如果键不存在字典中，将会添加键并将值设为 default
update(dict2)	把字典 dict2 的“键:值”对更新到当前字典里，若键相同则覆盖
values()	返回所有“值”组成的视图对象
pop(key[, default])	删除字典给定键 key 所对应的“键:值”对，并返回此键对应的值。如果 key 值不存在，则返回 default 值。如果没有给出 default 参数，则报告 KeyError 异常
popitem()	随机删除并返回字典中的某一“键:值”对（以 2-tuple 形式）

通过字典的方法可以方便地对字典进行操作，具体介绍如下：

1. 根据可迭代对象创建字典

fromkeys(it, val = None)方法会根据 it 参数迭代出的值作为键，val 作为所有键对应的值（省略此参数则默认值为 None）。示例代码及运行结果如图 6-51 所示。

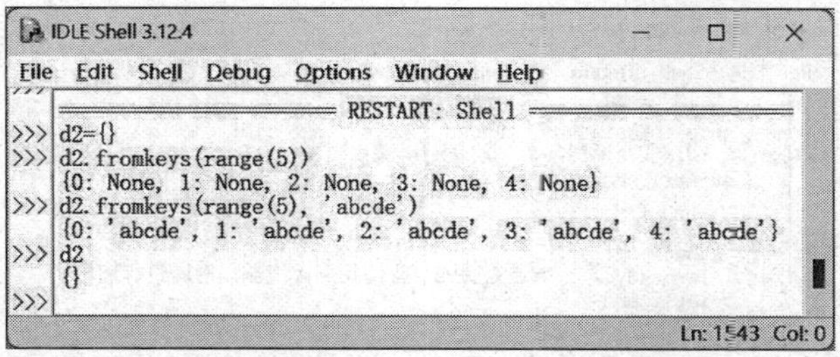

图 6－51　字典 fromkeys() 方法示例

2. 取得键对应的值

类似于 d[key] 形式，通过 d.get(key, default = None) 形式调用 get() 方法能取得字典 d 中 key 键对应的值。两者的区别是 d[key] 形式在 key 不存在时，会报告 KeyError 异常，而 d.get(key, default = None) 形式当 key 不存在时，会返回 default 参数的值（默认为 None）。示例代码及运行结果如图 6－52 所示。

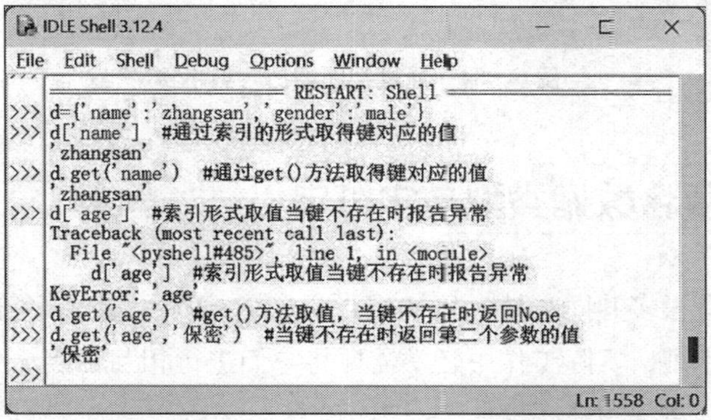

图 6－52　字典 get() 方法示例

3. 键、值、项视图

keys()、values()、items() 方法分别返回字典对应键、值以及整个"键: 值"对组成的视图对象，示例代码及运行结果如图 6－53 所示。

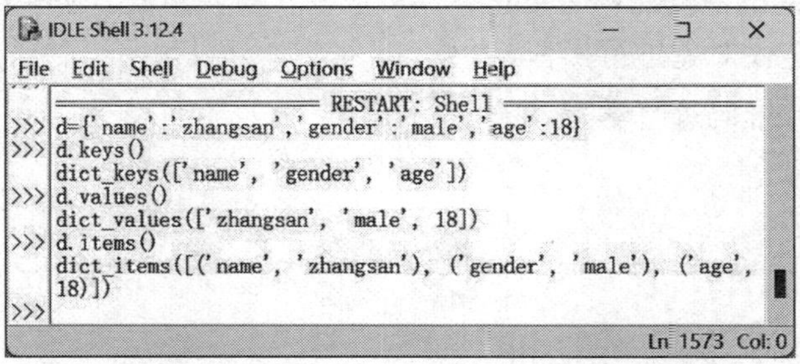

图 6－53　字典 keys()、values() 和 items() 方法示例

4. 遍历字典

由于字典的元素是由"键: 值"对组成，所以遍历字典分为键遍历、值遍历及"键: 值"对整体（项）遍历。可以通过 keys()、values()、items() 方法取得的视图来进行。示例代码及运行结果如图 6－54 所示。

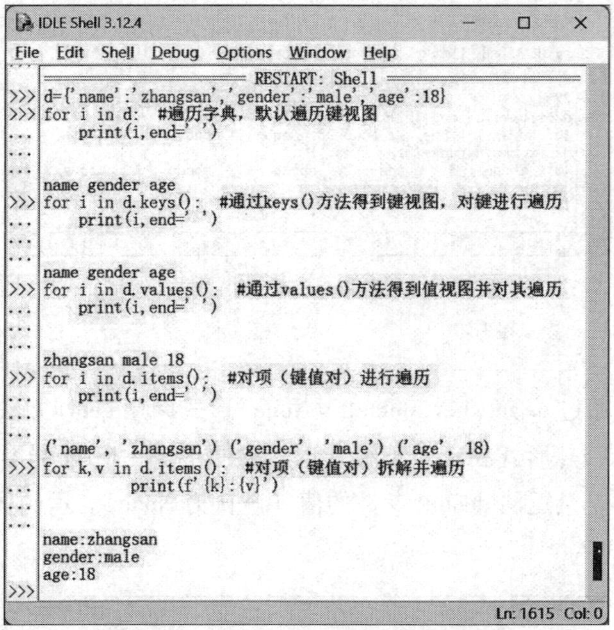

图 6－54　通过视图遍历字典示例

6.5 扩展阅读：复合数据类型与字符串

复合数类型和字符串有很多共同之处，比如都可以包含多个元素（字符）。列表、元组和字符串都属于序列，实际工作中经常需要将它们进行相互转换。

详细内容可扫描右方二维码进行学习。

▶扩展阅读◀
复合数据类型
与字符串

6.6 扩展阅读：迭代

复合数据类型都是可迭代对象，支持通过迭代器对其进行遍历，Python 内置了 max()、min()、sum()、all()、any()、enumerate()、sorted()、zip()、map()、filter()等函数可以方便地对可迭代对象进行操作。

详细内容可扫描右方二维码进行学习。

▶扩展阅读◀
迭代

案例

案例一：评分计算器

问题：

在很多比赛评分中，为了保证评分的公平公正，避免随机波动误差，会把评分成绩中的最高分和最低分去掉，然后把剩余分数的平均分作为选手的最终得分。请使用 Python 程序制作一个评分计算器，能够在大赛中方便、快捷地计算选手评分。

分析：

由于评委给出的评分有多个，所以使用复合数据类型存储评分比较方便，另外最高分和最低分可以通过排序得到，且需要去除。由于列表有sort()方法排序，且移除元素的操作也很方便，所以本问题的评分成绩通过列表存储非常合适。

解决：

通过以下步骤解决此问题：

（1）生成空列表，并把评委成绩依次加入列表；

（2）对列表进行排序；

（3）移除列表中最前和最后元素；

（4）列表所有元素的和除以其长度得到平均分。

编程：

根据上面的分析思路和解决步骤，可以编写程序代码如图6－55所示。

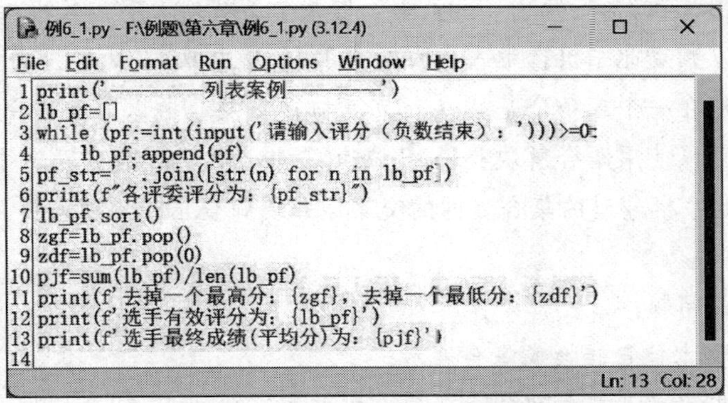

图6－55　评分计算器案例程序

程序运行结果如图6－56所示。

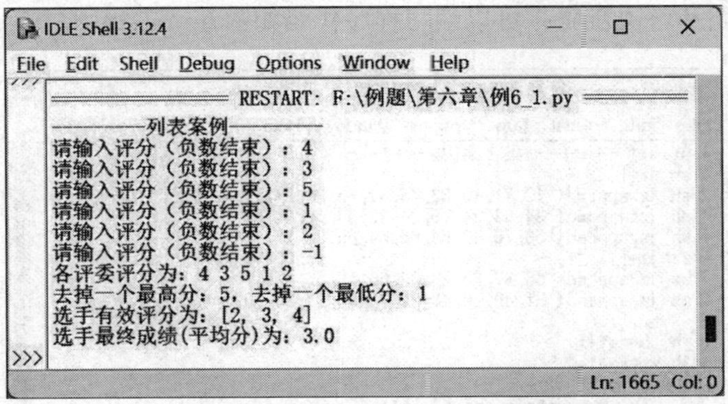

图6－56　评分计算器案例程序运行结果

案例二：疫情防控

问题：

某个城市“city_sh”发现疫情，为了帮助其他城市快速筛查人员流动情况，避免疫情扩散，城市“city_sh”每晚10时发布本市所有无线通信基站（基站数量庞大，示例简化为3个基站）当天接收信号的手机号码（以 2 位数字模拟手机号）列表文本数据分别为（2 月 15 日信息）：

基站 1 的手机号："19，71，19，33，48，41，65，33，24，71，45，72，64"

基站 2 的手机号："34，53，24，75，34，22，66，50，34，33"

基站 3 的手机号："53，76，43，64，66，54，65，88"

城市"city_zz"决定利用信息技术手段辅助进行疫情防控，及时筛查由城市"city_sh"进入本市人员，每晚 10 时也导出了本市所有无线通信基站（基站数量庞大，示例简化为 2 个基站）当天接收信号的手机号码（以 2 位数字模拟手机号）列表文本数据分别为（2 月 16 日信息）：

基站 1 的手机号："66，87，35，28，93，66，45，55，43"

基站 2 的手机号："31，49，70，48，22，75，93，17，66，70"

请你根据以上信息，使用 Python 进行编程，快速筛查出 2 月 16 号由城市"city_sh"进入城市"city_zz"人员的手机号码。

分析：

如果一个手机号既出现在 15 日城市"city_sh"的某个基站列表中，又出现在 16 日城市"city_zz"的某个基站列表中，可以判定此手机携带人员大概率于 16 号由城市"city_sh"进入了城市"city_zz"；由于同一个手机号码可能在一个或多个基站（人员流动）重复，所以需要去重；集合正好具有去重功能和交集运算，此问题可以使用集合解决：15 日城市"city_sh"的所有基站手机号码的集合和 16 日城市"city_zz"所有基站手机号码的集合之间的交集即是要筛查出的流动人员。

解决：

通过以下步骤解决此问题：

（1）把所有基站的文本信息转换成集合表示；

（2）合并本市所有基站的手机号码集合（集合求并集）；

（3）求两个城市手机号码集合的交集。

编程：

根据上面的分析思路和解决步骤，可以编写程序代码如图 6 - 57 所示。

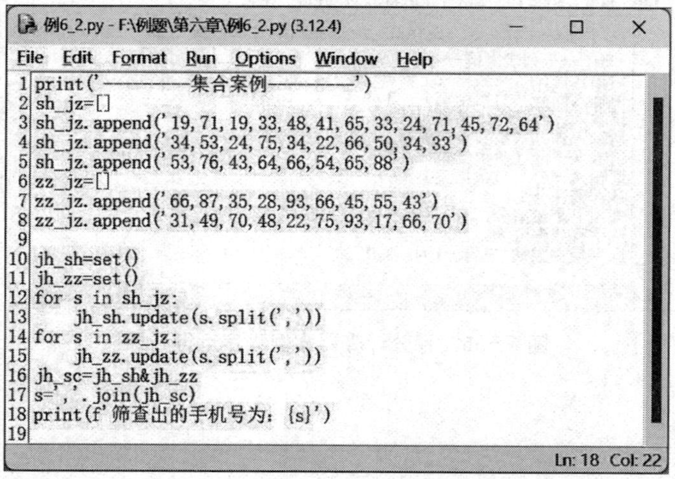


```
print('-----------集合案例-----------')
sh_jz=[]
sh_jz.append('19,71,19,33,48,41,65,33,24,71,45,72,64')
sh_jz.append('34,53,24,75,34,22,66,50,34,33')
sh_jz.append('53,76,43,64,66,54,65,88')
zz_jz=[]
zz_jz.append('66,87,35,28,93,66,45,55,43')
zz_jz.append('31,49,70,48,22,75,93,17,66,70')

jh_sh=set()
jh_zz=set()
for s in sh_jz:
    jh_sh.update(s.split(','))
for s in zz_jz:
    jh_zz.update(s.split(','))
jh_sc=jh_sh&jh_zz
s=','.join(jh_sc)
print(f'筛查出的手机号为：{s}')
```

图 6 - 57　手机号筛查案例程序

程序运行结果如图 6 - 58 所示。

```
IDLE Shell 3.12.4
File Edit Shell Debug Options Window Help
======== RESTART: F:\例题\第六章\例6_2.py ========
——————集合案例——————
筛查出的手机号为: 66,22,45,43,48,75
>>>
                                        Ln: 1669 Col: 0
```

图6-58　手机号筛查案例程序运行结果

案例三：英文字符个数统计

问题：

请用户输入一串英文，统计每个字符（不分大小写）出现的次数并按照字母表顺序输出统计结果。

此问题可以有以下两种分析思路和解决方法：

分析1：

由于统计时需要的信息有两部分（字符和对应的个数），所以可以使用字典来存储，字符作为键，出现的次数作为对应的值。字典可以取得键视图，键视图可以转为列表，通过列表的sort()方法能方便地按照字母表顺序输出统计结果。

解决1：

通过以下步骤解决此问题：

(1) 生成空字典，用以存储字符和其出现的次数；

(2) 遍历用户输入的字符串，判断每个字符在字典中是否存在，存在则把这个键对应的值+1，如果不存在，则以此字符创建新的“键:值”对，值为1；

(3) 把字典的键视图转到列表，对列表排序，按列表顺序输出字典中对应的值。

编程1：

根据上面的分析思路和解决步骤，可以编写程序代码如图6-59所示。

```
例6_3.py - F:\例题\第六章\例6_3.py (3.12.4)
File Edit Format Run Options Window Help
print('———英文字符个数统计案例（方法1）———')
s=input("请输入一串字符:").lower()
d={}
for c in s:
    if c in d:
        d[c]+=1
    else:
        d[c]=1
zflb=list(d.keys())
zflb.sort()
print(f'{s}中不同字符（按字母表顺序）及其个数统计:')
for c in zflb:
    print(f"{c}:{d[c]}")

                                        Ln: 13 Col: 24
```

图6-59　英文字符个数统计案例程序（方法1）

运行程序，输入字符串“fdefabfefdd”进行测试，结果如图6-60所示。

分析2：

利用集合的自动去重功能可以得到字符串中不重复的字符；把集合转为列表，可以对字符按照字母表顺序排序。统计某个字符在字符串中出现的次数可以使用字符串的count()方法。

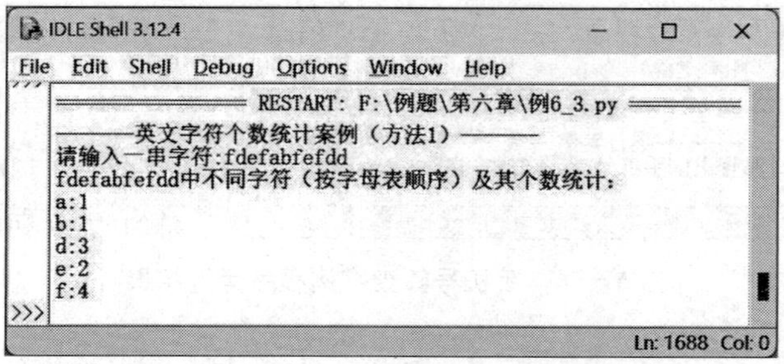
```
IDLE Shell 3.12.4
File Edit Shell Debug Options Window Help
======== RESTART: F:\例题\第六章\例6_3.py ========
————英文字符个数统计案例（方法1）————
请输入一串字符:fdefabfefdd
fdefabfefdd中不同字符（按字母表顺序）及其个数统计:
a:1
b:1
d:3
e:2
f:4
>>>
Ln: 1688 Col: 0
```

图 6 – 60　英文字符个数统计案例程序（方法 1）运行结果

解决 2：

通过以下步骤解决此问题：

(1) 根据用户输入的字符串生成集合；

(2) 根据上一步的集合生成列表，并排序；

(3) 遍历排序后的列表，在原始字符串中统计其每个字符出现的次数。

编程 2：

根据上面的分析思路和解决步骤，可以编写程序代码如图 6 – 61 所示。

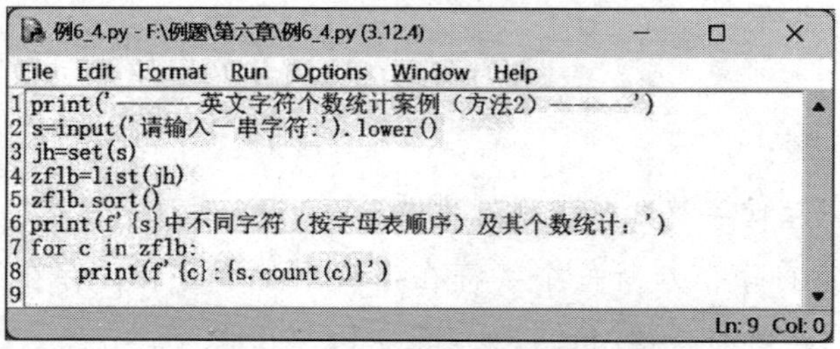
```
例6_4.py - F:\例题\第六章\例6_4.py (3.12.4)
File Edit Format Run Options Window Help
print('————英文字符个数统计案例（方法2）————')
s=input('请输入一串字符:').lower()
jh=set(s)
zflb=list(jh)
zflb.sort()
print(f'{s}中不同字符（按字母表顺序）及其个数统计:')
for c in zflb:
    print(f'{c}:{s.count(c)}')

Ln: 9 Col: 0
```

图 6 – 61　英文字符个数统计案例程序（方法 2）

运行程序，输入测试字符串“fdefabfefdd”，即可得到每个字符的个数统计信息，结果如图 6 – 62 所示。

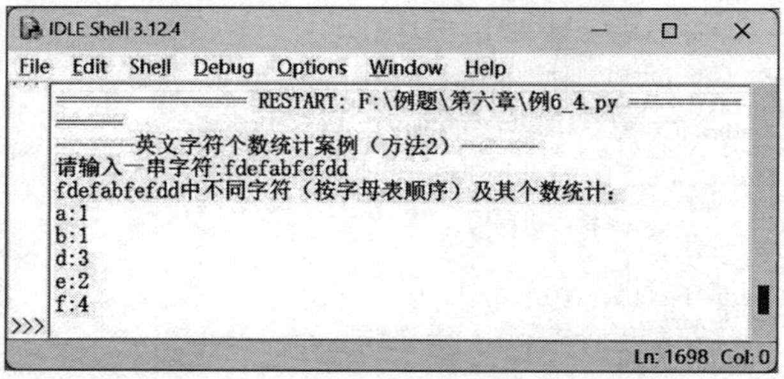
```
IDLE Shell 3.12.4
File Edit Shell Debug Options Window Help
======== RESTART: F:\例题\第六章\例6_4.py ========
————英文字符个数统计案例（方法2）————
请输入一串字符:fdefabfefdd
fdefabfefdd中不同字符（按字母表顺序）及其个数统计:
a:1
b:1
d:3
e:2
f:4
>>>
Ln: 1698 Col: 0
```

图 6 – 62　英文字符个数统计案例程序（方法 2）运行结果

案例四：密码本加密数字

问题：

假设密码本中数字（明文）和字符（密文）的对应关系为：0 – g，1 – i，2 – z，3 – x，4 – m，5 – a，6 – q，7 – t，8 – c，9 – w。请编写一个程序，接收用户任意输入的一组整数（空格分隔），用密码本进行加密，输出加密结果，示例如下所示。

```
请输入一组整数(空格分隔):5  30  871  9624
加密后:a  xg  cti  wqzm
```

此问题有以下两种分析思路和解决方法：

分析1：

密码本中明文和密文的对应关系类似于字典中的键和值，所以可以使用字典来存储密码本；由于用户输入的字符是空格隔开，所以可以通过字符串的分割 split() 方法得到明文组成的列表；遍历明文列表，查询字典即得到明文列表中每个元素的密文并存储到密文列表；使用空格连接密文列表中的元素即得到密文字符串。

解决1：

通过以下步骤解决此问题：

(1) 根据密码本建立字典；

(2) 根据空格分隔符，把用户输入的字符串转换成列表；

(3) 遍历列表，把每一个元素中的数字按照字典中的对应关系转换成密文，并存储到密文列表；

(4) 使用空格把密文列表重新连接成字符串，即得到密文字符串。

编程1：

根据上面的分析思路和解决步骤，可以编写程序代码如图6-63所示。

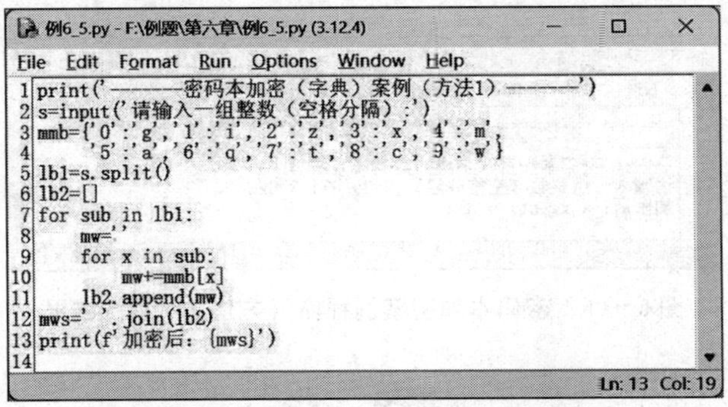


```python
print('--------密码本加密（字典）案例（方法1）--------')
s=input('请输入一组整数（空格分隔）:')
mmb={'0':'g','1':'i','2':'z','3':'x','4':'m',
     '5':'a','6':'q','7':'t','8':'c','9':'w'}
lb1=s.split()
lb2=[]
for sub in lb1:
    mw=''
    for x in sub:
        mw+=mmb[x]
    lb2.append(mw)
mws=' '.join(lb2)
print(f'加密后：{mws}')
```

图6-63 密码本加密案例程序（方法1）

运行程序，输入测试明文数据即可得到加密后的密文，如图6-64所示。

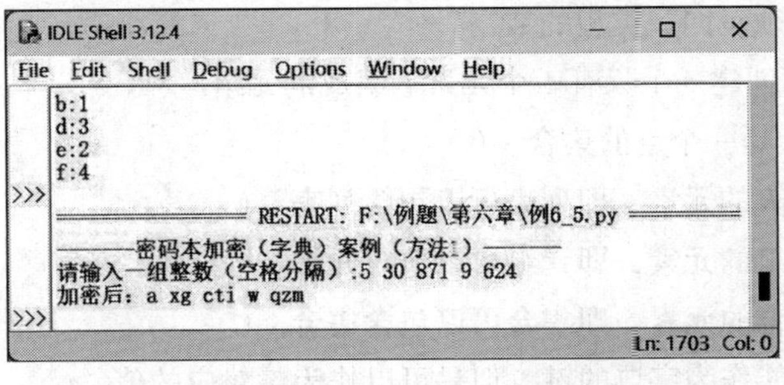

图6-64 密码本加密案例程序（方法1）运行结果

分析2：

密码本中明文和密文的对应关系类似于字典中的键和值，可以使用字典来存储密码本；由于明文是用空格分割，加密后还是用空格分割，因此可以在密码本字典中增加一个键和值都是空格的“键:

值”对。通过列表推导式，遍历明文，把其中所有字符统一按照密码本字典进行替换即可得到密文组成的列表。

解决 2：

通过以下步骤解决此问题：

（1）根据密码本建立字典，并增加一个键和值都是空格的“键:值”对；

（2）通过列表推导式创建密文列表；

（3）使用空字符串把密文列表重新连接成字符串，即得到密文字符串。

编程 2：

根据上面的分析思路和解决步骤，可以编写程序代码如图 6-65 所示。

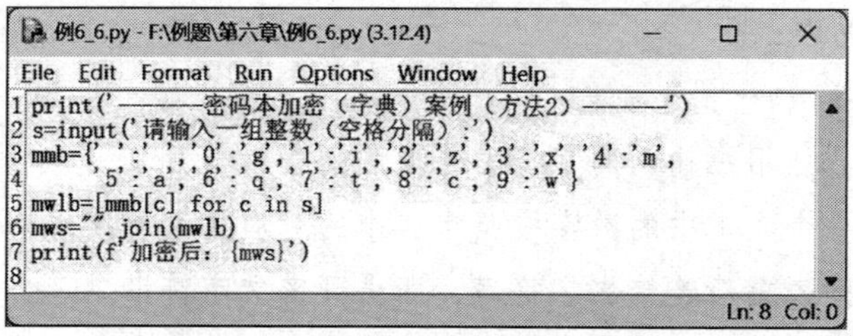

```
print('————密码本加密（字典）案例（方法2）————')
s=input('请输入一组整数（空格分隔）:')
mmb={' ':' ','0':'g','1':'i','2':'z','3':'x','4':'m',
     '5':'a','6':'q','7':'t','8':'c','9':'w'}
mwlb=[mmb[c] for c in s]
mws="".join(mwlb)
print(f'加密后：{mws}')
```

图 6-65　密码本加密案例程序（方法 2）

运行程序，输入测试明文数据即可得到加密后的密文，结果如图 6-66 所示。

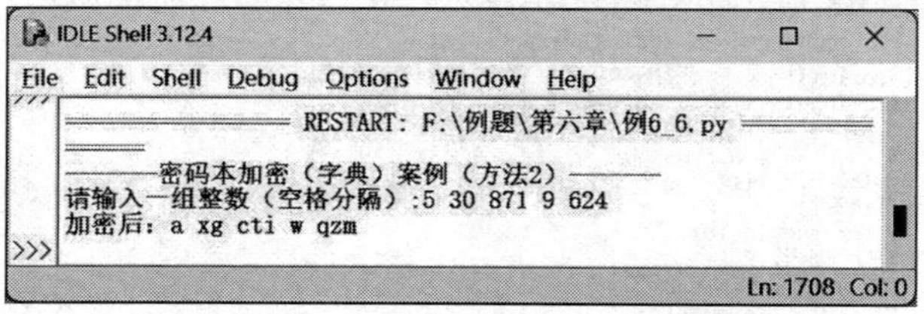

```
======== RESTART: F:\例题\第六章\例6_6.py ========
————密码本加密（字典）案例（方法2）————
请输入一组整数（空格分隔）:5 30 871 9 624
加密后：a xg cti w qzm
>>>
```

图 6-66　密码本加密案例程序（方法 2）运行结果

习题

1. 判断题

（1）列表中的元素必须是同一类型的数据。（　　）

（2）使用 x = (1) 可以创建一个只有一个元素 1 组成的元组。（　　）

（3）空大括号“{}”是一个空的集合。（　　）

（4）列表可以作为列表的元素，即列表可以包含列表。（　　）

（5）元组可以作为元组的元素，即元组可以包含元组。（　　）

（6）集合可以作为集合的元素，即集合可以包含集合。（　　）

（7）字典类型的值不能作为字典的键，但是可以作为键对应的值。（　　）

（8）集合可以通过索引或切片访问。（　　）

（9）元组中的元素不能重新赋值，不能做任何修改。（　　）

（10）元组一旦创建后，其长度不能再变化。（　　）

（11）列表和元组都是序列，都可以通过 sort( ) 方法对其中的元素进行排序。（　　）

（12）复合数据类型都可以通过 for 循环对其进行遍历。（　　）

（13）任何列表都可以通过 sort() 方法对其元素进行排序。（　　）

（14）sort() 方法只能对列表元素进行从小到大排序。（　　）

（15）集合相当于无序的列表。（　　）

2. 填空题

（1）字典使用______括号表示；元组使用______括号表示；列表使用______括号表示；集合使用______括号表示。

（2）根据现有程序片段及运行结果，请在横线上填上合适的代码。

```
>>>lb = [1,2,3,4,5]
>>>________________________ #列表切片赋值
>>>lb
   [1,'b','c','d',5]
```

（3）根据现有程序片段及运行结果，请在横线上填上合适的代码。

```
>>>jh1 = {1,2,3}
>>>s1 = "abc"
>>>________________________ #请填写一条语句
>>>jh1
   {1,2,3,'c','a','b'}
```

（4）现有程序片段如下：

```
>>>jh1 = {1,2,3}
>>>s1 = "12"
>>>jh1. update(s1)
```

请写出 jh1 的内容：________________________。

（5）根据现有程序片段及运行结果，请在横线上填上合适的代码。

```
>>>lb1 = ["姓名","性别","年龄"]
>>>lb2 = ["张三","女",18]
>>>zd = ________________________#字典推导式结合 zip() 函数
>>>zd
   {'姓名':'张三','性别':'女','年龄':18}
```

3. 选择题

（1）下列选项关于集合的表示正确的是（　　）。

A. {}　　　　B. {1,2,[3,4]}

C. {1,2,(2,3)}　　　　D. {1,{2,3}}

（2）执行下列语句后，列表 lb 的长度是（　　）。

```
lb = [0,'a','b']
lb. extend('abc')
```

A. 3　　B. 4　　C. 5　　D. 6

(3) 执行下列语句后，集合 jh 的长度是（　　）。

```
jh = {0,'a','b'}
jh.add('abc')
```

A. 3　　B. 4　　C. 5　　D. 6

(4) 下列类型属于可变序列的是（　　）。

A. str　　B. set　　C. list　　D. tuple

(5) 不支持“+”运算符的类型是（　　）。

A. str　　B. list　　C. set　　D. tuple

(6) 执行以下 Python 代码，输出的结果是（　　）。

```
t = (1, [2,3], (4, (5,6,7)))
print(len(t))
```

A. 7　　B. 4　　C. 3　　D. 错误

(7) 执行以下 Python 代码，输出的结果是（　　）。

```
t = (1, [2,3], (4, (5,6,7)))
print(len(t))
```

A. 7　　B. 4　　C. 3　　D. 错误

4. 简答题

(1) 简述四种复合数据类型及其创建方法。

(2) 简述四种复合数据类型常用的运算、函数、方法。

(3) 简述四种复合数据类型的特点和异同。

(4) 简述字典元素（键: 值”对）增、删的几种方法。

实训

1. 成绩排序及均值计算

提示并接收用户输入的 10 个成绩，对成绩进行排序（从高到低）输出，并计算输出平均成绩。

2. 不同姓氏统计

提示并接收用户输入的本班的所有学生姓名，然后统计全班共有多少个不同的姓氏（假设本班所有学生都是单姓）。

3. 按学号顺序输出学生信息

提示并接收用户输入本班所有学生的学号及姓名（一行一个学生信息，学号和姓名之间用空格分割），然后按照学号顺序输出学生信息。

4. 姓氏及学生统计

在第 2 题的基础上，列出每个姓氏对应的学生个数及其姓名。

5. 按成绩顺序输出学生信息

有一个列表 stu_lb，其中的每一个元素代表一个学生. 学生信息是由姓名、年龄、成绩组成的字典，示例如下所示。

```
stu_ lb = [ {' name ':' 张三' , ' age ': 20, ' score ': 90},
            {' name ':' 李四' , ' age ': 19, ' score ': 95},
            {' name ':' 王五' , ' age ': 18, ' score ': 80},
            {' name ':' 赵六' , ' age ': 17, ' score ': 70} ]
```

请编写程序，按照成绩由高到低输出学生信息。

6. 打印乘法口诀

使用一条语句打印 9 * 9 乘法口诀（提示：可以使用列表推导式）。

7. “水仙花数”打印

使用一条语句打印所有的“水仙花数”（提示：可以使用列表推导式）。

8. 国王赏麦

请编写一条 Python 语句重新解决第 3 章实训的“国王赏麦” 的问题（提示：可以使用列表推导式结合 sum() 函数来完成）。

第7章 函数与模块

在实际的软件开发中，如果有若干段代码非常类似，其执行逻辑也基本相同，只有一些数据上的不同，这种情况下如果使用复制、粘贴的方法来重用代码显得特别笨拙、臃肿，还容易出错，也不方便统一修改。这时候可以把这段代码封装成函数，以后再次完成同样功能时可以直接调用函数，不需要再复制、粘贴大段代码。

还有另外一种情况，就是完成某个功能的逻辑特别复杂，导致编写和维护大段代码比较困难。针对这些情况，我们也可以使用函数来解决，把大段复杂的代码在逻辑上进行解耦，先编写完成小功能的函数，然后调用这些完成小功能的函数进行组合从而完成整体的复杂功能。

函数（或变量、类等）要在不同的程序文件、项目中方便重用，可以封装成模块，在其他程序中可以通过导入模块的方法重用其中的函数（或变量、类等）。

学习目标

知识目标	1. 理解函数的功能和优点 2. 掌握函数的定义、调用方法 3. 掌握函数参数传递和返回值的定义及使用 4. 理解变量的作用域 5. 理解模块和包的目的和意义 6. 掌握模块的导入方法
技能目标	1. 具有定义、调用函数的能力 2. 具有正确进行函数传递及使用返回值的能力 3. 具有定义模块和导入第三方模块的能力
素养目标	1. 具有主动学习的能力 2. 具有系统思考的学习能力 3. 具有运用编程解决实际问题的能力

知识导图

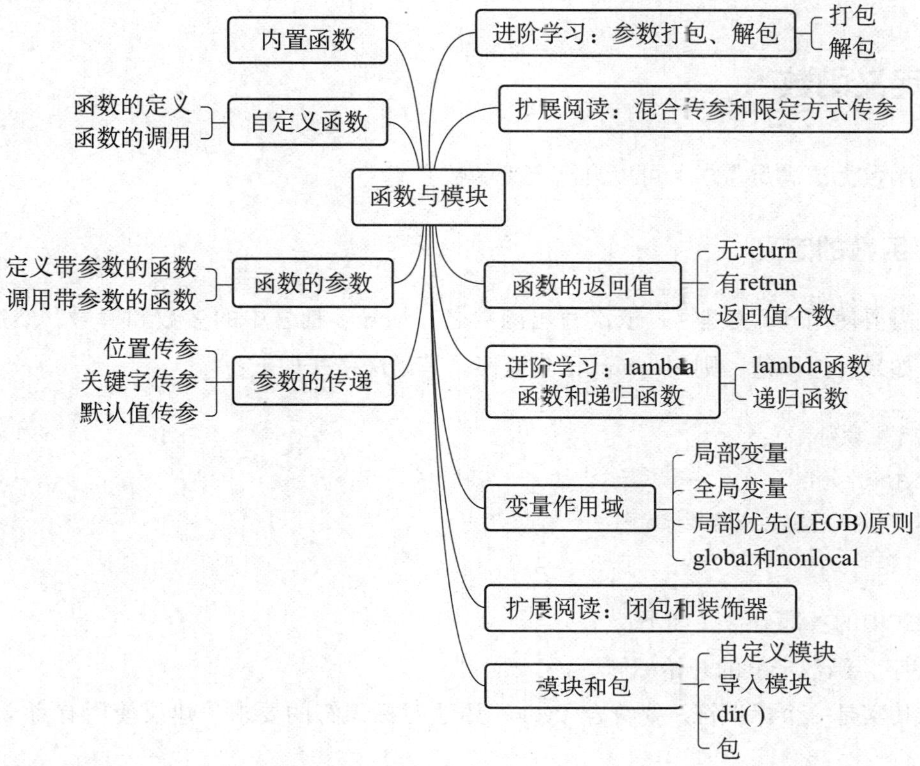

7.1 内置函数

Python 提供了许多内置函数，比如 print()、input()等，这些函数不需要先定义，而是可以直接调用。Python 内置函数见表 7－1。

表 7－1 Python 内置函数

abs()	delattr()	hash()	memoryview()	set()
all()	dict()	help()	min()	setattr()
any()	dir()	hex()	next()	slice()
ascii()	divmod()	id()	object()	sorted()
bin()	enumerate()	input()	oct()	staticmethod()
bool()	eval()	int()	open()	str()
breakpoint()	exec()	isinstance()	ord()	sum()
bytearray()	filter()	issubclass()	pow()	super()
bytes()	float()	iter()	print()	tuple()
callable()	format()	len()	property()	type()
chr()	frozenset()	list()	range()	vars()
classmethod()	getattr()	locals()	repr()	zip()
compile()	globals()	map()	reversed()	__ import __()
complex()	hasattr()	max()	round()	

在之前的章节中我们已经使用过部分内置函数了，以后的章节中还会继续学习到其他内置函数，此处只列出这些内置函数，暂不一一具体介绍。

7.2 自定义函数

如果内置函数无法满足需求，可以自己定义函数。

7.2.1 函数的定义

定义函数需要使用 def 关键字，依次写出函数名、括号、括号中的参数和冒号，然后在缩进块中编写函数体，如果有返回值，则用 return 语句返回。其语法格式如下：

```
def 函数名([参数列表])：
    ['''文档注释字符串''']
    函数体   #实现特定功能的多行代码
    [return [返回值]]
```

此语法格式中的各部分含义如下：

def：关键字，函数定义的开始标志。

函数名：其实是一个标识符，要符合 Python 语法对标识符的要求。建议使用有意义的动词开头，做到望文知义。

参数列表：设置该函数可以接收多少个参数，多个参数之间用逗号（,）分隔。如果不需要参数，可以省略，但是括号不能省。

冒号：函数体开始的标志，后续函数体需要缩进。

文档注释字符串：三引号注释，用于说明函数的功能、参数的类型和要求等，可以省略。

函数体：若干条语句，实现函数功能的具体代码，完成具体功能。

return [返回值]：可选，用于设置该函数的返回值。如果没有返回值，可以省略 return 后面的返回值部分，也可以省略整个 return 语句。

提示 (1) 如果函数体为空（现在还没想好怎么写函数的代码，只是想让程序结构搭建起来），可以使用 pass 语句作为占位符。(2) 函数定义时并不会立即执行其中的代码，只有调用时才执行。

下面的示例定义了一个使用“#”打印 2 行 2 列矩形的函数 printRectangle()，示例代码及运行结果如图 7－1 所示。

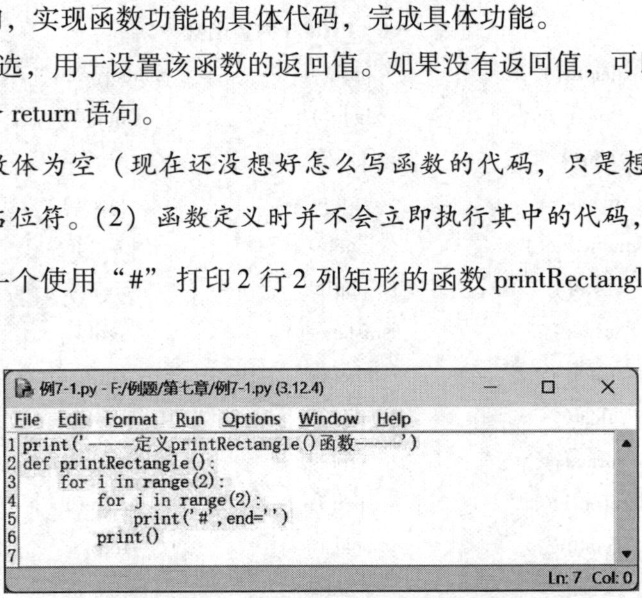

图 7－1 定义 printRectangle( ) 函数示例程序

函数定义时并不执行函数体中的代码（只有调用时才执行），所以执行上面的函数定义代码后并不会在屏幕上看到矩形输出。

7.2.2 函数的调用

调用函数其实就是让函数代码在当前位置执行。函数调用的基本语法格式如下：

```
函数名(参数值)
```

printRectangle()函数调用的代码如图7-2所示。

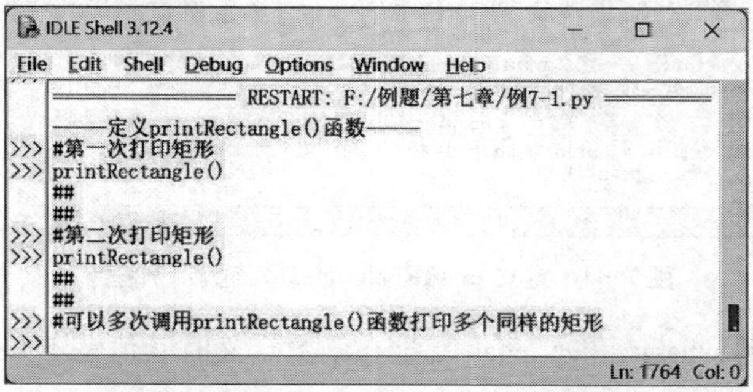

图7-2 调用 printRectangle()函数示例

作为对比，如果不使用函数，打印两次矩形的原始方法代码及运行结果如图7-3所示。

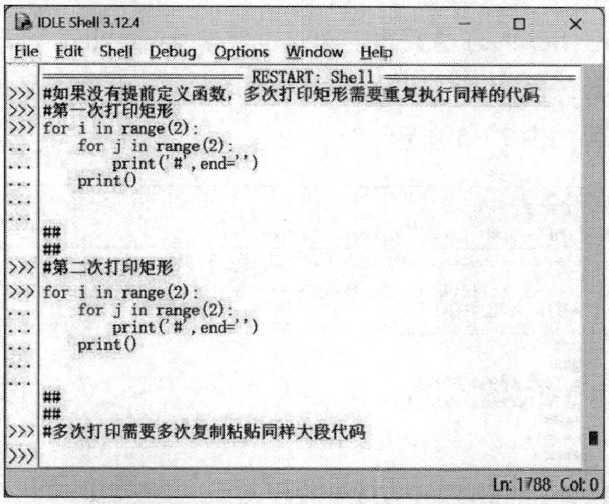

图7-3 不使用函数多次打印矩形示例

从上面的对比代码可以看到：

（1）函数必须先定义再调用，定义时不执行函数体代码，只有调用时才执行。

（2）函数定义后可以多次调用，不用每次都复制、粘贴大段同样的代码，更加优雅、方便，避免臃肿。

7.3 函数的参数

上面定义的printRectangle()函数只能打印2×2的#字矩形。如果我们需要其他不同的行、列数，或其他符号组成的矩形，是否要再次定义类似的函数，例如：printRectangle1()、printRectangle2()……

答案是否定的。函数是灵活的，可以通过参数传递变化的数据。

7.3.1 定义带参数的函数

其实打印矩形的 printRectangle()示例函数中的行、列、符号三个数据在函数定义时都可以不用预先确定，而是通过变量代替。这些变量在定义函数的时候需要声明在函数名称后面的括号里，称之为参数列表，多个参数直接用逗号隔开。

改进后的带有参数的函数 printRectangle2()示例代码如图 7-4 所示。

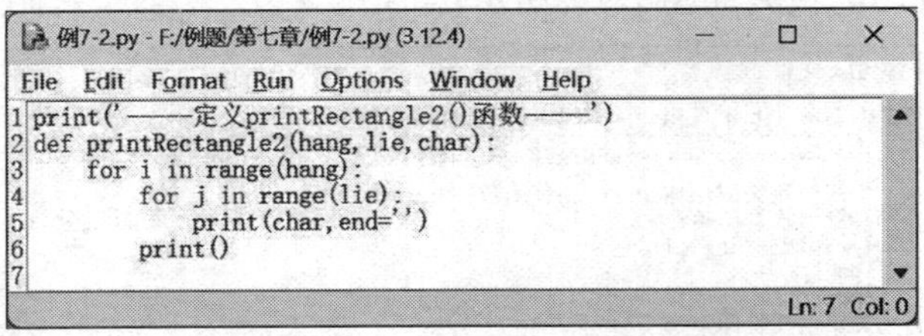

图 7-4 定义 printRectongle2()函数示例程序

从上面的代码可以看到，hang、lie、char 变量在函数定义时其值是不知道的。但不管它们的值是多少，使用任意符号打印任意行、列数的矩形的逻辑是确定不变的。

7.3.2 调用带参数的函数

因为 printRectangle2(hang, lie, char) 函数在定义时声明了 hang、lie、char 参数，所以在调用时就需要给参数传递具体的值，函数才能顺利执行。在调用时函数名后面的括号里面要依次指定对应参数的具体值。示例代码及运行结果如图 7-5 所示。

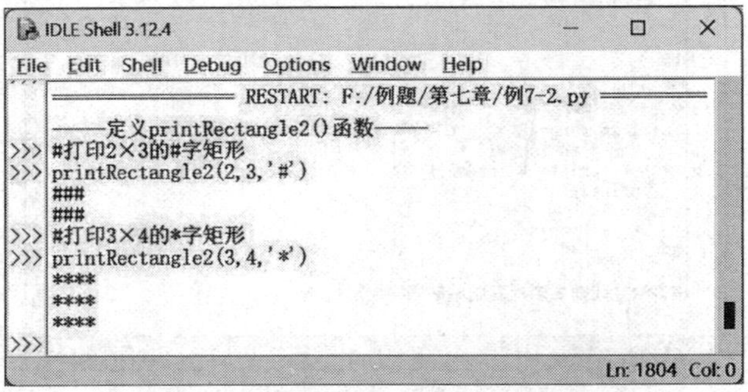

图 7-5 调用 printRectangle2()函数示例

提示 在定义函数时指定的参数主要起到占位符作用，其值只有在调用时才具体指定。我们把定义函数时的参数称为"形式参数"，简称"形参"；把调用函数时指定的有具体值的参数称为"实际参数"，简称"实参"。

7.4 参数的传递

函数定义时的"形参"和调用时的"实参"有明确的对应关系，在实参到形参的传递过程中，必须通过合理的方式确保实参和形参的正确对应关系。

7.4.1 位置传参

默认情况下实参和形参通过位置顺序来保证一一对应。比如调用语句“printRectangle2(3, 4, '*')”一定会打印3行4列的“*”字矩形，如果3、4的位置调换变成“printRectangle2(4, 3, '*')”，则打印输出的矩形将变成4行3列的。示例代码及运行结果如图7-6所示。

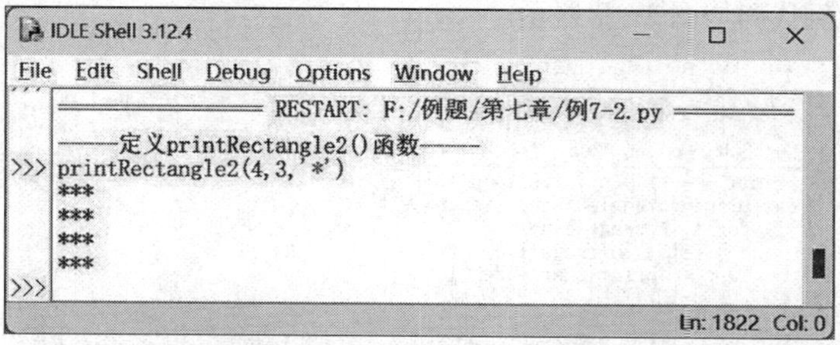

图7-6 位置传参示例

如果“*”符号不在最后则调用会出错，因为“*”无法解析成数字作为range()函数的参数。示例代码及运行结果如图7-7所示。

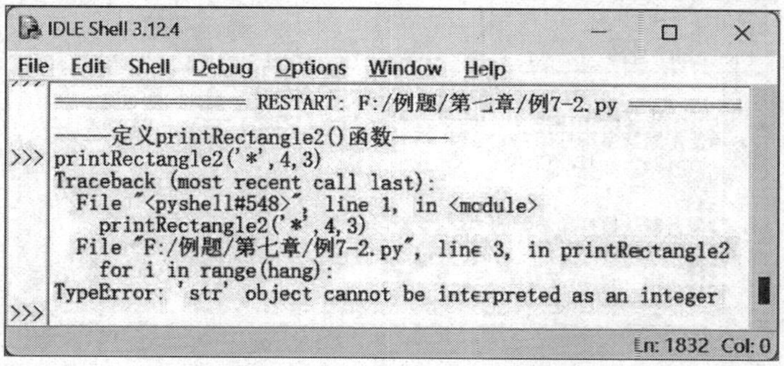

图7-7 传参位置不对应示例

7.4.2 关键字传参

如果参数比较多，记忆参数的位置顺序就比较困难。另外，在阅读函数调用的代码时，实参只是一系列值，其意义也不直观。这个时候可以使用关键字参数的方式进行传参。通过“形参变量名=实参具体值”的形式将形参与实参关联，根据形参的名称进行参数传递，它允许实参和形参的顺序不一致。示例代码及运行结果如图7-8所示。

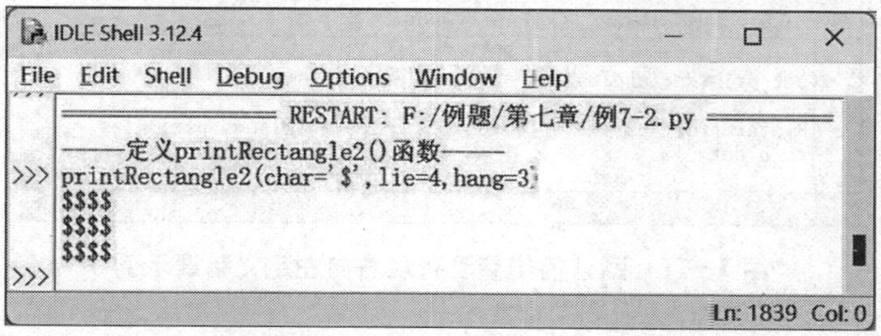

图7-8 关键字传参示例

7.4.3　默认值传参

函数在定义时可以给每个参数指定默认值，基本形式为：函数名(参数 = 默认值)，这样在调用时既可以给带有默认值的参数重新赋值，也可以省略相应的实参，使用参数的默认值。

例如，大多数情况下打印矩形都是使用“#”，可以在定义函数时把 char 参数直接赋值为“#”，使之成为默认值参数。示例代码如图 7－9 所示。

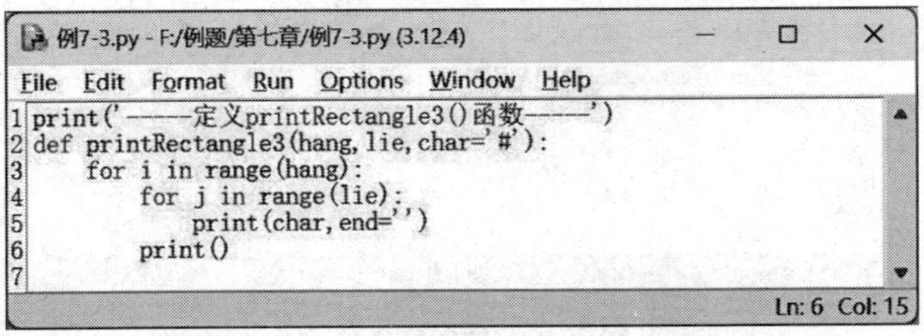

图 7－9　定义 printRectangle3() 函数示例程序

调用带有默认值参数的函数的示例代码及运行结果如图 7－10 所示。

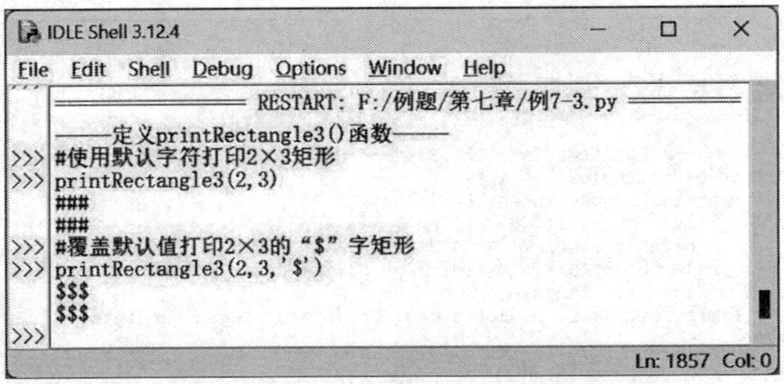

图 7－10　默认值传参示例

注意　在定义函数时，默认值的指定必须从右往左，也就是非默认值参数不能在默认值参数的右边，因为在调用函数时实参是按照从左到右的顺序和形参对应的，这样能确保省略右边的参数都是有默认值的。

默认值参数的右边如果有非默认值参数，则函数定义时报告语法错误。示例代码及运行结果如图 7－11 所示。

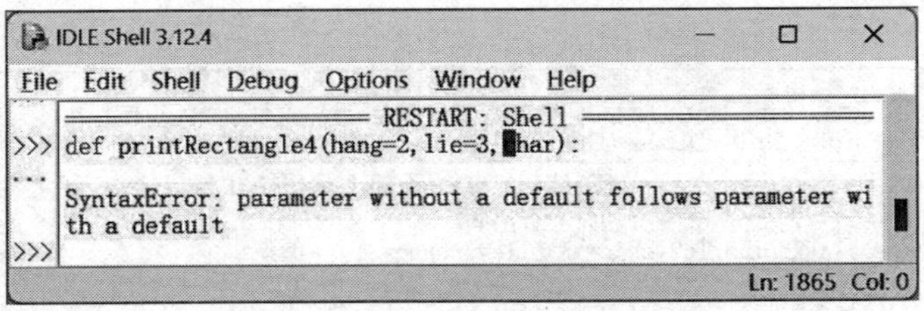

图 7－11　默认值传参没有从右向左定义错误示例

7.5 进阶学习：参数打包、解包

Python 中的函数支持将实参以打包（把多个实参打包成一个元组或字典作为形参统一处理）和解包（把一个复合数据的实参拆解成多个形式的形参）的形式传递给形参。打包和解包主要依附复合数据类型实现。

7.5.1 打包

定义函数时如果不确定传递过来的参数个数，可以把参数打（封装）包，分为以下两种方案：

1. “＊”元组打包

在定义函数时为形参指定“＊”前缀，那么在调用函数时给它传递的多个实参在函数体内会自动组合成一个元组，元组的名字为有“＊”前缀的形参名字，对这个元组操作即为对多个实参的操作。示例代码及运行结果如图 7－12 所示。

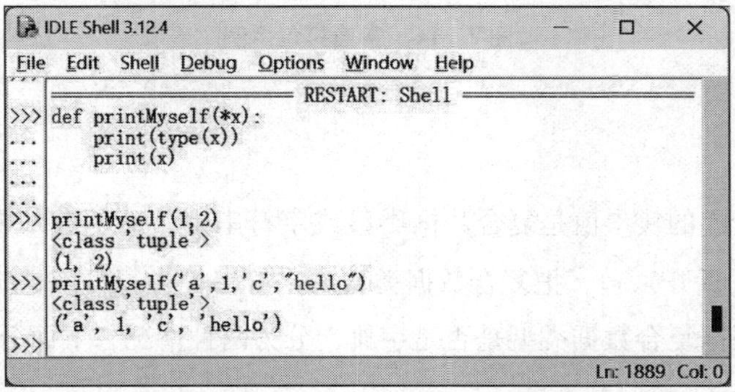

图 7－12 元组打包示例 1

从示例中可以看到，printMyself() 函数在定义时声明一个“＊x”形式的形参，但在调用时可以接收任意个数的实参，这些实参在函数体内部都以“x”元组的元素存在，对元组的操作即为对这多个实参的操作。

下面是一个更加具体的示例，借助“＊”打包的方式，定义一个可以接收任意个数数字的求和函数。示例代码及运行结果如图 7－13 所示。

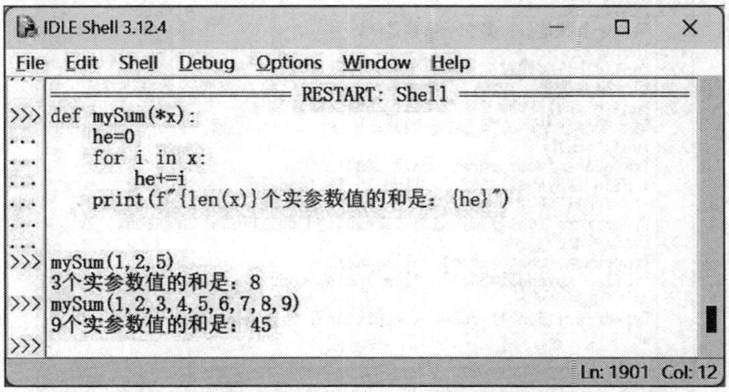

图 7－13 元组打包示例 2

2. “ ** ” 字典打包

在定义函数时为形参指定“ ** ”前缀，那么在调用函数时给它传递的多个“k = v”形式的实参在函数体内会自动组合成一个字典，字典的名字为有“ ** ”前缀的形参名字，对这个字典操作即为对多个实参的操作。示例代码及运行结果如图 7 - 14 所示。

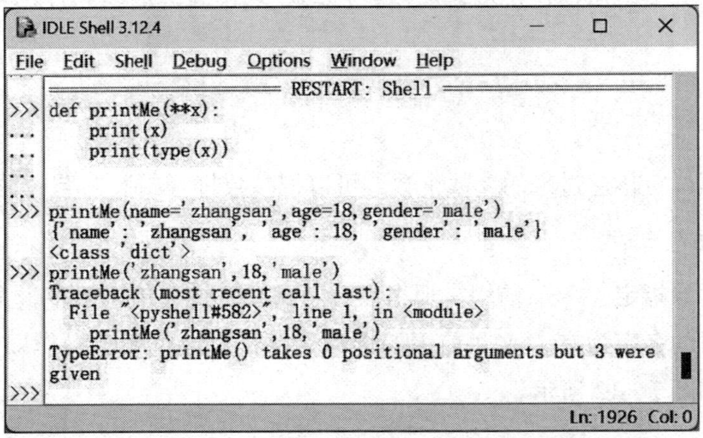

图 7 - 14　字典打包示例

7.5.2 解包

调用函数时，若待传递的实参值是复合数据类型或字符串等，而函数却要求是多个位置形参的情况，可以对实参进行解（拆开）包，把复合数据类型或字符串等进行拆解，把里面的每个元素作为独立的参数传递给函数。根据复合数据类型是否是字典，分为两种情况，下面分别说明。

1. “ * ” 非字典解包

使用“ * ”可以解包传递到函数中的元组、列表、集合、字符串等类型，并按位置传递到函数的形参中。示例代码及运行结果如图 7 - 15 所示。

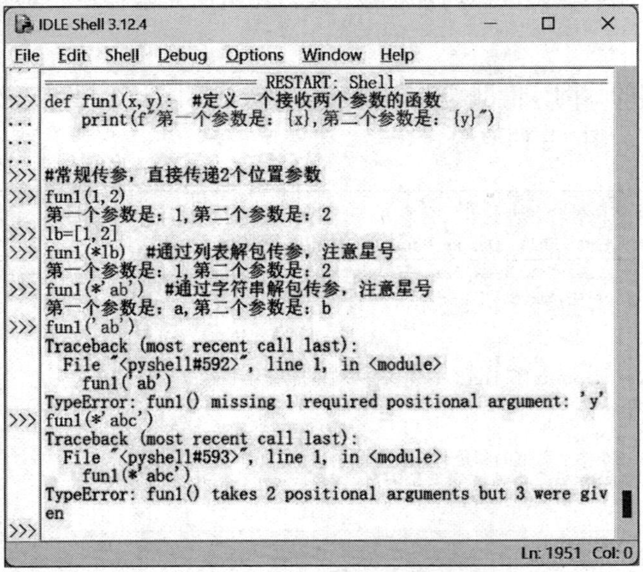

图 7 - 15　非字典解包示例

2. “ ** ” 字典解包

使用“ ** ”可以解包传递到函数中的字典，并按关键字传参的方式传递到函数的形参中。示例代码及运行结果如图 7 – 16 所示。

```
IDLE Shell 3.12.4
File Edit Shell Debug Options Window Help
========================== RESTART: Shell ==========================
>>> def fun2(name, age, gender):
...     print(f'名字：{name}，年龄：{age}，性别：{gender}')
...
...
>>> zd={'age':18,'gender':'male','name':'张三'}
>>> fun2(**zd)   #通过字典解包传递关键字参数，注意两星号
    名字：张三，年龄：18，性别：male
>>>
                                                  Ln: 1960  Col: 0
```

图 7 – 16　字典解包示例

7.6 扩展阅读：混合传参和限定方式传参

除了前面介绍的传参方式，Python 还支持混合传参和限定方式传参。详细内容可扫描右方二维码进行学习。

▶扩展阅读◀
混合传参和限定方式传参

7.7 函数的返回值

7.7.1 无 return

前面的示例有一个共同的特点，就是在函数体中总是通过 print( ) 把运行结果直接打印输出在屏幕上，没有 return 语句返回值。为了和有明确返回值的函数对比，我们定义一个没有 return 语句的函数 mySum1( )，计算两个数字的和。示例代码及运行结果如图 7 – 17 所示。

```
IDLE Shell 3.12.4
File Edit Shell Debug Options Window Help
========================== RESTART: Shell ==========================
>>> def mySum1(x, y):
...     he=x+y
...     print(he)
...
...
>>> mySum1(1, 2)+4
    3
    Traceback (most recent call last):
      File "<pyshell#603>", line 1, in <module>
        mySum1(1, 2)+4
    TypeError: unsupported operand type(s) for +: 'NoneType' and
    'int'
>>>
                                                  Ln: 1973  Col: 0
```

图 7 – 17　无返回值函数参与算术运算错误示例

从上面的示例代码可以看到，由于 mySum1( ) 没有 return 语句，相当于函数运行结束后返回了 None，所以“mySum1(1，2) +4”表达式相当于“None +4”，由于 None 不支持“ + ”运算（错误提示信息：unsupported operand type(s) for +：'NoneType' and 'int'），所以程序报告“TypeError”提示。

7.7.2 有 retrun

如果我们需要取得函数的运行结果，然后将结果参与其他表达式的运算，这个时候可以在函数中通过 return 语句把函数体运算的结果返回给程序的调用者。return 语句的作用如下：

（1）结束当前函数；

（2）将程序返回到函数被调用的位置继续执行；

（3）将函数中的数据返回给主程序。

改进上面的 mySum1() 函数（重新定义为 mySum2() 函数），使其通过 return 语句把函数体中的运算结果返回。示例代码及运行结果如图 7－18 所示。

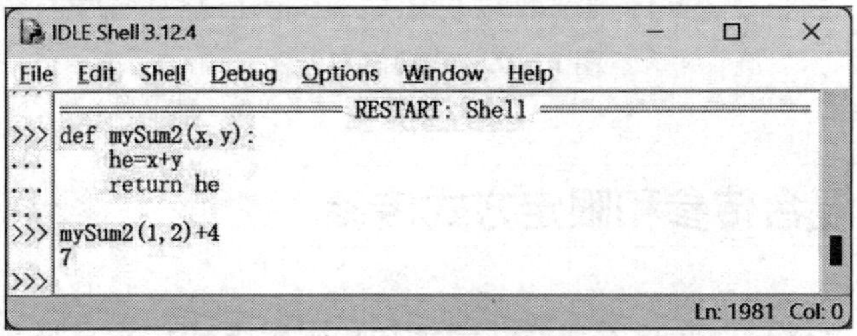

```
IDLE Shell 3.12.4
File Edit Shell Debug Options Window Help
=============== RESTART: Shell ===============
>>> def mySum2(x, y):
...     he=x+y
...     return he
...
>>> mySum2(1,2)+4
7
>>>
Ln: 1981 Col: 0
```

图 7－18　函数返回值示例 1

从上面的示例代码可以看到，因为 mySum2(1,2) 返回 3，“mySum2(1,2) +4”表达式相当于“3 +4”，所以程序顺利运行，得到结果 7。

提示 如果函数不需要返回值，也可以显式使用 return 语句返回 None（return None），或使用空的 return 语句，也可以省略 return。接收没有 return 语句的函数返回值，会得到 None 值。

下面的示例代码及运行结果分别演示了空 return 语句和省略 return 语句都是返回 None 值，如图 7－19 所示。

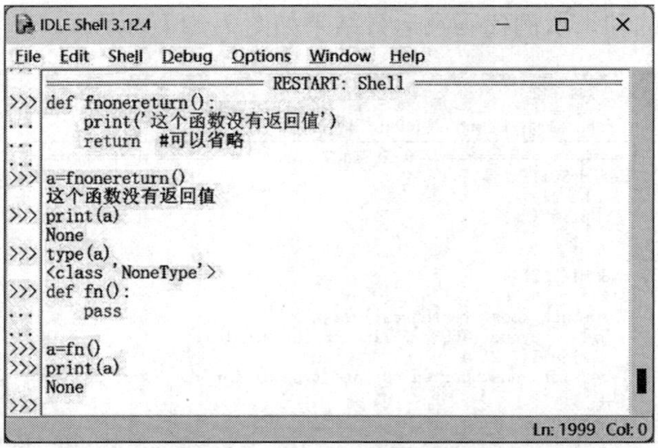

```
IDLE Shell 3.12.4
File Edit Shell Debug Options Window Help
=============== RESTART: Shell ===============
>>> def fnonereturn():
...     print('这个函数没有返回值')
...     return  #可以省略
...
>>> a=fnonereturn()
这个函数没有返回值
>>> print(a)
None
>>> type(a)
<class 'NoneType'>
>>> def fn():
...     pass
...
>>> a=fn()
>>> print(a)
None
>>>
Ln: 1999 Col: 0
```

图 7－19　函数返回值示例 2

7.7.3 返回值个数

表面上看，函数可以返回多个以逗号隔开的值，实质上是返回了一个省略了小括号的元组。示例代码及运行结果如图 7－20 所示。

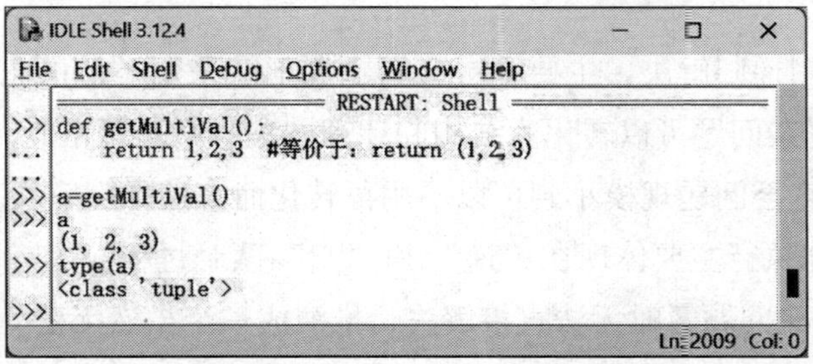

图 7－20　函数返回值个数示例

Python 函数的本质是只能返回一个值，如果确实需要在函数中返回多个值，可以借鉴上例的方法把多个需要返回的值组合在一个元组或其他组合数据类型中，然后返回这个组合数据类型的值。

7.8 进阶学习：lambda 函数和递归函数

7.8.1 lambda 函数

如果一个函数很简单，只需一条语句即可定义，则可以使用 lambda 表达式来定义。lambda 函数也称表达式函数，由于 lambda 表达式中没有常规函数定义时指定的函数名字，因此 lambda 函数也叫匿名函数。其语法格式如下：

```
lambda 参数表: 表达式
```

其中各部分说明如下：

lambda：关键字，表明是一个 lambda 表达式。

参数表：使用逗号分割的多个变量名，等价于普通函数的形参列表。

表达式：合法的 Python 表达式，可以使用参数表中的各参数参与运算，Python 会计算表达式的值作为此 lambda 函数的返回值。

lambda 常用来简化代码，适合于语法要求是函数形式，而函数本身又很简单（一条语句即可完成定义）且函数只是一次性使用（重复使用可能性不大）的场景。例如下面的代码使用 lambda 函数作为 Python 内置函数 filter() 的第一个参数，对列表进行过滤，得到列表中的所有数字。示例代码及运行结果如图 7－21 所示。

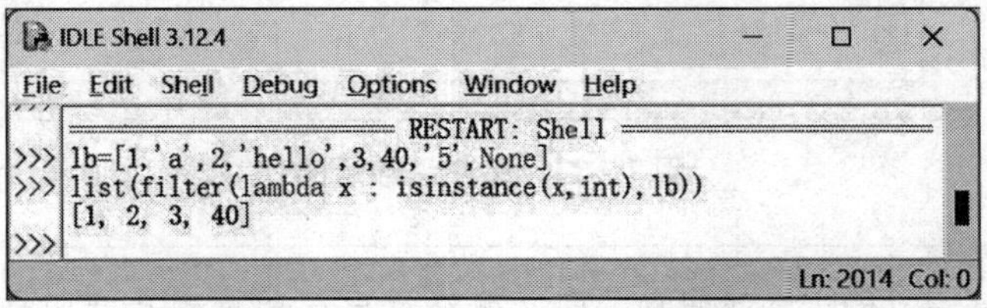

图 7－21　lambda 函数示例

7.8.2 递归函数

递归函数是一种特殊的函数定义方式，如果一个函数在定义时在函数体中调用自身，则这个函数被称为递归函数。

一个问题是否适合使用递归解决，主要看这个问题能不能采用类似的方式，把“大事化小，小事化了”。也就是说，一个复杂问题可以转化为结构和计算方法与原问题相似，但规模较小的问题，并且这个转化可以多次进行，直至问题规模小到可以不用再转化而直接得到解决。

“递归”的分析思路和执行主要体现在“递”和“归”两个过程：

（1）“递”：递推，本次问题暂时无法直接解决，推演成一个虽然无法直接解决，但规模较小的问题，依此类推。随着递推的进行，问题规模越来越小，直至可以直接解决，而不用再次递推。

（2）“归”：回归，由于最小问题直接得到解决，然后其上一层的问题即可解决，依次回归，回归到递推时的最上层，最终复杂问题得到解决。

“阶乘”是递归函数最经典的应用之一。在数学中，n 的阶乘（$n!$）的计算公式是：

$n! = n \times (n-1) \times (n-2) \ldots\ldots \times 1$

例如：$5! = 5 \times 4 \times 3 \times 2 \times 1 = 120$

此问题可以使用循环解决，也可以使用递归解决。我们可以通过“递推”和“回归”两个方面来分析：

（1）递推：

$n! = n \times (n-1)!$

$(n-1)! = (n-1) \times (n-2)!$

$(n-2)! = (n-2) \times (n-3)!$

……

（2）回归：

随着以上递推的进行，最终会递推为 $2! = 2 \times 1!$，下一步就需要求 $1!$ 的值，但在数学上已经规定：

$1! = 1$

至此，问题不用再次递推，$2! = 2 \times 1! = 2 \times 1$ 即 $2! = 2$。依次回归，$3! = 3 \times 2!$ 即可得到解决，直至 $(n-1)!$ 的解决，$n \times (n-1)!$ 即 $n!$ 也得到解决。

通过以上分析，使用递归函数求 $n!$ 的示例代码及运行结果如图 7－22 所示。

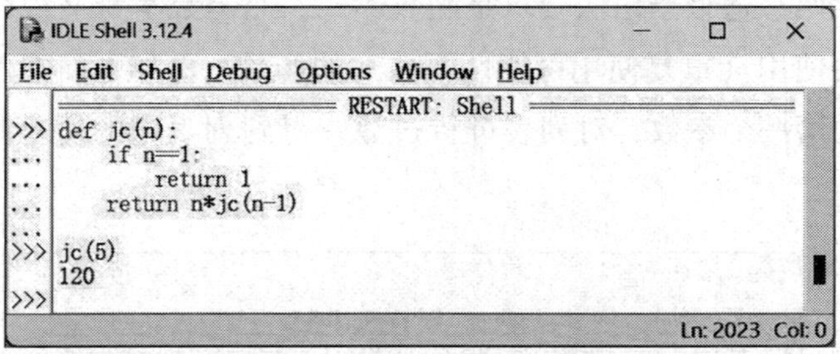

图 7－22　递归函数示例

注意　写递归函数时一定要注意回归点，即问题经过层层递推到达回归点时就不用再递推而直接得到解决的条件。回归点一般是一个 if 语句，在写递推函数时要先写此 if 语句。没有回归点的递归调用会造成“递归深度溢出”报告“RecursionError”错误。即使回归点正确，但程序超过 Python 最大递归深度（sys. getrecursionlimit() 方法可以查看系统默认的递归深度限制）也会报告此错误。

7.9 变量作用域

变量的作用域（Scope）也叫变量的有效范围，就是变量可以在哪个范围以内使用。有些变量可以在整段代码的任意位置使用，有些变量只能在函数内部使用。

考察如下示例中的 x、y 变量，在函数外定义的 x 在函数内部以及函数调用结束后均可以使用，而函数内部定义的 y 变量在函数调用结束后就无效了，这说明 x、y 变量的作用域是不同的。示例代码及运行结果如图 7－23 所示。

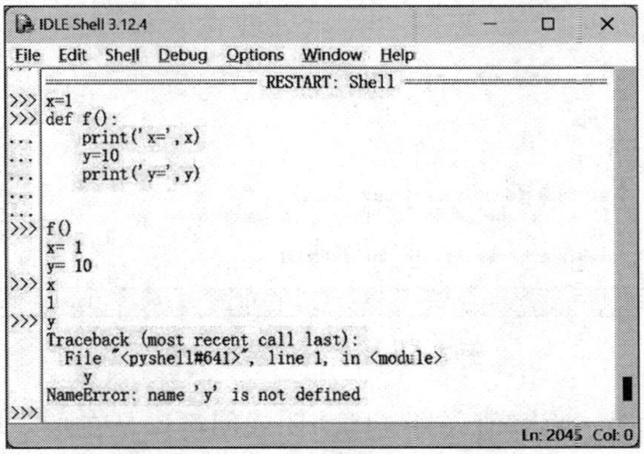

图 7－23　变量作用域示例

在 Python 中，第一次对变量赋值即是对变量的声明和创建。变量的创建位置决定了变量的作用域。

7.9.1　局部变量

在函数内部定义的变量，它的作用域也仅限于函数的内部，出了函数就不能使用了，这样的变量称为局部变量（Local Variable）。

当函数被执行时，Python 会为其分配一个临时的存储空间，所有在函数内部定义的变量，都会存储在这个空间中。而在函数执行完毕后，这个临时存储空间随即会被释放并回收，该空间中存储的变量自然也就无法再被使用。

下列示例中，loc_x、arg_y 都是局部变量，只能在函数内部使用，在函数外部不能使用，Python 会认为这些变量没有定义，报告“NameError”错误。示例代码及运行结果如图 7－24 所示。

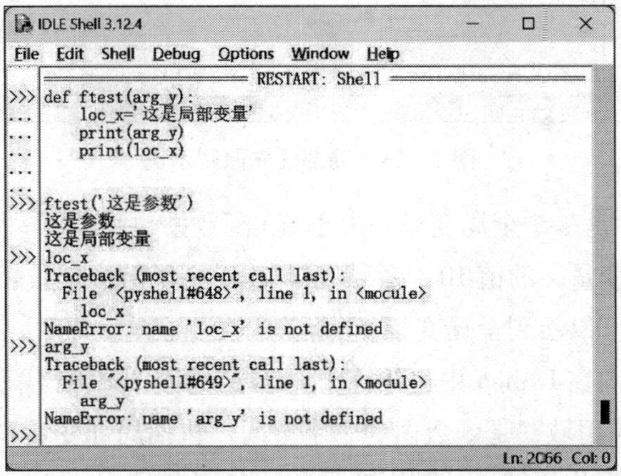

图 7－24　局部作用域示例

7.9.2 全局变量

在函数外部定义的变量，其作用域是整个文件（在函数内部也能使用），这样的变量称为全局变量（Global Variable）。示例代码及运行结果如图 7－25 所示。

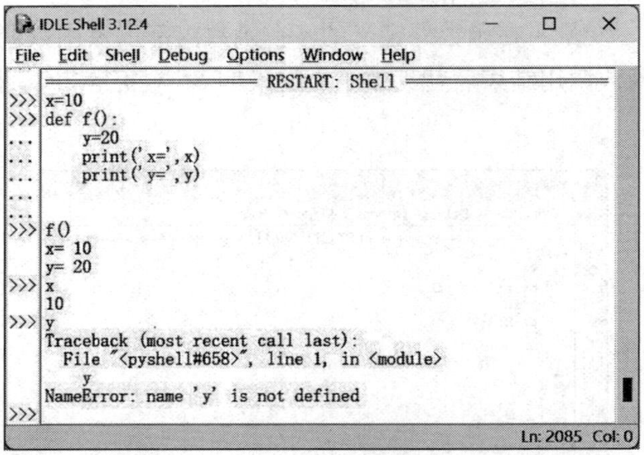

图 7－25　全局作用域示例

从上例中可以看到，x 的第一次赋值（即 x 的声明或创建）是在函数 f() 的外部，所以其在函数内部或是外部都是有效的；而 y 的第一次赋值（即 y 的声明或创建）是在函数 f() 的内部，所以其有效域局限于函数内容，在函数外部无效。

7.9.3 局部优先（LEGB）原则

在 Python 中，如果在函数内部声明（赋值）的局部变量和全局变量同名，则在局部区域中局部变量优先，全局变量会被暂时覆盖。示例代码及运行结果如图 7－26 所示。

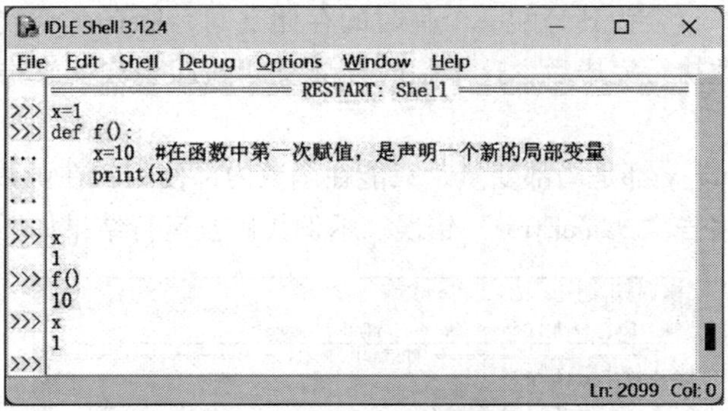

图 7－26　局部优先原则示例

上述示例中 x＝1 声明的是一个全局变量，由于 f() 函数中也声明了一个局部变量与之同名，所以在函数内部打印的 x 是局部变量 x 的值 10，全局变量 x＝1 在函数内部被暂时隐藏。函数执行结束后局部变量销毁，再次输出 x 值可以看到全局变量 x＝1。

这种变量局部优先的原则在 Python 中也被称为 LEGB 原则。LEGB 代表四个细分作用域的名字：

（1）L（locals）：局部作用域，是函数内的名字空间，包括局部变量和形参。

（2）E（enclosing）：嵌套作用域，外部嵌套函数的名字空间。

（3）G（globals）：全局作用域，文件或模块的名字空间。

（4）B（__builtins__）：内置作用域，内置模块的名字空间。

在 Python 中检索一个变量的时候，会按照“L→E→G→B”的先后顺序检索，若在某个作用域中搜索到变量则终止搜索，使用这个作用域中搜索到的变量。如果搜索完 L、E、G、B 这 4 个区域，仍然没有找到变量，则程序会报告“NameError”异常。

7.9.4 global 和 nonlocal

1. global 关键字

从上节的示例中我们可以看到，在函数内部对一个和全局变量同名的变量赋值实际上是声明一个新的局部变量，在函数内部新赋值声明的局部变量优先，全局变量被隐藏，在函数外部全局变量并未受到影响。

如果我们希望在函数内能够修改全局变量，而不是创建一个同名的局部变量，可以在函数内部使用 global 关键字声明我们引用的变量是全局变量。语法如下：

```
global 变量名
```

修改上节示例代码，在函数内部增加 global 声明语句。示例代码及运行结果如图 7－27 所示。

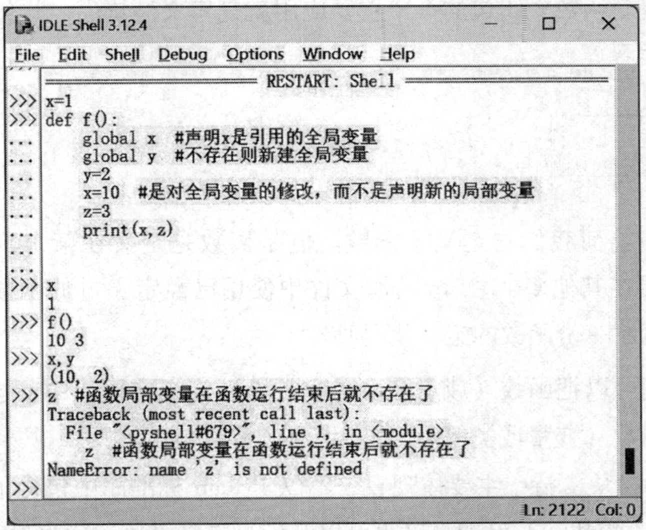

图 7－27 global 关键字示例

2. nonlocal 关键字

使用 nonlocal 关键字可以在嵌套的内层函数中声明引用的变量是嵌套作用域（外层函数）中的变量。语法如下：

```
nonlocal 变量名
```

嵌套函数及使用 nonlocal 关键字的示例代码及运行结果如图 7－28 所示。

从示例的运行结果可以看到，最终外层函数中输出的 x 值被修改为 10，说明其在内层函数中通过 nonloacal 语句声明并修改生效。

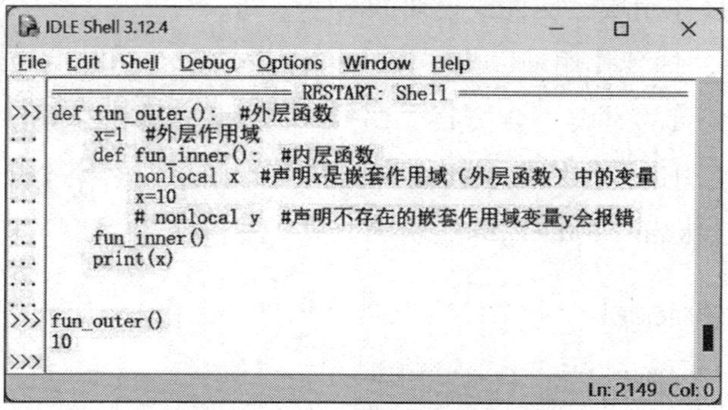

图 7-28　nonlocal 关键字示例

> **注意**　（1）global 和 nonlocal 语句都是独立的一条语句，不能与赋值语句合并，如“global x = 1”是语法错误的。（2）global 声明的全局变量预先不存在则自动创建，而 nonlocal 则要求声明引用的外层变量必须已存在。

7.10　扩展阅读：闭包和装饰器

闭包是一种特殊的嵌套函数。闭包的一个重要应用就是定义装饰器。详细内容请扫描右方二维码进行学习。

▶扩展阅读◀
闭包和装饰器

7.11　模块和包

为了实现代码重用，前面我们自定义了函数。但是函数是定义在某个具体的“.py”文件中的。如果要在其他多个“.py”源文件中使用已经定义过的函数，难道需要在这些文件中都复制一份函数的定义代码吗？

其实大可不必，我们可以把函数（或者是变量、类等）定义在模块中，这样就可以通过导入对应模块的方式来使用这些函数（变量或类等）。

Python 提供了强大的模块支持，主要体现在，不仅 Python 标准库中包含了大量的模块（称为标准模块），还有大量的第三方模块，开发者自己也可以开发自定义模块。这些强大的模块可以极大地提高开发者的开发效率。

在 Python 中，模块可以分为 3 类：

（1）标准模块：Python 安装程序自带，在 Python 安装后的 Lib 文件夹中。

（2）第三方模块：一般是通过 pip 安装，主要安放在 Lib / site-packages 文件夹中。

（3）自定义模块：开发者自己编写的模块。

7.11.1　自定义模块

为了方便把自己定义的函数、类、变量等多次重用，可以把它们组织成自定义模块。所谓模块，其实就是 Python 源文件，一个源文件就对应一个模块，模块名就是源文件的主文件名（不包含“.py”

扩展名。如果此文件有意作为模块使用，请使用符合 Python 标识符命名规范的文件名）。

下面的示例代码定义了一个 mymod（文件名是 mymod. py）模块，其中包含一个变量 mystr、一个函数 say()、一个类 Person。示例代码如图 7－29 所示。

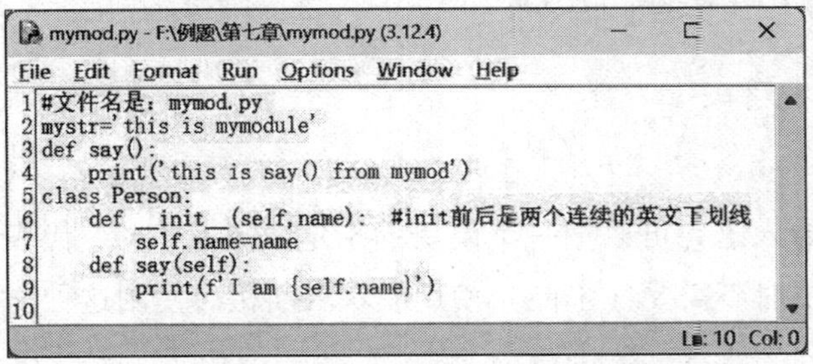

```
#文件名是：mymod.py
mystr='this is mymodule'
def say():
    print('this is say() from mymod')
class Person:
    def __init__(self,name):  #init前后是两个连续的英文下划线
        self.name=name
    def say(self):
        print(f'I am {self.name}')
```

图 7－29　自定义 mymod 模块示例程序

7.11.2　导入模块

使用模块内的成员（变量、函数、类等）之前，需要先导入模块（导入时模块中的代码会被自动执行），主要有两种导入方法：

1. import 语句

import 语句的语法格式如下：

```
import 模块名 1[ as  别名 1 ] [，  模块名 2 [ as 别名 2] …]
```

使用这种语法格式的导入语句，会导入指定模块中的所有成员（包括变量、函数、类等）。当需要使用模块中的成员时，需用该模块名（或别名）作为前缀。通过 import 语句导入上节定义的 mymod 模块的示例代码如图 7－30 所示。

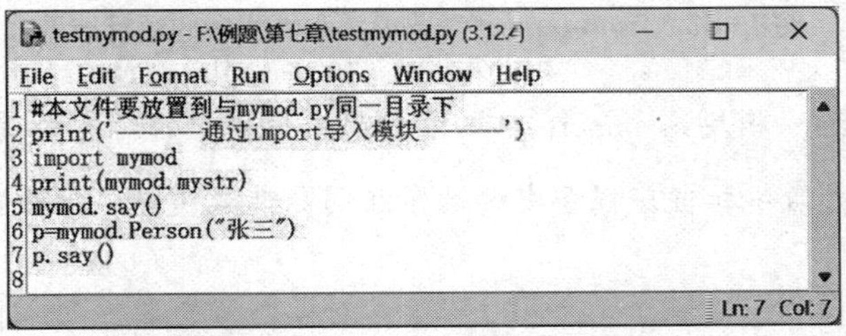

```
#本文件要放置到与mymod.py同一目录下
print('———通过import导入模块———')
import mymod
print(mymod.mystr)
mymod.say()
p=mymod.Person("张三")
p.say()
```

图 7－30　import 导入模块示例程序

执行程序，可以看到 mymod 模块被导入并顺利调用其中的变量、函数和类。结果如图 7－31 所示。

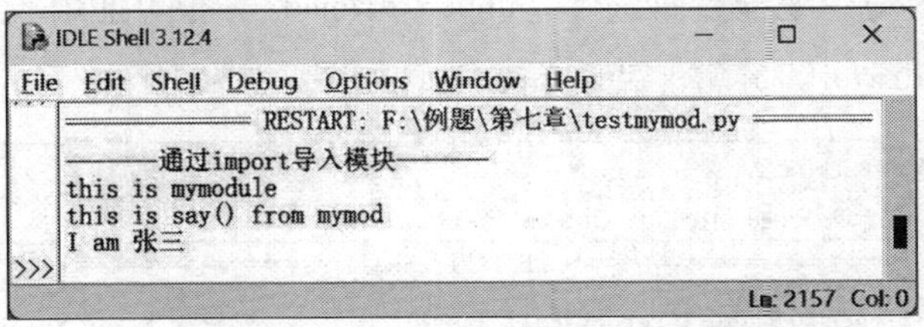

```
==================== RESTART: F:\例题\第七章\testmymod.py ====================
———通过import导入模块———
this is mymodule
this is say() from mymod
I am 张三
>>>
```

图 7－31　import 导入模块示例程序的运行结果

如果有同样名称的两个（或多个）模块需要同时导入，可以使用 as 给模块指定一个不同的别名，这样就不会混淆了。

2. from-import 语句

from-import 语句的语法格式如下：

```
from 模块名 import 成员 1 [ as 别名 1  [, 成员 2 [as 别名 2] ...]]
```

或者

```
from 模块名 import *
```

使用这种语法格式的导入语句可以把一个模块的指定成员（“*”代表所有成员）导入当前的命名空间，使用模块中的成员时不需要（不能）使用模块名前缀。使用这种语法导入 mymod 模块中的所有成员的示例代码如图 7－32 所示。

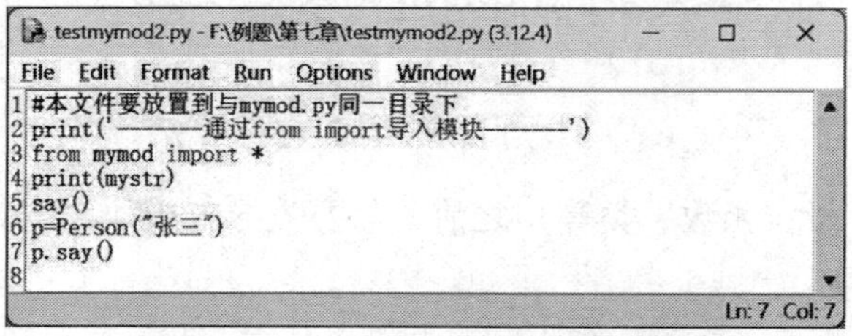

图 7－32　from-import 导入模块示例程序

程序运行结果和 import 语句导入方法一样，如图 7－33 所示。

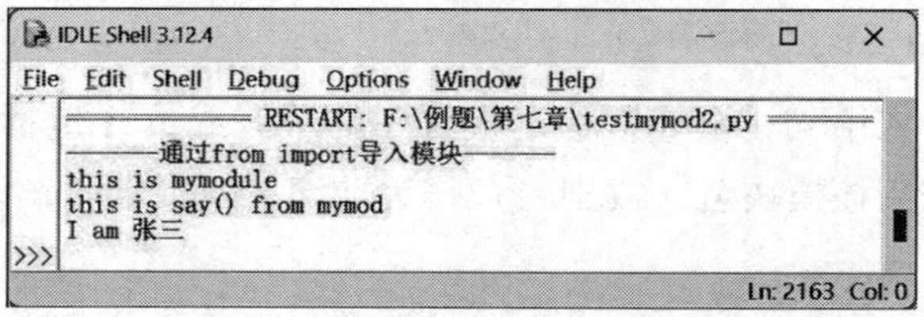

图 7－33　from-import 导入模块示例程序的运行结果

提示 不推荐使用“from 模块名 import *”方式导入模块中的所有成员，因为模块中的成员可能比较多，如果模块中的成员名字和当前程序中的名字相同会造成覆盖，导致问题并难以察觉。

3. 模块搜索路径

上面的自定义模块的调用示例中，把测试文件和模块文件放置在了同一个文件夹中，所以调用成功，测试程序顺利找到并导入了自定义模块。如果它们不在一个文件夹中，或者在 windows 开始菜单中启动“IDLE”，在交互式命令编程界面执行“import mymod”，很可能由于搜索不到 mymod 而导入失败，报告“ModuleNotFoundError”异常。错误提示信息如图 7－34 所示。

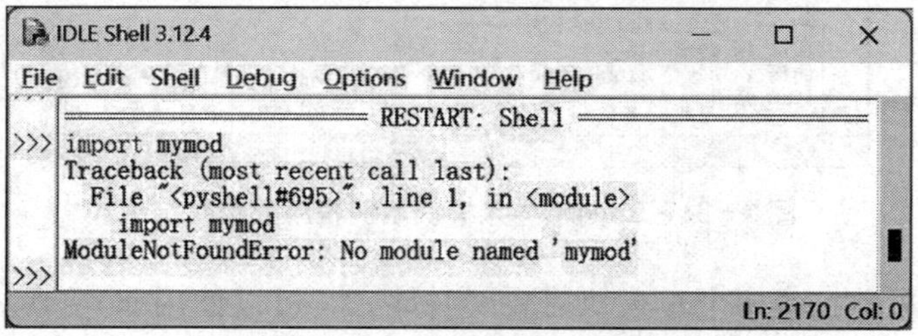

图 7－34　import 出错示例

当我们执行“import mymodule”导入“mymodule”模块时，Python 是如何尝试去找到“mymodule. py”文件呢？其搜索路径如下：

（1）调用程序所在的目录，如果是交互式命令编程界面，则是交互式命令启动的目录；

（2）在环境变量“PYTHONPATH”中自定义的目录列表；

（3）Python 标准库目录；

（4）“site-package”目录（site. getsitepackages( ) 或 site. getusersitepackages( ) 可以得到）；

（5）任何“. pth”文件（如果有存在）内容包含的目录（此文件要在前面列举的路径中，确保 Python 能够发现此文件）。

以上列出来的搜索路径在当前环境中的具体值可以通过 Python 标准模块“sys”中的“path”变量来查看。示例代码及运行结果如图 7 – 35 所示。

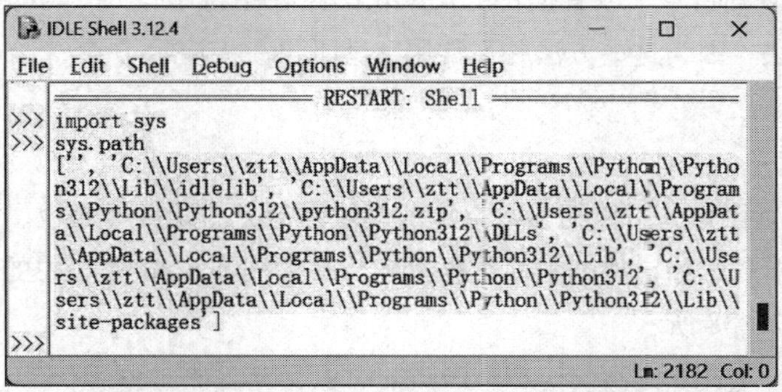

图 7 – 35　查看模块搜索路径 sys. path 示例

sys. path 变量是一个列表，列出的每一个路径都是 Python 在搜索模块时尝试查找的位置。这个列表是可以修改的，所以也可以把自定义模块的路径通过程序的方式添加到此列表中，然后再尝试导入模块。示例代码及运行结果如图 7 – 36 所示。

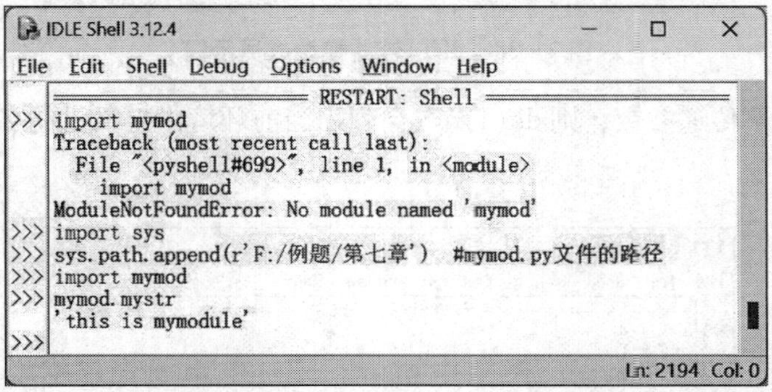

图 7 – 36　添加模块所在路径到 sys. path 中的示例

另一种方式是把当前的工作目录更改到和将要导入的模块 mymod 文件所在的目录一致，这样相当于调用模块的文件和模块文件在同一个目录下，就可以导入成功。示例代码及运行结果如图 7 – 37 所示。

示例中导入了 os 模块，其中的 getcwd( ) 函数可以取得当前工作目录（“get current working directory”），chdir( ) 函数可以修改当前工作目录为参数指定的目录（“change directory”）。

其他方式（比如建立系统的环境变量 PYTHONPATH 指向自定义模块文件所在目录、把自定义模

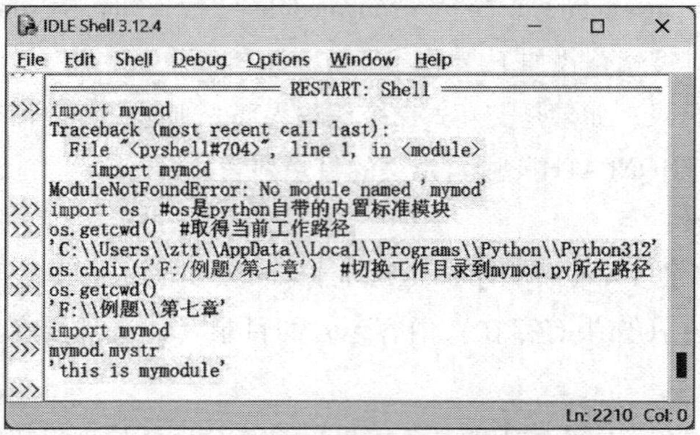

图 7－37 切换工作目录到模块所在目录示例

块文件放置到 Python 安装的目录下或者把自定义模块的路径字符串写入“. pth”文件中等方法）都能使程序顺利导入这个模块，因为这些方法并不常用，就不再一一演示了。

7. 11. 3 dir( )

dir() 是 Python 的内置函数，可以把参数指定的模块中定义的元素（函数、变量、类等）的名称以排序后的字符串列表的形式返回。例如下面代码及运行结果把 mymod 模块中的所有元素名字以字符串列表的形式返回，如图 7－38 所示。

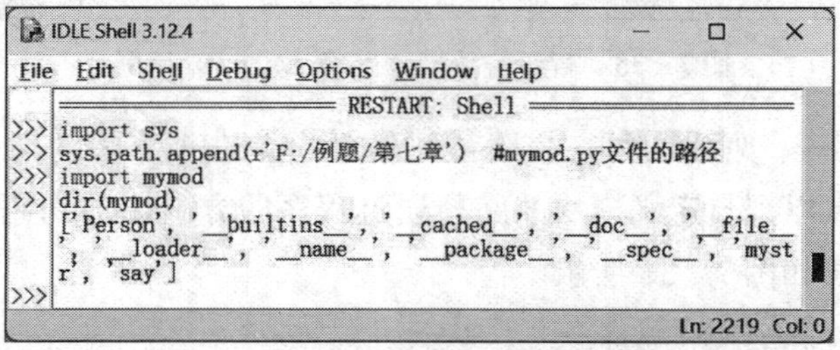

图 7－38 dir( ) 查看模块成员示例

如果调用 dir() 函数不传递参数，则 dir() 函数会列出当前环境中定义过的名称。示例代码及运行结果如图 7－39 所示。

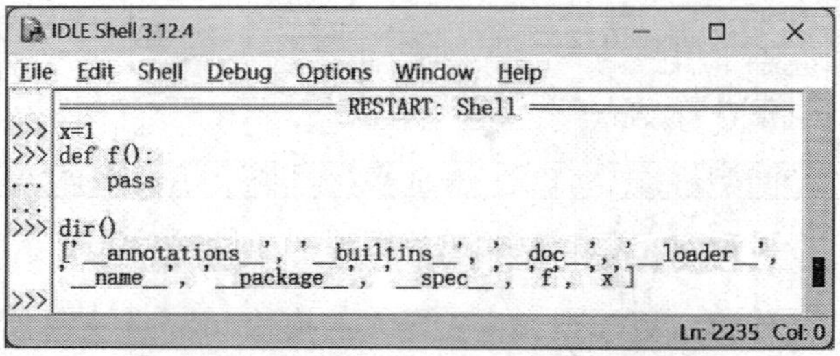

图 7－39 dir( ) 查看当前环境中名称示例

7. 11. 4 包

从前面的介绍我们知道，模块其实就是 Python 文件，模块名就是文件的主文件名。如果我们自定义了很多模块，则这么多模块放在一起既混乱、不方便分门别类管理，还容易出现命名冲突等问题。

这个时候我们可以借助操作系统的文件管理方法，把模块文件放到不同的文件夹里。在 Python 中，放置模块的文件夹被称为“包（package）”。

参考上面的示例，我们把自定义模块的文件 mymod. py 放置到调用这个模块的文件 testmymod. py 所在目录下的“p1”子目录下，文件路径结构如下所示：

```
.\
    +--testmymod.py
    +--p1\
            +--mymod.py
```

这样“p1”就是包名，mymod 模块属于 p1 包。这时需要使用 p1. mymod 的方式导入包中的模块。testmymod3. py 导入 p1. mymod 的示例代码如图 7－40 所示。

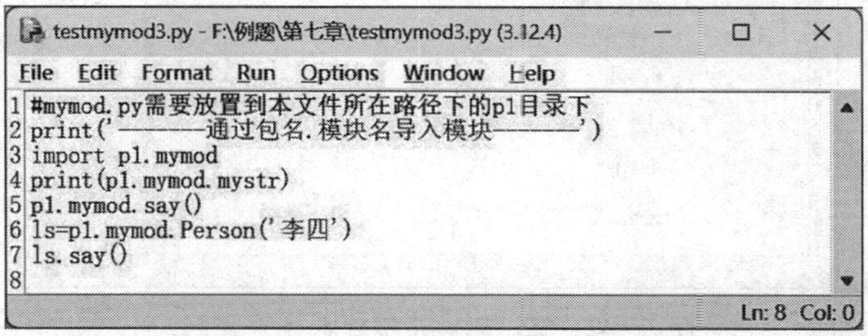

图 7－40　模块包的示例程序

运行结果和采用其他方式直接导入模块的效果一样，如图 7－41 所示。

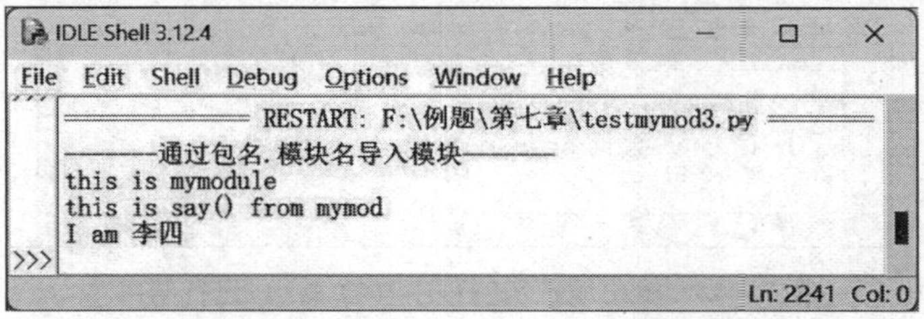

图 7－41　模块包的示例程序运行结果

案例

案例一：输出质数

问题：

请输出 100 以内的质数，每 10 个数字一行，数字之间用空格分隔。

分析：

质数（又称素数）的定义：只有两个正因数（1 和它本身）的自然数即为质数。比 1 大但不是质数的数称为合数。0 和 1 既非质数也非合数。2 是最小的质数，也是质数中唯一的偶数。

为了判断一个数字 x 是否是质数，可以采用循环的方法，测试这个数字是否能被［2，x）区间内的某个整数整除（有因子），如果能整除则 x 是合数，如果测试一遍全都无法整除，则 x 是质数。

解决 1：

作为对比，我们先使用非函数的方式解决。这种方式需要使用双层循环，步骤如下：

（1）外层 x 从 2 到 100 循环；

（2）内层 i 从 2 到 x 循环，对于每一个 i，判断 x 是否能被 i 整除，一旦整除则结束遍历，如果循环结束未能整除（说明 x 是质数），则输出 x；

（3）在输出 x 的时候进行计数，每计够 10 个则换行；

编程 1：

根据上面的分析思路和解决步骤，可以编写程序代码如图 7－42 所示。

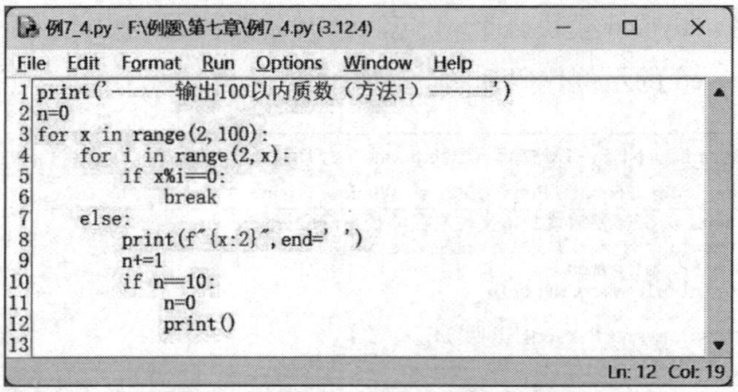

```
例7_4.py - F:\例题\第七章\例7_4.py (3.12.4)
File Edit Format Run Options Window Help
print('———输出100以内质数（方法1）———')
n=0
for x in range(2,100):
    for i in range(2,x):
        if x%i==0:
            break
    else:
        print(f"{x:2}",end=' ')
        n+=1
        if n==10:
            n=0
            print()
Ln: 12 Col: 19
```

图 7－42　输出质数示例程序（方法 1）

运行结果如图 7－43 所示。

```
IDLE Shell 3.12.4
File Edit Shell Debug Options Window Help
>>> ================ RESTART: F:\例题\第七章\例7_4.py ================
    ———输出100以内质数（方法1）———
     2  3  5  7 11 13 17 19 23 29
    31 37 41 43 47 53 59 61 67 71
    73 79 83 89 97
>>>
Ln: 2259 Col: 0
```

图 7－43　输出质数示例程序（方法 1）运行结果

解决 2：

此问题实际上可以分为两个小问题：

（1）判断一个数字是否是质数。

这个问题比较通用和具体，可以定义成函数。函数可以接收一个整数（待判断是否是质数）作为参数，返回值是 True 或 False，代表判断结果。

由于定义函数时只需要考虑一个数字是否是质数，所以问题规模也比第一种方法降级了，只需单层循环即可完成。

（2）测试 100 以内的每个数字，如果是质数则输出。

因为有了测试一个数字是否是质数的函数，所以测试 100 以内的每个数字是否是质数也变得简单起来，只需要对 100 以内的整数进行遍历，逐个通过函数测试即可。这个过程仅通过一个单层循环即可完成。

编程 2：

根据上述分析，编写函数及其调用代码如图 7－44 所示。

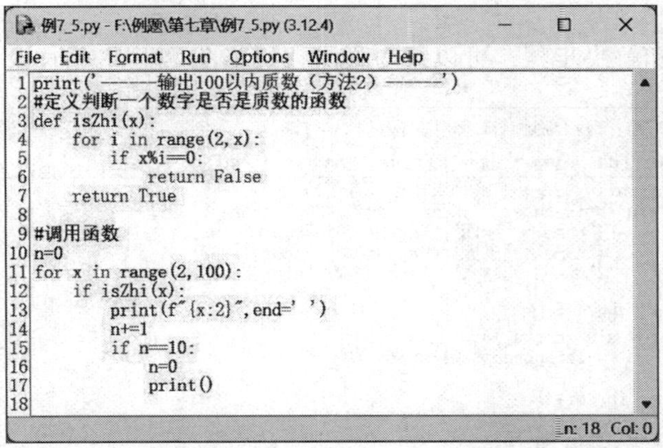

图 7－44 输出质数示例程序（方法 2）

运行结果如图 7－45 所示。从是否使用函数两种方法写出来的程序来看，通过函数来解决问题结构上更清晰，不论是函数的定义还是函数的调用，这两部分的代码也都更加的简洁。

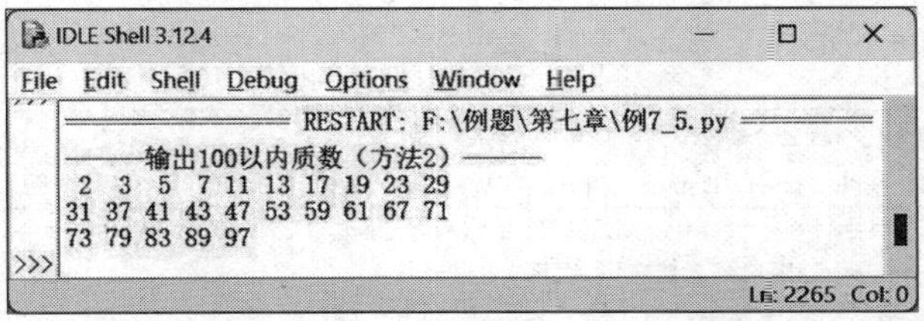

图 7－45 输出质数示例程序（方法 2）运行结果

案例二：字典列表的排序

问题：

有一个列表，其中的每一个元素代表一个学生，学生信息是由姓名、年龄、成绩组成的字典，示例如下：

```
stu_ lb = [{'name': '张三', 'age': 20, 'score': 90},
           {'name': '李四', 'age': 19, 'score': 95},
           {'name': '王五', 'age': 18, 'score': 80},
           {'name': '赵六', 'age': 17, 'score': 70}]
```

请编写程序，按照成绩由低到高输出学生信息。

分析：

列表虽然有排序方法 sort()，但是这个列表的元素是字典，字典无法比较大小，所以不能直接调用列表的 sort() 方法排序。

解决 1：

可以通过遍历学生列表，把每个学生的成绩部分提取出来放到一个新列表中，如下所示：

```
cj_lb = [90, 95, 80, 70]
```

这个列表是由数字组成，所以可以直接调用列表的 sort() 方法排序。遍历此排序后的 cj_lb，根据成绩在 stu_lb 中遍历查找，找到对应的学生字典元素输出即可。

编程 1：

根据上面的分析思路和解决步骤，可以编写程序代码如图 7－46 所示。

```
print('--------字典列表排序（方法1）--------')
stu_lb=[{'name': '张三', 'age': 20, 'score': 90},
       {'name': '李四', 'age': 19, 'score': 95},
       {'name': '王五', 'age': 18, 'score': 80},
       {'name': '赵六', 'age': 17, 'score': 70}]

cj_lb=[]
for stu in stu_lb:
    cj_lb.append(stu['score'])

cj_lb.sort()

for cj in cj_lb:
    for stu in stu_lb:
        if stu['score']==cj:
            print(stu)
```

图 7－46　字典列表排序示例程序（方法 1）

程序运行结果如图 7－47 所示。

```
======== RESTART: F:\例题\第七章\例7_6.py ========
--------字典列表排序（方法1）--------
{'name': '赵六', 'age': 17, 'score': 70}
{'name': '王五', 'age': 18, 'score': 80}
{'name': '张三', 'age': 20, 'score': 90}
{'name': '李四', 'age': 19, 'score': 95}
>>>
```

图 7－47　字典列表排序示例程序（方法 1）运行结果

解决 2：

虽然 stu_lb 列表中的元素是字典，无法直接调用列表的 sort() 方法排序，但是可以在 sort() 方法中指定 key 参数为一个函数，这个函数接收一个学生信息字典，返回其中的成绩部分的值（score 键对应的值），这样 sort() 方法即可顺利按照每个学生的成绩值进行排序了。

编程 2：

根据上面的分析思路和解决步骤，可以编写程序代码如图 7－48 所示。

```
print('--------字典列表排序（方法2）--------')
stu_lb=[{'name': '张三', 'age': 20, 'score': 90},
       {'name': '李四', 'age': 19, 'score': 95},
       {'name': '王五', 'age': 18, 'score': 80},
       {'name': '赵六', 'age': 17, 'score': 70}]
def getScore(x):
    return x['score']
stu_lb.sort(key=getScore)
for stu in stu_lb:
    print(stu)
```

图 7－48　字典列表排序示例程序（方法 2）

程序运行结果不变，还是如图 7－47 所示。

解决3：

思路同上，但是其中的 getScore() 函数特别简单，一条语句即可完成，并且在其他地方重用的可能性比较低，所以可以不用单独定义此函数，只需在 sort() 方法中直接对 key 参数赋值一个 lambda 函数即可，这样代码会更加简洁。

编程3：

使用 lambda 函数简化上面程序，代码如图 7－49 所示。

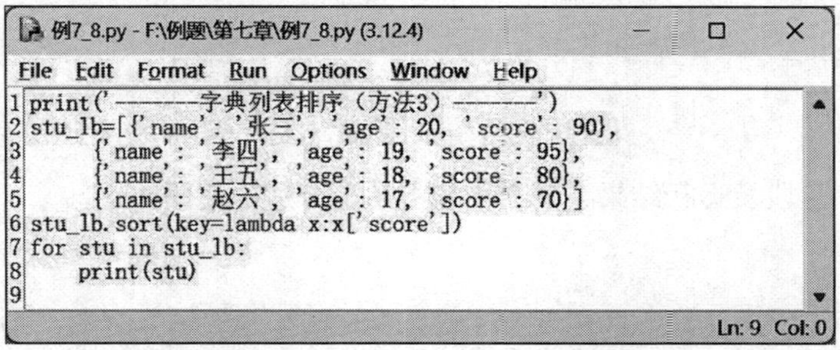

```
print('-------字典列表排序（方法3）-------')
stu_lb=[{'name':'张三', 'age': 20, 'score': 90},
        {'name':'李四', 'age': 19, 'score': 95},
        {'name':'王五', 'age': 18, 'score': 80},
        {'name':'赵六', 'age': 17, 'score': 70}]
stu_lb.sort(key=lambda x:x['score'])
for stu in stu_lb:
    print(stu)
```

图 7－49　字典列表排序示例程序（方法3）

程序运行结果不变，依旧如图 7－47 所示。

扩展案例：排序算法

问题：

请编写一个函数，实现排序算法。函数接收一个列表作为参数，返回一个按照列表中元素从小到大排序后的新列表，原列表不变。

▶扩展案例◀
排序算法

分析思路和编程代码可扫描右方二维码进行学习。

习题

1. 判断题

（1）函数名字可以任意命名。（　　）

（2）函数可以有参数也可以没有参数。（　　）

（3）函数必须使用 return 返回一个值。（　　）

（4）定义函数时参数的个数必须是确定的。（　　）

（5）函数必须先定义后调用。（　　）

（6）在调用函数时，实参个数和顺序必须和形参一致。（　　）

（7）函数的函数体如果没有 return 语句，说明函数的返回值是 None。（　　）

（8）具有默认值的参数和没有默认值的参数的位置先后没有要求。（　　）

（9）所有函数在调用时都可以通过关键字传参，从而不用考虑传参的顺序。（　　）

（10）在函数内部可以直接使用全局变量。（　　）

（11）在函数内部不能再嵌套定义函数。（　　）

（12）在函数内部通过 global 关键字声明引用的全局变量必须已经存在。（　　）

（13）变量的优先级由大到小，先是全局，后是局部。（　　）

（14）模块需要通过 module 关键字创建。（　　）

（15）一个模块里可以定义多个函数、变量、类等。（　　）

（16）“from A import ＊”的方式可以一次性导入模块 A 中的所有内容，非常方便，所以建议在任何情况下都采用此方式。（　　）

2. 填空题

（1）定义函数的关键字是________。

（2）根据现有程序片段及运行结果，请在横线上填上合适的代码。

```
>>> def  f1():
    ____________________ #请填写函数体
>>> print(f1())
    'this is f1.'
```

（3）根据现有程序片段及运行结果，请在横线上填上合适的代码。

```
>>> def  isJiShu(x):
         return  x%2
>>> a = 8
>>> ____________________#请填写一条调用 isJiShu() 函数的语句
    是偶数
```

（4）根据现有程序片段及运行结果，请在横线上填上合适的代码。

```
>>> def ____________________#请填写完整函数的定义
    return f'I love {langName}.'
>>> print(love())
    I love Python.
```

（5）根据现有程序片段及运行结果，请在横线上填上合适的代码。

```
>>> def  func():
         global x
         x = 1
         print(x)
>>> func()
    ____________________ #请写出执行结果
>>> print(x)
    ____________________ #请写出执行结果
```

3. 选择题

（1）下列关于 Python 函数的说法，错误的是（　　）。

A. 函数使用 def 关键字定义　　　　B. 函数必须在调用前先定义

C. 函数通过函数名调用　　　　D. 每次调用函数时参数的数据类型必须相同

（2）有下列函数定义：

```
def  f(x, y):
    return x + y
```

下列选项中对上述函数调用错误的是（　　）。

A. f(1,2)　　B. f('a', 'bc')　　C. f(y=2, x=5)　　D. f([5,2])

（3）下面程序执行后的输出结果是（　　）。

```
def f(x):
    x = x + 10
x = 1
f(x)
print(x)
```

A. 1　　B. 11　　C. 出错　　D. 无输出内容

（4）下面程序执行后的输出结果是（　　）。

```
def f2(x):
    x.append(1)
x = [1]
f2(x)
print(x)
```

A. [1]　　B. [1,1]　　C. 出错　　D. 无输出内容

（5）下面程序执行后的输出结果是（　　）。

```
def f3():
    global x
    x = x + 10
x = 1
f3()
print(x)
```

A. 1　　B. 11　　C. 出错　　D. 无输出内容

（6）执行以下 Python 程序，输出的结果是（　　）。

```
def f(n):
    if n == 1: return 1
    return f(n-1) * 2
x = f(5)
print(x)
```

A. 20　　B. 8　　C. 16　　D. 32

（7）以下关于模块说法错误的是（　　）。

A. 模块应该先导入再使用

B. 一个模块中可以导入另一个模块

C. 可以只导入一个模块中需要的部分，而不用导入模块的全部内容

D. 导入模块实际上相当于执行模块，重复导入则重复执行模块

4. 简答题

（1）简述函数的作用。

（2）简述函数参数传递的几种方案。

（3）简述 global 和 nonlocal 的作用及区别。

（4）简述 LEGB 原则。

（5）简述模块的定义及导入方法。

实训

1. 华氏度和摄氏度转换

华氏度和摄氏度可以通过如下公式进行换算：

```
华氏度(℉) = 32 + 摄氏度×1.8
摄氏度(℃) = (华氏度 - 32) ÷1.8
```

请编写两个函数，分别完成摄氏度到华氏度、华氏度到摄氏度的转换，然后调用这两个函数完成用户输入的温度在不同温标上的值。例如用户输入 100，如果是 100 华氏度的话其摄氏度是多少？如果是 100 摄氏度的话其华氏度是多少？

2. 最小公倍数和最大公约数

自定义函数 minBei(x, y)，计算并返回两个数字 x、y 的最小公倍数；自定义函数 maxYue(x, y)，计算并返回两个数字 x、y 的最大公约数。

编写程序接收用户输入的两个数字，调用 minBei()、maxYue() 函数，分别输出这两个数字的最小公倍数和最大公约数。

3. 五角星数

5 位的自幂数（即一个 5 位数，其每一位上的数字的 5 次幂的和是其自身）被称为五角星数。

比如 54 748 是一个五角星数，因为：$54\ 748 = 5^5 + 4^5 + 7^5 + 4^5 + 8^5$。

请定义一个函数，判断一个数字是否是五角星数，然后通过调用此函数，打印输出所有的五角星数。

4. 自幂数

扩展上题，不同位数的自幂数有不同的名字，如下所示：

一位自幂数：独身数

三位自幂数：水仙花数

四位自幂数：四叶玫瑰数

五位自幂数：五角星数

六位自幂数：六合数

七位自幂数：北斗七星数

八位自幂数：八仙数

九位自幂数：九九重阳数

十位自幂数：十全十美数

请定义一个函数，判断一个数字是不是对应位数的自幂数。然后调用此函数，输出指定位的所有自幂数。

5. “斐波那契”数列

“斐波那契”数列又称为“兔子数列”，指的是这样一个数列（第一、二项的值是1，从第三项开始，每一项的值是前面相邻的两项值的和）：1、1、2、3、5、8、13、21、34……

请定义一个函数，返回“斐波那契”数列的第 n 项的值。然后调用此函数，输出“斐波那契”数列的前10项。

6. 平均值函数

定义一个求多个值的平均值的函数。编写程序提示用户输入多个值，然后调用平均值函数输出它们的平均值。

7. 自定义模块

请把上述各题自定义的函数放置到一个名为“myModule”的模块中，然后改造以上各题，通过引用“myModule”模块来调用其中的函数。

第8章 文件操作

计算机上的各种资源都是由操作系统管理和控制的，操作系统中的文件系统，是专门负责将外部存储设备中的信息组织方式进行统一管理规划，以便为程序访问数据提供统一的方式。

文件是操作系统管理数据的基本单位，文件一般是指存储在外部存储介质上的有名字的一系列相关数据的有序集合。它是程序对数据进行读写操作的基本对象。

学习目标

知识目标	1. 了解文件的概念 2. 理解文本文件、二进制文件的区别和联系 3. 掌握文件的基本读写操作 4. 理解并掌握对象序列化、持久化的目的及方法 5. 掌握常用的文件及目录管理操作
技能目标	1. 具有分辨文本文件及二进制文件的能力 2. 具有选择正确的模式进行文件读写操作的能力 3. 具有使用适合的方法进行对象序列化、持久化的能力 4. 具有使用 Python 程序进行基本的文件与目录管理能力
素养目标	1. 具有主动学习的能力和强烈的好奇心 2. 具有逻辑思维和创新思维 3. 具有系统思考和分析能力 4. 具有运用编程解决实际问题的能力

知识导图

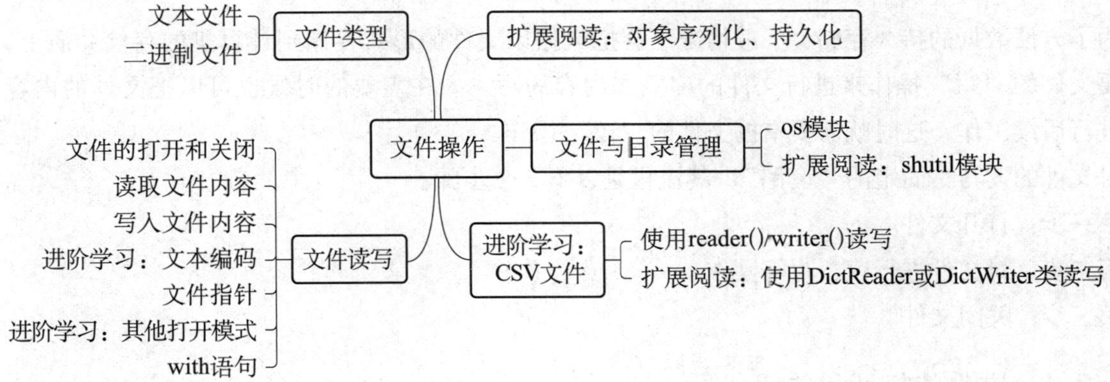

8.1 文件类型

计算机中的文件多种多样，在 Windows 操作系统下我们经常采用文件的扩展名进行文件类型的区分，例如“. docx”表示 Word 文档文件、“. mp3”表示一种音频格式文件、“. jpg”是一种图片格式文件等。

在 Python 中我们对文件的读写，主要根据文件内容是否是纯文本而不同。所以我们把文件划分为两大类，分别为文本文件和二进制文件。

8.1.1 文本文件

文本文件是指以 ASCII 码方式（也称文本方式）存储的文件，更确切地说，英文、数字等字符存储的是 ASCII 码，而汉字存储的是机内码。文本文件中除了存储文件有效字符信息（包括能用 ASCII 码字符表示的回车、换行等信息）外，不能存储其他任何信息。故文本文件也称作字符文件或 ASCII 文件，是字符序列文件。

Windows 操作系统常见的文本文件是使用记事本创建的文件，其扩展名是“. txt”。并不是只有“. txt”文件才是文本文件，“. py”的 Python 源文件、“. html”的 HTML 文件、“. java”的 Java 源文件等都是纯文本文件。反之，可能由于错误的命名，即使扩展名是“. txt”的文件，内容也不一定就是纯文本，也不能算是文本文件。所以文件的类型不是按照扩展名来区分，而是根据内容来区分。

8.1.2 二进制文件

把数据对应的二进制形式存储到文件中，是字节序列文件。二进制文件通常用于保存图片、音频和视频等数据。图片、音频和视频有不同的编码格式，例如 png 格式的图片、mp3 格式的音频、mp4 格式的视频等。

Python 中文本文件和二进制文件在读写时的最大区别是能否把写入或读出的数据直接用字符串表示。文本文件的内容由于直接都是字符，所以在写入时可以把原来字符串写入，而读取时可以把读到的内容作为字符串直接使用且可以直接显示出来。而二进制文件内容不是字符，无法把其当作字符串处理，也一般不会把其内容直接显示在屏幕上。

8.2 文件读写

为了方便数据的持久存储，一般情况下会把数据以文件的形式存储到计算机的存储介质上，这时就需要文件的“写”操作来进行文件的建立和内容的写入。在需要的时候也可以把文件的内容读出，然后进行后续工作，这时就需要掌握文件的“读”操作。

对文件的读写是固定的“套路”，其流程是以下 3 个步骤：

第一步：打开文件。

第二步：对文件进行读、写等操作。

第三步：关闭文件。

8.2.1 文件的打开和关闭

1. open() 函数

打开文件的方法很简单，只需调用 Python 内置的 open() 函数，即可返回一个文件对象，其语法格式如下：

```
fileobj = open(file_name [, mode ='r' [, buffering = -1 [, encoding = None ]]])
```

其中，各个参数代表的含义如下：

fileobj：合法的变量名，表示要创建的文件对象名字。

file_name：字符串，表示要创建或打开文件的名称，该名称要用引号（单引号或双引号都可以）括起来。需要注意的是，如果要打开的文件和当前执行的代码文件位于同一目录，则直接写文件名即可；否则，此参数需要指定打开文件所在的完整路径。

mode：可选参数，用于指定文件的打开模式。如果省略，则默认以只读（r）模式打开文件。

buffering：可选参数，用于指定对文件做读写操作时，是否使用缓冲区。

encoding：手动设定打开文件时所使用的编码格式，不同平台的 ecoding 参数值也不同，以 Windows 为例，其默认为 cp936（GBK）。

open() 函数支持的文件打开模式见表 8－1。

表 8－1 open() 函数支持的文件打开模式

字符	意义
'r'	读取（默认，可以省略），文件不存在则报错
'w'	写入，如果文件已存在则覆盖，不存在则新建
'x'	排他性创建，如果文件已存在则失败
'a'	写入，如果文件存在则在末尾追加
'b'	二进制模式
't'	文本模式（默认，可以省略）
'+'	打开用于更新（读取与写入）

其中，“t”“b”和“r”“w”“a”“x”可组合使用，“+”必须和“r”“w”“a”组合使用。

2. close() 方法

通过 close() 方法可以关闭文件。对文件操作结束后要养成及时关闭文件的习惯，这样可以释放打开文件占用的资源，解除对文件的锁定，并刷新缓冲区，把缓冲区中的数据立即写入文件。close() 方法的语法格式如下：

```
fileobj.close()
```

其中，fileobj 代表 open() 函数返回的文件对象的名字。

提示 open() 是 Python 内置函数，使用时不用写对象名；close() 是文件对象的方法，要使用“文件对象名.close()”的格式。

8.2.2 读取文件内容

采用正确的模式组合打开文件后，就可以调用文件对象的 read() 等方法对文件执行读操作了。

对文件对象的读操作主要有以下方法，具体见表 8-2。

表 8-2 文件对象的常用读操作方法

方法	说明	文件类型
read()	读取文件中的全部内容	文本/二进制
read(n)	读取文件中的 n 个字符［字节］内容	文本/二进制
readline()	逐行读取文件中的每一行内容	文本
readlines()	一次性读取文本文件中多行内容，并返回由行组成的列表	文本

1. 读取文本文件

在读取前，先准备好待读取的文件：在电脑的指定位置（以下示例为“F:/例题/第八章/”）创建文本文件 a.txt，具体内容如图 8-1 所示。

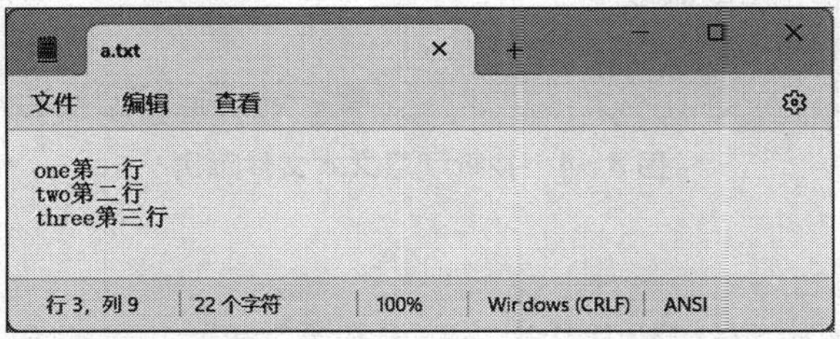

图 8-1 待读取的文本文件

读取“a.txt”文本文件的示例代码及运行结果如图 8-2 所示。

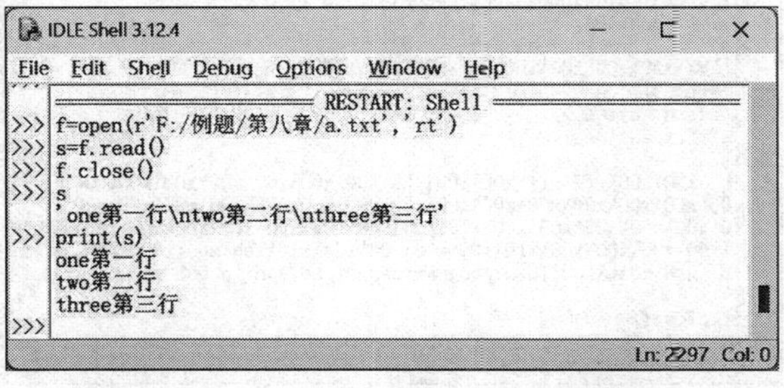

图 8-2 一次读取文本文件全部数据示例

也可以指定字符个数，一次只读取对应个数的字符。文件对象内部自动维持一个文件指针，在读取时会自动移动指针到将要读取的字符位置。所以重复执行读取操作不会得到重复结果，而是读取文件的后续内容。读取到最后一个字符后继续读取不会报错，而是返回空字符串。如果文件关闭后再次读取，则会报告错误。

图 8－3 中的代码及运行结果演示了采用逐个（指定个数）字符来读取文件的方式。

```
IDLE Shell 3.12.4
File Edit Shell Debug Options Window Help
==================== RESTART: Shell ====================
>>> f=open(r'F:/例题/第八章/a.txt')  #省略了'rt'参数
>>> f.read(1)
'o'
>>> f.read(2)
'ne'
>>> f.read(3)
'第一行'
>>> f.read()
'\ntwo第二行\nthree第三行'
>>> f.read()
''
>>> f.read()
''
>>> f.close()
>>> f.read()
Traceback (most recent call last):
  File "<pyshell#744>", line 1, in <module>
    f.read()
ValueError: I/O operation on closed file.
>>>
Ln: 2338  Col: 0
```

图 8－3　读取指定个数字符示例

由于文本文件中有明确的换行符号“\n”，因此可以使用 readline() 或 readlines() 方法按行读取其中的内容。示例代码及运行结果如图 8－4 所示。

```
IDLE Shell 3.12.4
File Edit Shell Debug Options Window Help
==================== RESTART: Shell ====================
>>> f=open(r'F:/例题/第八章/a.txt')
>>> f.readline()
'one第一行\n'
>>> f.readlines()
['two第二行\n', 'three第三行']
>>> f.readline()
''
>>> f.readlines()
[]
>>> f.close()
>>>
Ln: 2350  Col: 0
```

图 8－4　按行读取文本文件示例

2. 读取二进制文件

读取二进制文件，需要在 open() 函数中指定 mode 参数为“rb”。示例代码及运行结果如图 8－5 所示。

```
IDLE Shell 3.12.4
File Edit Shell Debug Options Window Help
==================== RESTART: Shell ====================
>>> f=open(r'c:\windows\notepad.exe','rb')
>>> s1=f.read(10)
>>> s1
b'MZ\x90\x00\x03\x00\x00\x00\x04\x00'
>>> type(s1)
<class 'bytes'>
>>> s2=f.readline()
>>> s2
b'\x00\x00\xff\xff\x00\x00\xb8\x00\x00\x00\x00\x00\x00\x00@\x
00\x00\x00\x00\x00\x00\x00\x00\x00\x00\x00\x00\x00\x00\x00\x0
0\x00\x00\x00\x00\x00\x00\x00\x00\x00\x00\x00\x00\x00\x00\x00
\x00\x00\x00\x00\xf0\x00\x00\x00\x0e\x1f\xba\x0e\x00\xb4\t\xc
d!\xb8\x01L\xcd!This program cannot be run in DOS mode.\r\r\n
'
>>> f.close()
>>>
Ln: 2362  Col: 0
```

图 8－5　读取二进制文件示例

从上面的示例代码运行结果可以看到，通过指定“rb”模式可以顺利打开二进制文件，并且读取其中的前十个字节。读取的结果不再是字符串，而是 bytes 类型。

从示例中虽然可以看到 readline( ) 方法也顺利读取了“一行”，但这只是巧合，因为从这个二进制文件的内容中恰好可以解析出“\n”行结束符。由于二进制文件不存在文本的“行”概念，所以使用 readline( ) 或 readlines( ) 读取二进制文件是没有意义的。

对于二进制文件，如果在使用 open( ) 函数打开时未指定“b”模式或者错误地指定为“t”模式，则在后续的读取中，Python 会尝试解析其中的内容为字符，由于二进制的内容并不是字符的编码，这将导致读取报告异常。示例代码及运行结果如图 8－6 所示。

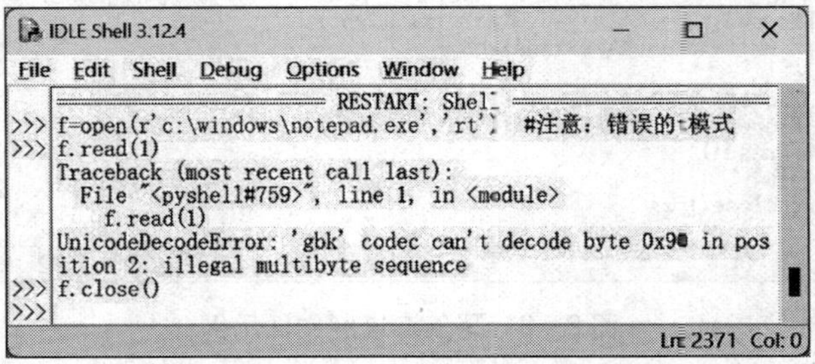

图 8－6　以“t”模式读取二进制文件错误示例

8.2.3　写入文件内容

对文件对象进行写操作主要有以下方法，具体见表 8－3。

表 8－3　对文件对象写操作的方法

方法	说明	文件类型
write(x)	在文件指针位置写入字符串/bytes，返回写入的字符/字节个数。	文本/二进制
writelines(xlist)	将列表中的数据合并为一个字符串写入文件指针位置。	文本

1. 写入文本文件

写文件内容之前同样需要采用正确的模式打开文件，常用的写模式是“w”，如果文件不存在则会被创建，文件已存在则内容会被覆盖。如果写的文件是文本文件，则 open( ) 函数的 mode 参数使用“wt”组合，其中“t”可以省略。

使用“t”模式写文本文件时写入的内容直接是字符串。示例代码及运行结果如图 8－7 所示。

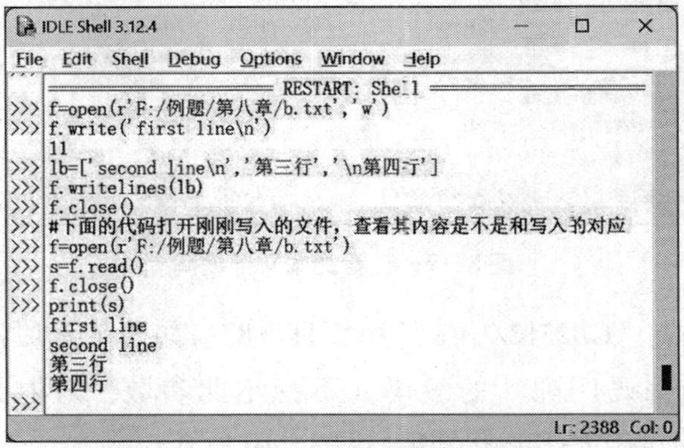

图 8－7　写入文本文件示例

2. 写入二进制文件

如果使用 open() 函数在打开文件时指定的 mode 参数是“wb”（或“ab”“rb +”“xb”），则写入的是二进制文件。写入二进制文件 write() 方法的参数要求是 bytes 类型。

bytes 是一个不可变的字节序列（二进制形式），其中的数据表示什么内容（字符串、数字、图片、音频等），由程序的解析方式决定。写入一个二进制文件的示例代码及运行结果如图 8-8 所示。

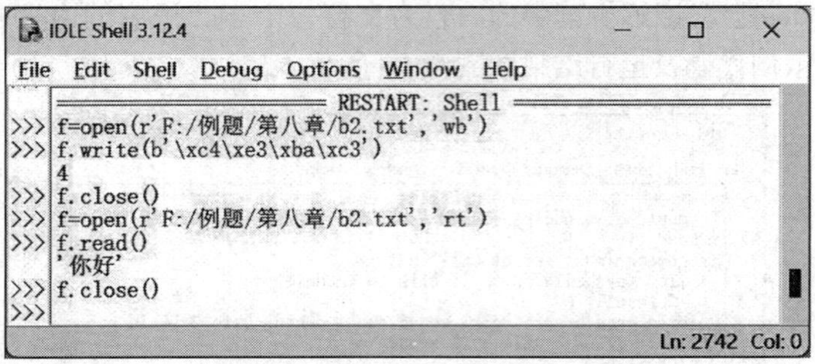

图 8-8 写入二进制文件示例

8.2.4 进阶学习：文本编码

1. encoding 参数

其实文本文件在系统中也是采用二进制形式存储，其二进制数据是文本的编码。文本文件在读写时常常采用“t”模式，这样文本的编解码工作在读写内容时是根据 open() 函数的 encoding 参数值指定的编码自动进行的。所以在使用“t”模式打开文本文件读取时，要在 open() 函数中指定和文件本身编码匹配的 encoding 参数。

在 Windows 操作系统下，可以使用“记事本”软件（notepad. exe）打开文件，然后尝试“另存为”来查看或更改文件的编码，如图 8-9 所示。

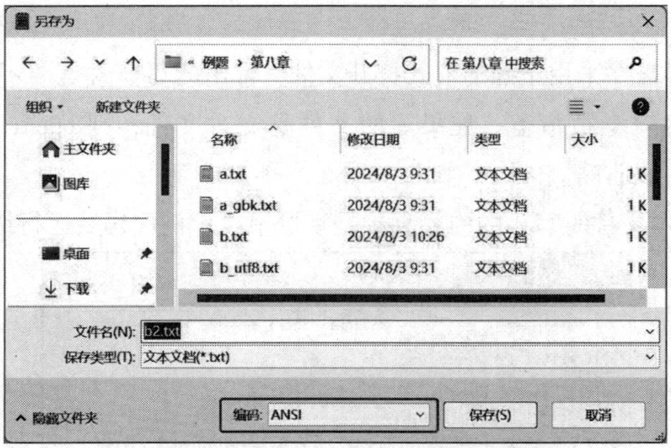

图 8-9 查看文本文件编码

对于中文，常用的编码有“GB2312/GBK”和“UTF-8”。如果在读取文件时，调用 open() 函数没有指定正确（和文件本身编码匹配）的编码（不指定此参数，则中文 Windows 系统默认值为“GBK”），则会导致错误。示例代码及运行结果如图 8-10 所示。

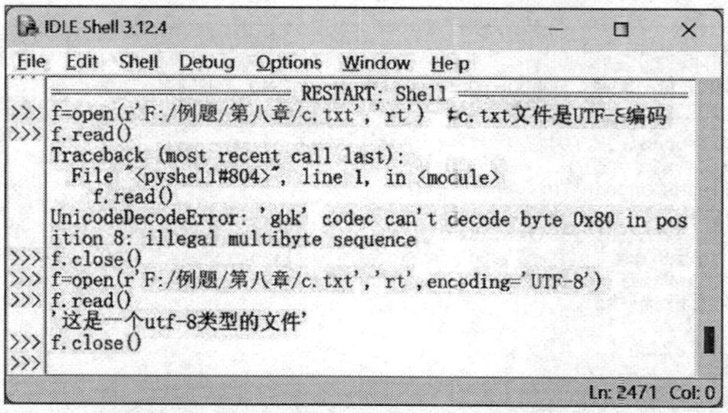

图 8-10　指定编码读取文本文件示例

从上面的示例代码可以看到，使用默认 encoding 参数(“GBK”) 读取一个实际是 UTF-8 编码的文本文件时遭遇“UnicodeDecodeError”错误。当在 open() 函数中指定和文本文件对应的 encoding (“UTF-8”) 参数后按顺序读取文件内容。

使用“t”模式写入文本文件时，Python 会按照 cpen() 函数指定的 encoding 参数（默认是“GBK”）对写入的字符串进行编码。

2. 手工编解码

由于文本文件本身存储的实际上是文本字符的编码（二进制），因此也可以通过二进制读写（“b”模式）的方式对文本文件进行读写，但对文本字符的编解码需要通过手工编程的方式进行。

二进制文件在读写时的数据类型是 bytes 类型，文本文件在读写时的数据类型是字符串类型，它们之间可以通过如下两个函数进行转换：

```
bytes.decode(encoding)→str
str.encode(encoding)→bytes
```

下面的代码演示了采用“b”模式打开文本文件，读取其中的内容，然后通过 decode() 方法解码成字符串的情况。示例代码及运行结果如图 8-11 所示。

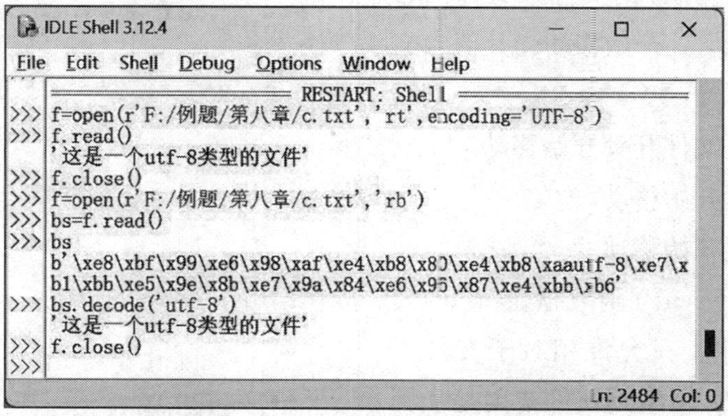

图 8-11　手工编码读取文本文件示例

同样也可以把字符串先手工编码，然后采用“b”模式写入文件，效果和把字符串直接写入“t”模式打开的文件一样。示例代码及运行结果如图 8-12 所示。

用记事本软件打开生成的文件 d.txt，可以看到是一个正常的“UTF-8”编码的文本文件，如图 8-13 所示。

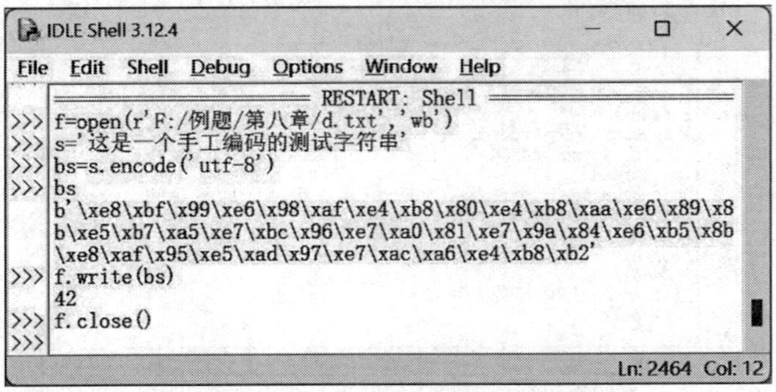

图 8－12　手工编码写入文本文件示例

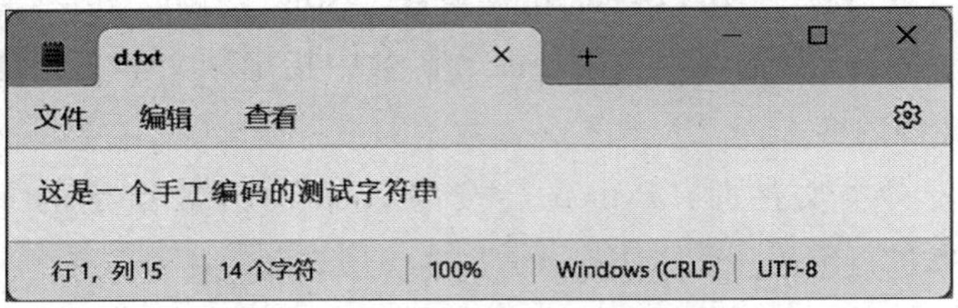

图 8－13　查看手工编码写入的文本文件

8.2.5　文件指针

文件指针是一个指向文件当前将要读写位置的变量，它指示了读写操作的位置。对文件指针操作主要有以下方法：

tell()：返回一个整数，表示文件指针的位置。

seek(offset[, whence])：移动文件指针到指定位置。参数 offset 表示移动的偏移量，单位为字节，其值为正数时，文件指针向文件末尾方向移动；其值为负数时，文件指针向文件开头方向移动。参数 whence 指定从何处开始移动，其值含义如下：

0：默认值，表示从文件开头开始移动。

1：表示从当前位置开始移动。

2：表示从文件末尾开始移动。

在文本文件（调用 open() 函数指定 mode 模式是“t”或者省略）中，只允许相对于文件开头搜索（使用 seek(0, 2) 搜索到文件末尾是个例外），而不能相对于当前指针位置或文件末尾开始移动（即 whence 参数只能是 0，不能是 1 或 2）。图 8－14 中的示例代码及运行结果演示了文件指针的操作。

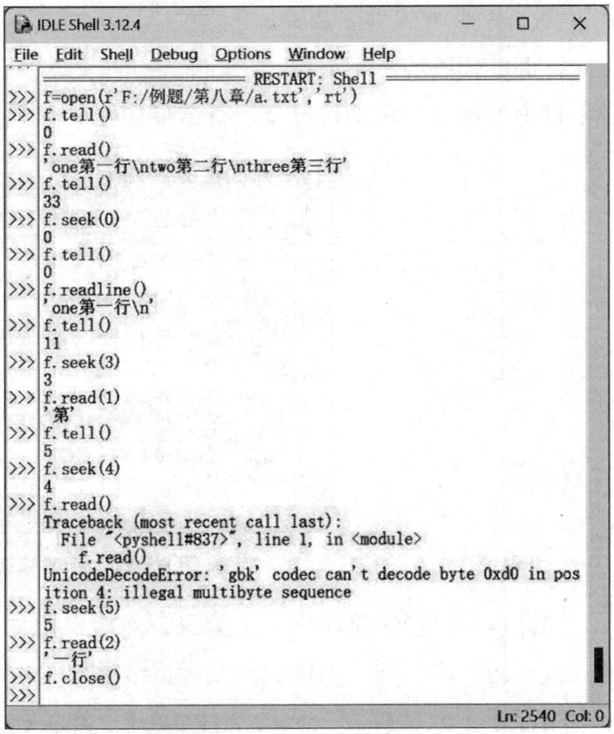

图 8－14　文件指针示例

> **注意** seek()方法的offset参数单位是字节，如果文本文件内容是多字节字符，则要注意移动到的位置是否合适，避免从“半个字”的位置进行读写。

8.2.6 进阶学习：其他打开模式

使用open()函数打开文件时，除了使用“t”“b”模式指定文本或二进制文件类型，使用“r”“w”模式指定读、写操作外，还可以使用下列模式：

“a”：追加文件。相对于“w”模式在文件存在时会先清空其内容，“a”模式会把写入的内容追加到已有文件内容的结尾，而不是覆盖原有文件内容。当文件不存在时同样会自动新建文件。

“x”：类似于“w”模式，在文件不存在时会自动创建文件，但文件存在时则不会自动覆盖文件，而是报告异常。通过指定此模式打开文件能避免不小心覆盖重要文件内容。

“+”：此模式要联合“w”“r”“a”模式使用。不像单独的“r”“w”“a”模式打开文件，只能读不能写或者只能写不能读，“r+”“w+”“a+”模式打开文件时可以同时进行读写操作。“r+”模式要求打开的文件必须已存在，而“w+”“a+”模式并不要求打开的文件已存在（因为“w”“a”模式在文件不存在时会自动创建新文件）。

下面示例代码及运行结果演示了使用“w+”模式打开一个不存在的文件，会自动创建该文件，并在打开后既可以读取内容也可以写入内容，如图8-15所示。

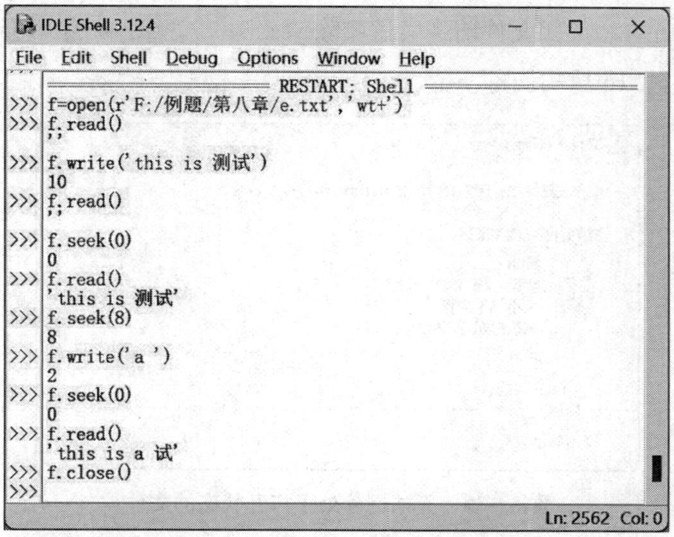

图8-15 同时读写文件示例

生成的文件e.txt如图8-16所示。

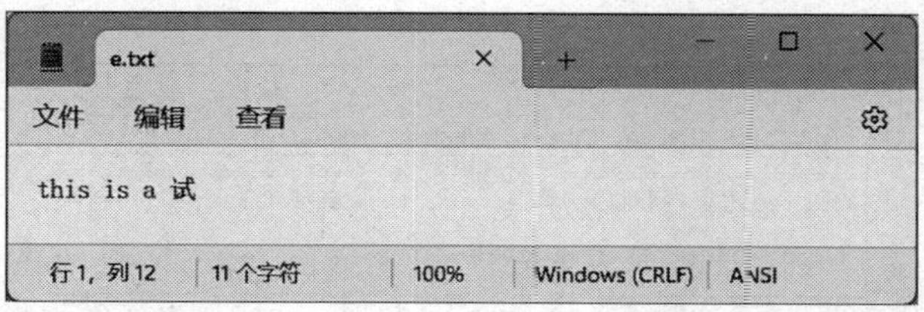

图8-16 查看同时读写后生成的文本文件

8.2.7 with 语句

文件使用 open() 函数打开后可以执行读写操作，读写操作完成后需要及时调用文件对象的 close() 方法关闭文件，这是因为：

（1）操作系统允许同时打开的文件数量通常是有限制的，及时关闭文件能减少占用同时打开文件的数量；

（2）文件在写入时通常是先写入缓存，只有在关闭时（或及时调用文件对象的 flash() 方法）才保证缓存数据完整写入磁盘；

（3）文件打开时操作系统会锁定此文件，例如删除文件等操作在文件关闭前会被阻止，无法顺利进行。

执行如下代码打开文件：

```
>>> f = open('d:/py/a.txt','rt')
```

保持 IDLE 窗口不关闭，如图 8－17 所示。

图 8－17　在 IDLE 中保持文件打开状态

在未执行调用 close() 方法关闭文件前，尝试删除“a.txt”文件，删除不会成功，操作系统会报告“文件正在使用”，如图 8－18 所示。

图 8－18　无法删除处于打开状态的文件

为确保文件被顺利关闭，不会因为异常导致关闭不成功或程序员遗忘调用 close() 函数，导致文件长时间被占用，可以使用 with 语句的预定义清理操作实现文件的自动关闭。示例代码及运行结果如图 8-19 所示。

图 8－19　使用 with 语句确保自动关闭文件示例

在以上示例中，as 关键字后面的变量 f 用于接收 with 语句打开的文件对象，等价于“f = open('d:/py/a. txt','rt')”。使用 with 语句在读写完文件内容后随着 with 块的结束会自动关闭文件，代码中无须再显式调用“f. close()”来关闭文件。

8.3 扩展阅读：对象序列化、持久化

通过对象序列化后再持久化（反持久化）能方便地把变量存储到文件（或把文件的内容还原成变量），而不需要考虑变量对象到文件内容之间的转换。

详细内容可扫描右方二维码进行学习。

▶扩展阅读◀
对象序列化、
持久化

8.4 文件与目录管理

除了对文件进行读写操作外，对文件进行重命名、删除，对目录（文件夹）内容列表、创建、删除等管理操作也十分常用。这些操作大部分可以通过 Python 的标准模块——os 模块来完成。shutil 模块提供了一些高阶的文件操作。

8.4.1 os 模块

os 模块提供的与文件或目录操作相关的主要函数见表 8 - 4。

表 8 - 4 os 模块中与文件或目录操作相关的主要函数

函数	说明
os. remove(path)	删除文件，path 可以使用绝对路径，也可使用相对路径
os. rename(src, dst)	重命名文件和目录，src 指定待重命名的文件或目录，dst 指定重命名后的目录或文件
os. listdir(path = '.')	返回指定路径下的文件和目录列表
os. mkdir(path[, mode])	创建目录，mode 是用于指定数值模式，默认 0777，该参数在非 UNIX 系统上无效或被忽略
os. makedirs(path1 / path2…[, mode])	创建多级目录
os. rmdir(path)	删除目录（只能删除空目录）；若要删除非空目录，则需使用 Python 内置标准模块 shutil 的 rmtree() 函数实现
os. removedirs(path1 / path2…)	删除多级目录
os. getcwd()	返回表示当前工作目录的字符串
os. chdir(path)	把 path 设置为当前工作目录
os. path. exists(path)	判断目录或文件是否存在
os. path. isdir(path)	判断是否为路径
os. path. getsize(file)	获取文件的大小
os. path. isfile(file)	判断是否为文件类型

其中常用的函数如下：

1. os. getcwd( ) / os. chdir(path)

os. getcwd( ) 函数可以取得当前的工作目录（一般情况下默认是当前程序文件所在的目录），在程序中使用相对路径时，其路径的起始点即为此工作目录。

os. chdir(path) 函数可以修改工作目录为参数指定的目录。

示例代码如图 8－20 所示。

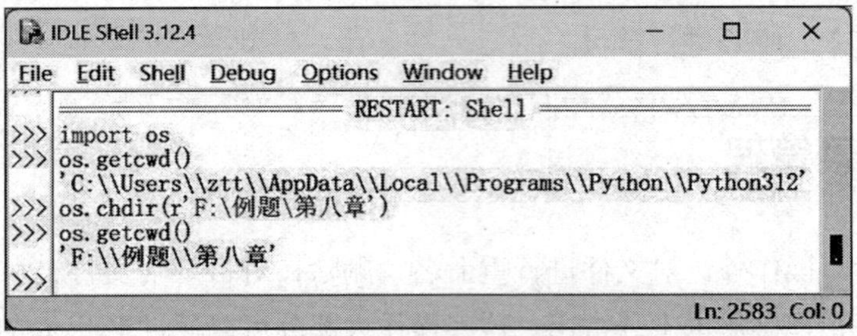

图 8－20　取得、修改工作目录示例

2. os. mkdir(path)

os. mkdir(path) 可以创建指定路径的最后一级目录，如果父目录不存在则会引发 “FileNotFoundError” 异常。

os. makedirs(path1 / path2…) 可以连锁创建路径中的多级目录（如果父目录不存在则先创建父目录，然后递归创建其下目录）。

示例代码及运行结果如图 8－21 所示。

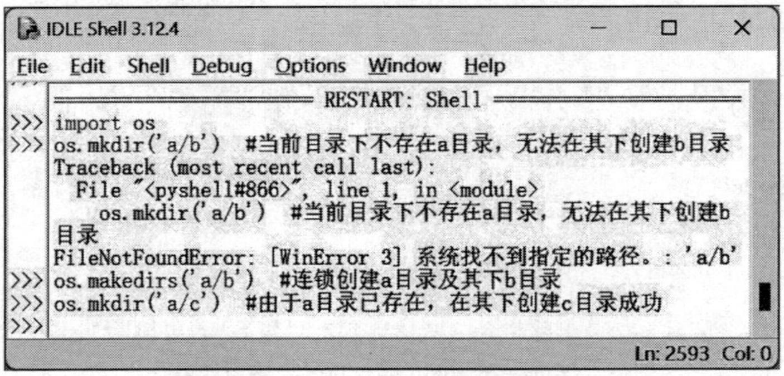

图 8－21　创建目录示例

3. os. rmdir(path)

os. rmdir(path) 可以删除路径指定的最后一级目录，如果目录不存在或其是非空目录，则删除失败，报告 “FileNotFoundError” 或 “OSError” 异常。

os. removedirs(path1 / path2…) 递归删除目录，从最后一级目录开始尝试删除，如果成功，则尝试删除其上一级父目录，以此类推，直至某一级目录非空无法删除为止。如果参数路径中的最后一级目录不存在或非空，则同样报告 “FileNotFoundError” 或 “OSError” 异常。

示例代码及运行结果如图 8－22 所示。

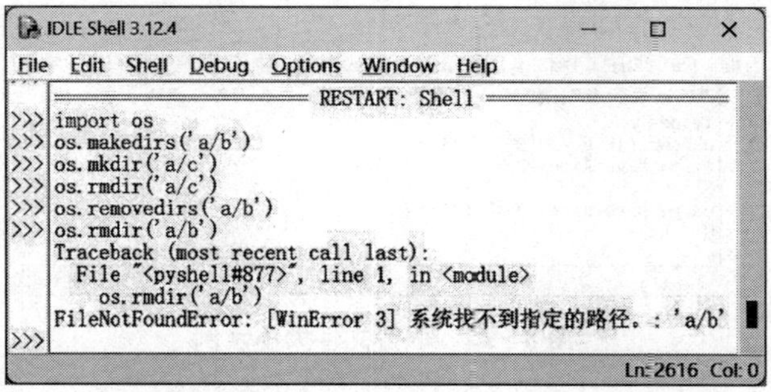

```
IDLE Shell 3.12.4
File Edit Shell Debug Options Window Help
================================ RESTART: Shell ================================
>>> import os
>>> os.makedirs('a/b')
>>> os.mkdir('a/c')
>>> os.rmdir('a/c')
>>> os.removedirs('a/b')
>>> os.rmdir('a/b')
    Traceback (most recent call last):
      File "<pyshell#877>", line 1, in <module>
        os.rmdir('a/b')
    FileNotFoundError: [WinError 3] 系统找不到指定的路径。: 'a/b'
>>>
Ln: 2616 Col: 0
```

图 8 - 22　删除目录示例

4. os. listdir(path ='. ')

os. listdir(path ='. ') 返回一个包含由参数“path”指定目录中文件或子目录名称组成的列表（元素顺序随机）。如果未指定参数，则默认为当前工作目录，即 os. getcwd( ) 函数返回的目录。示例代码及运行结果如图 8 - 23 所示。

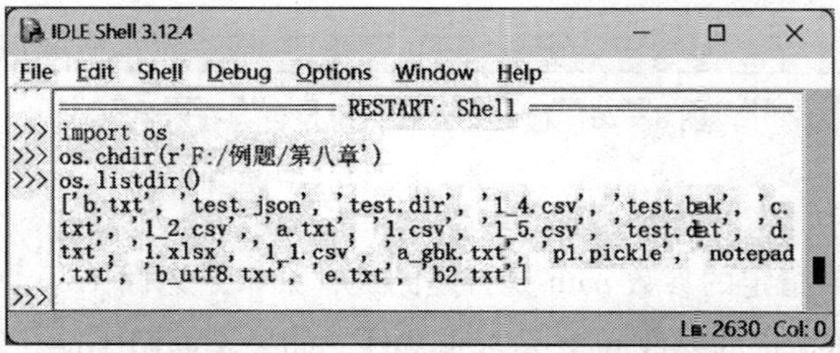

```
IDLE Shell 3.12.4
File Edit Shell Debug Options Window Help
================================ RESTART: Shell ================================
>>> import os
>>> os.chdir(r'F:/例题/第八章')
>>> os.listdir()
    ['b.txt', 'test.json', 'test.dir', '1_4.csv', 'test.bak', 'c.txt', '1_2.csv', 'a.txt', '1.csv', '1_5.csv', 'test.dat', 'd.txt', '1.xlsx', '1_1.csv', 'a_gbk.txt', 'p1.pickle', 'notepad.txt', 'b_utf8.txt', 'e.txt', 'b2.txt']
>>>
Ln: 2630 Col: 0
```

图 8 - 23　目录内容列表示例

5. os. remove(path)

os. remove(path) 可以删除指定路径及文件名的文件，path 既可以使用绝对路径，也可以使用相对路径。如果使用相对路径，起始路径是程序运行的当前工作目录，即 os. getcwd( ) 返回的路径。如果指定的文件不存在，则报告“FileNotFoundError”异常。示例代码及运行结果如图 8 - 24 所示。

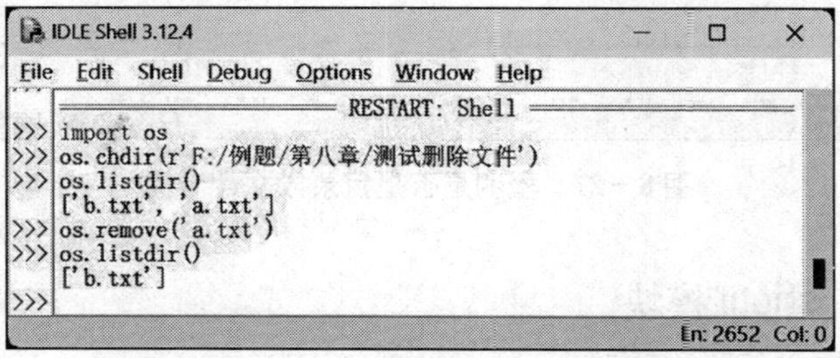

```
IDLE Shell 3.12.4
File Edit Shell Debug Options Window Help
================================ RESTART: Shell ================================
>>> import os
>>> os.chdir(r'F:/例题/第八章/测试删除文件')
>>> os.listdir()
    ['b.txt', 'a.txt']
>>> os.remove('a.txt')
>>> os.listdir()
    ['b.txt']
>>>
Ln: 2652 Col: 0
```

图 8 - 24　删除文件示例

6. os. path. getsize(file)

os. path. getsize(file) 函数可以取得文件大小（以字节为单位），如果文件不存在则报告“FileNotFoundError”异常，如果参数是目录，则返回 0。示例代码及运行结果如图 8 - 25 所示。

7. os. path. exists(path)

os. path. exists(path) 函数可以检测参数指定的文件或目录是否存在，若存在则返回 True，否则返回

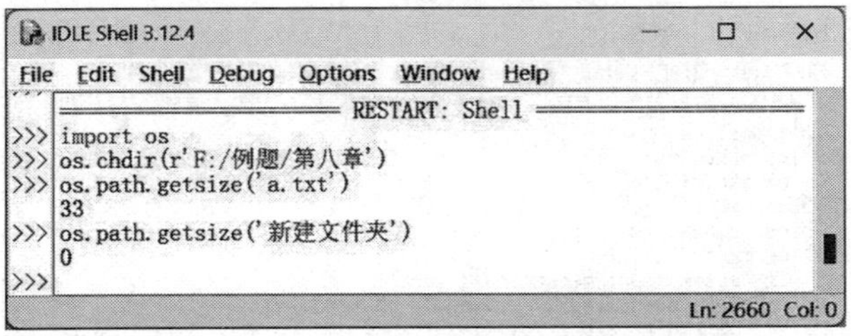

图 8－25　取得文件大小示例

False。示例代码及运行结果如图 8－26 所示。

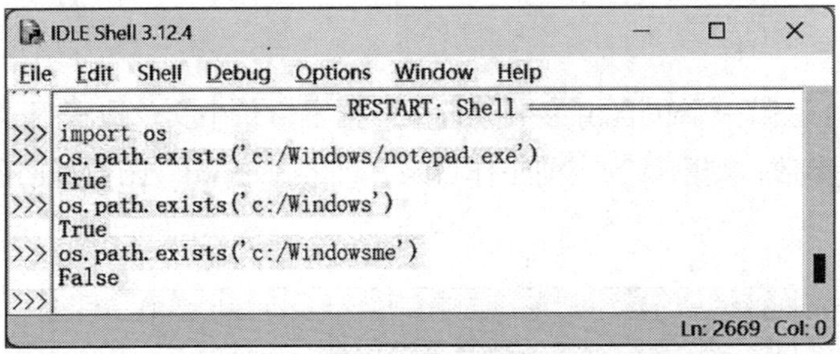

图 8－26　检测文件或目录是否存在示例

8. os. path. isdir(path)

os. path. isdir(path) 判断指定的参数 path 是否是路径，如果是返回 True，否则返回 False。

os. path. isfile(file) 判断指定的参数 path 是否是文件，如果是返回 True，否则返回 False。

示例代码及运行结果如图 8－27 所示。

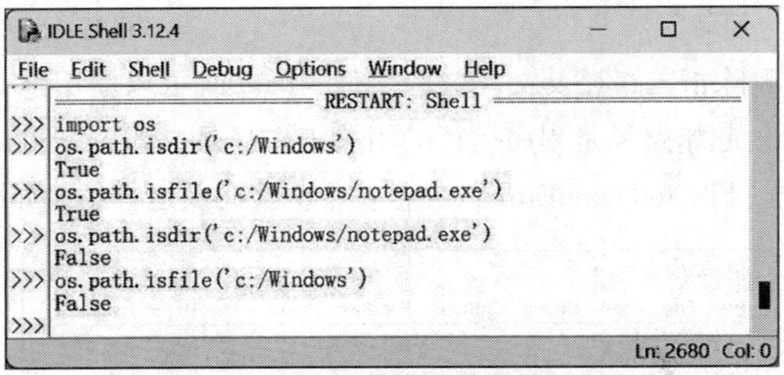

图 8－27　检测是否是目录或文件示例

8. 4. 2　扩展阅读：shutil 模块

shutil 模块提供了一系列对文件和文件集合的高阶操作，特别是提供了一些支持文件拷贝和删除的函数。详细内容可扫描右方二维码进行学习。

▶扩展阅读◀
shutil 模块

8. 5　进阶学习：CSV 文件

CSV（Comma-Separated Values，逗号分隔值）文件，也称为字符分隔值文件，因为分隔字符也可以不是逗号。

其文件以纯文本形式存储表格型数据（数字和文本）。纯文本意味着该文件是一个字符序列，不含必须像二进制数字那样被解读的数据。CSV 文件由任意数目的记录组成，记录间以某种换行符分隔；每条记录由字段组成，字段间的分隔符是其他字符或字符串，最常见的是逗号或制表符。通常，所有记录都有完全相同的字段序列。

CSV 并不是一种单一的、定义明确的格式（尽管 RFC 4180 有一个被通常使用的定义）。因此在实践中，术语 CSV 泛指具有以下特征的任何文件：

（1）纯文本，使用某个字符集，比如 ASCII、Unicode、EBCDIC 或 GB2 312；

（2）由记录组成（典型的是每行一条记录）；

（3）每条记录被分隔符分隔为字段（典型分隔符有逗号、分号或制表符；有时分隔符可以包括可选的空格）；

（4）每条记录都有同样的字段序列。

CSV 是一种通用的、相对简单的文件格式，被用户、商业和科学广泛应用，最广泛的应用是在程序之间转移表格数据。

由于 CSV 文件的通用性，很多软件在导出/导入数据时都支持 CSV 格式，例如 WPS 或 Excel 等电子表格软件编辑的电子工作表（如图 8－28 所示），可以另存为 CSV 格式，如图 8－29 所示。

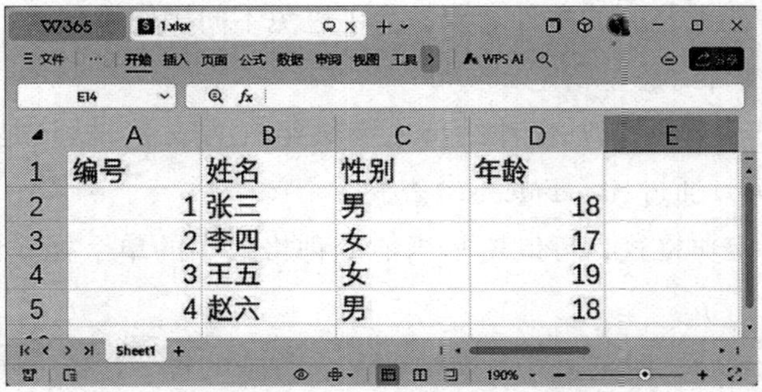

图 8－28 待导出的电子工作表

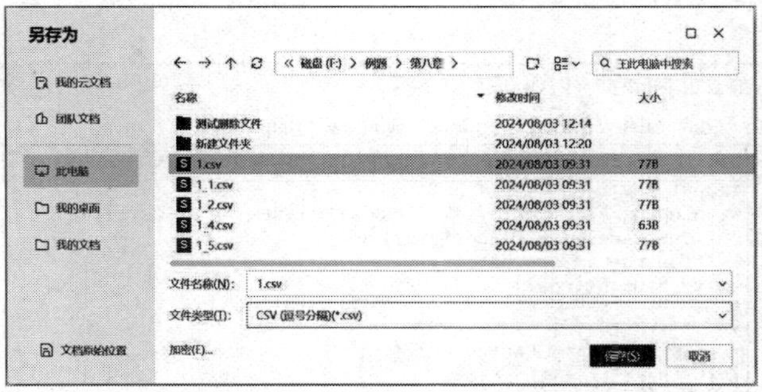

图 8－29 另存为 CSV 格式界面

由于 CSV 文件其实是文本文件，所以可以使用记事本类软件打开，如图 8－30 所示。

CSV 文件本质上是文本文件，所以可以按照文件的方式进行读写。其内容是格式良好的文件，所以可以使用字符串的方法进行解析。

由于 CSV 文件的普遍常用，PEP305（Python 增强提议）提出了专门的 CSV 文件 API，由标准模块 csv 模块实现更方便的 CSV 文件操作。

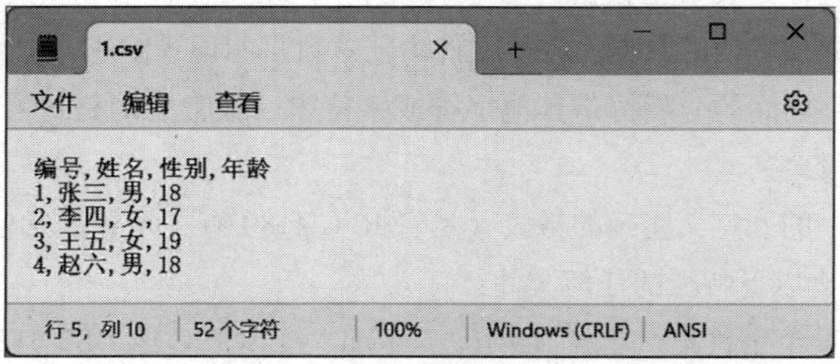

图 8 − 30　用记事本软件查看 CSV 文件

8.5.1　使用 reader( )/writer( )读写

1. reader( ) 函数读取

csv 模块定义了 reader( ) 函数，返回一个 reader 对象。reader( ) 函数的语法如下：

```
csv. reader( csvfile, dialect = 'excel', ** fmtparams)
```

其中参数如下：

csvfile：一般是 open( ) 函数打开的文件对象，为了避免不同操作系统平台换行符不同而引起空行问题，建议 open( ) 函数打开文件时总是指定 newline =''。

dialect：可选，是用于不同的 CSV 变种的特定参数组（方言），默认是“excel”，支持的方言有 'excel' 'excel-tab' 'unix'，可以通过 list_dialects( ) 查看。

** fmtparams：可选，字典格式，可以覆写当前变种格式中的单个格式设置，比如 delimiter = '.' 设定分隔符为英文句号（'.'）。

reader( ) 函数返回一个 reader 对象，其元素是 CSV 文件中的每一行按分隔符分割后的列表。可以通过“for…in”循环此 reader 对象进行遍历，遍历的结果是列表。对图 8 − 30 的 CSV 文件进行遍历的示例代码及运行结果如图 8 − 31 所示。

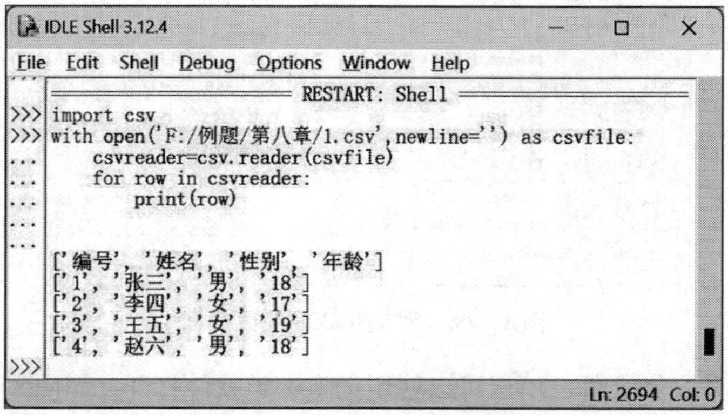

图 8 − 31　CSV 文件遍历读取示例

2. writer( ) 函数写入

类似于 reader( ) 函数，csv 模块提供了一个 writer( ) 函数，可以方便地把列表、元组等序列中的元素按照指定的分隔符组合成行写入 CSV 文件中。writer( ) 函数的语法格式如下：

```
csv.writer(csvfile, dialect='excel', ** fmtparams)
```

其参数说明同 reader() 函数，不再赘述。

其返回值是一个 writer 对象，可以使用此对象的 writerow() 方法按行写入 CSV 文件。示例代码及运行结果如图 8－32 所示。

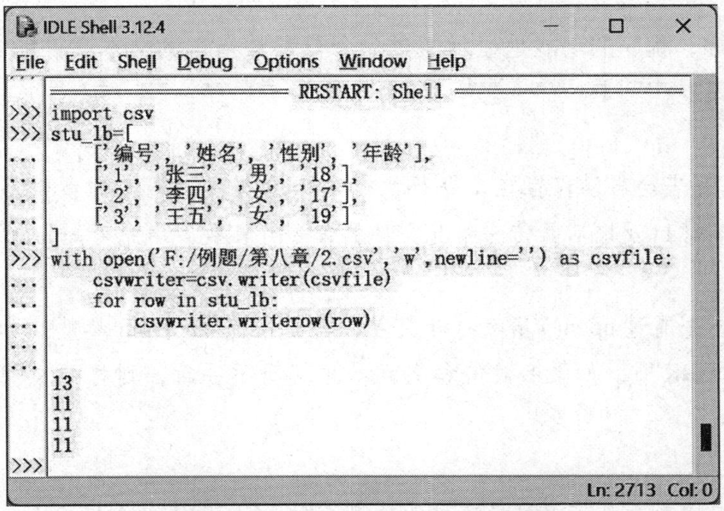

图 8－32　把列表逐行写入 CSV 文件示例

对于上例，由于 stu_lb 是二维的列表，可以更简单地使用 writer 对象的 writerows() 方法直接写入多行。示例代码及运行结果如图 8－33 所示。

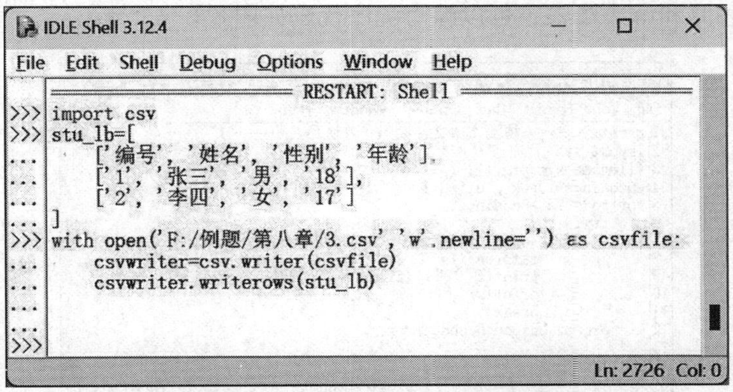

图 8－33　把列表多行写入 CSV 文件示例

8.5.2　扩展阅读：使用 DictReader 或 DictWriter 类读写

对 CSV 文件的读写操作还可以用 DictReader 或 DictWriter 类来进行。与 reader()/writer() 函数不同，它会将每行中的信息映射到一个字典。

详细内容请扫描右方二维码进行学习。

▶扩展阅读◀
使用 DictReader 或 DictWriter 类读写

案例

案例一：文本编码检测

问题：

请编写 Python 程序，程序的功能是显示通过命令行参数指定的文本文件的内容，文件是中文的，但文件编码未知或不固定。

分析：

sys 模块里的 argv 列表会自动保存在命令行执行 Python 程序时传递的参数，其中 argv[0] 是此 Python 程序的文件名，argv[1] 及以后是传递给此文件的命令行参数，由此可知 argv[1] 即是要读取的文本文件的名字。

读取文本文件需要先通过 open() 函数打开文件，需要指定 encoding 参数（如果省略此参数，中文 windows 系统默认为“GBK”），如果参数值和文件本身编码不一致，则打开文件后，读取时会乱码并报告异常。

解决 1：

由于已知文件是中文，所以其编码最有可能的是 GBK(GB2312)、UTF－8 中的一种，我们可以通过异常处理方法，尝试先按一种编码打开文件进行读取，不出现异常则认为读取成功，如果读取出现异常（UnicodeDecodeError），再尝试使用另一种编码打开文件进行读取。

编程 1：

根据上面的分析思路和解决步骤，可以编写程序代码如图 8－34 所示。

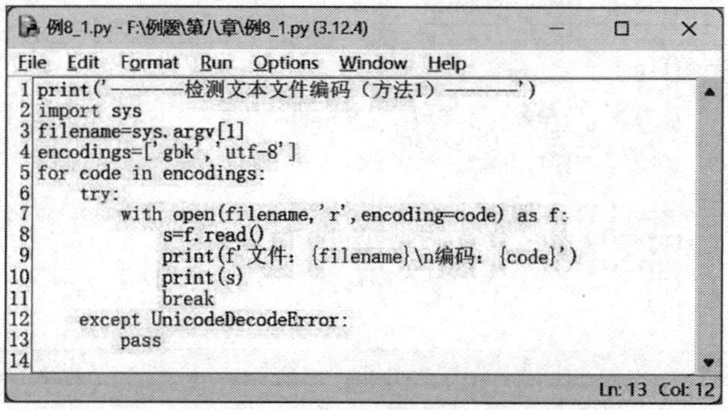


```
print('————检测文本文件编码（方法1）————')
import sys
filename=sys.argv[1]
encodings=['gbk','utf-8']
for code in encodings:
    try:
        with open(filename,'r',encoding=code) as f:
            s=f.read()
            print(f'文件：{filename}\n编码：{code}')
            print(s)
            break
    except UnicodeDecodeError:
        pass
```

图 8－34　文本编码检测示例程序（方法 1）

运行结果如图 8－35 所示。

解决 2：

Python 有一个第三方 chardet 库，可以自动猜测 byte 字节串的编码。在打开文件时采用二进制方案，获得文件内容的 byte 字节串，然后使用 chardet 对此字节串进行检测，按照检测出的编码对此字节串进行解码即可得到文本文件的内容。

第三方 chardet 库的安装可以使用如下 pip 命令（后续章节会专门介绍第三方库的安装及使用）：

```
pip install chardet
```

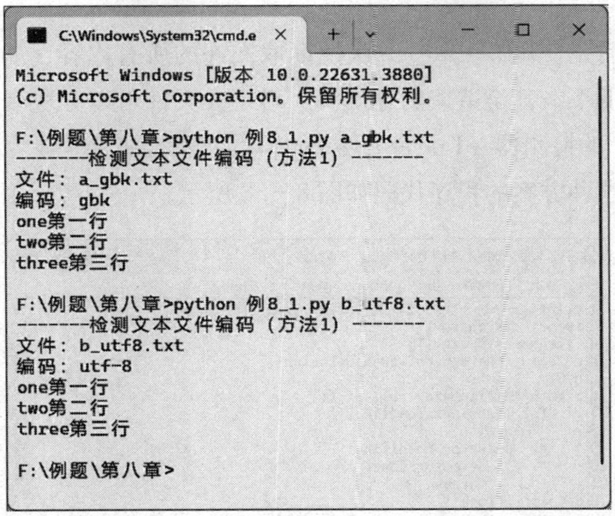

图 8-35　文本编码检测示例程序（方法 1）运行结果

编程 2：

根据上面的分析思路和解决步骤，可以编写程序代码如图 8-36 所示。

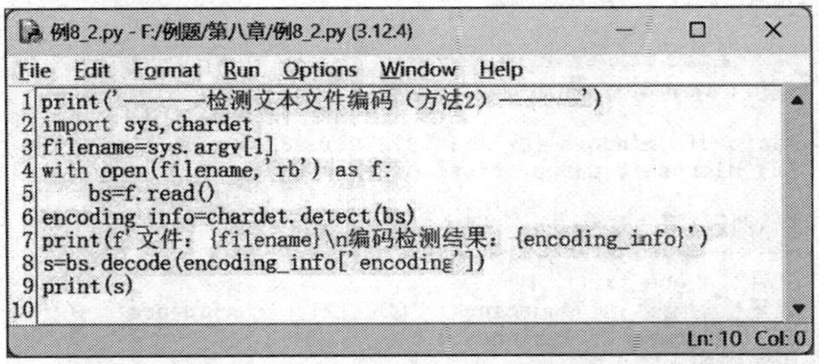

图 8-36　文本编码检测示例程序（方法 2）

运行结果如图 8-37 所示。

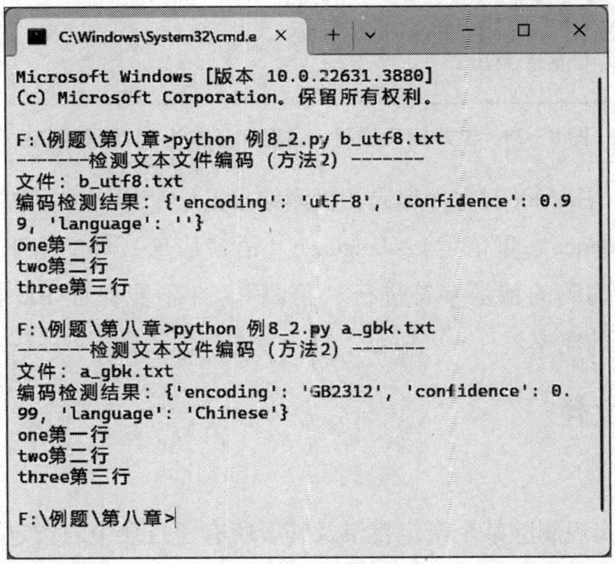

图 8-37　文本编码检测示例程序（方法 2）运行结果

编程 3：

上面程序在读取文件时是使用 f. read( ) 一次性读取文件的所有内容，如果文件很大，这种一次读取全部数据的方法会效率低下，甚至造成内存爆满。对于大文件可以分块（比如按行）读取数据，按块把数据“喂”给 chardet 的检测器（UniversalDetector），直至检测器“吃”到足够判断出文件编码的数据即可停止读取数据。这种方案的程序代码如图 8 - 38 所示。

```
print('-------检测文本文件编码（方法3）-------')
import sys,chardet
filename=sys.argv[1]
detector=chardet.UniversalDetector()
h=0
with open(filename,'rb') as f:
    for line in f.readlines():
        h+=1
        detector.feed(line)
        if detector.done:
            break
detector.close()
print(f'文件：{filename}\n编码检测结果：{detector.result}')
print(f'投喂数据行数：{h}')
```

图 8 - 38　文本编码检测示例程序（方法 3）

运行结果如图 8 - 39 所示。

```
Microsoft Windows [版本 10.0.22631.3880]
(c) Microsoft Corporation。保留所有权利。

F:\例题\第八章>python 例8_3.py a_gbk.txt
-------检测文本文件编码（方法3）-------
文件：a_gbk.txt
编码检测结果：{'encoding': 'GB2312', 'confidence': 0.
99, 'language': 'Chinese'}
投喂数据行数：3

F:\例题\第八章>python 例8_3.py b_utf8.txt
-------检测文本文件编码（方法3）-------
文件：b_utf8.txt
编码检测结果：{'encoding': 'utf-8', 'confidence': 0.9
9, 'language': ''}
投喂数据行数：2

F:\例题\第八章>
```

图 8 - 39　文本编码检测示例程序（方法 3）运行结果

从运行结果可以看到，chardet 对文件编码的检测结果是一个 dict（字典），除了包含 encoding（编码信息）外，还包含 confidence（置信度）、language（语言信息）等。由于字符编码方案众多，对其编码的检测都是根据各种编码的特征字符进行“猜测”，并不能保证 100% 猜测正确，其中“confidence”值表示了猜测正确的概率。

案例二：遍历删除文件

问题：

请编写 Python 程序，实现删除某个指定目录及其下所有子目录中的指定名字文件的功能。

分析：

删除一个指定的文件很简单，只需要使用 os 模块的 remove() 函数即可。但是这个问题不能仅靠一个 remove() 函数解决问题，因为一个目录下面可能既有文件又有子目录，子目录下又可能有文件和子目录，可能有很多层，有很多个指定名字的文件需要删除。

解决：

虽然我们无法确定一个目录下会包含多少个子目录，但是搜索并删除一个目录下指定文件的方法都是一样的，不同的是每次的目录不同。

解决此问题可以使用递归来完成，定义一个 delfile(path, f) 函数，初始传递指定目录（根目录）作为 path 参数，如果此目录下有 f 指定名字的文件则通过调用 os 模块的 remove() 函数删除，然后把此目录下的所有子目录递归调用 delfile() 函数即可，并且在删除时可以累计被删除的文件个数。

编程：

根据上面的分析思路和解决步骤，可以编写程序代码如图 8 - 40 所示。

```
例8_4.py - F:/例题/第八章/例8_4.py (3.12.4)
File Edit Format Run Options Window Help
print('--------递归遍历删除文件---------')
import os,sys
def delfile(path,f):
    c=0
    if not os.path.exists(path):
        return -1
    lb=os.listdir(path)
    for i in lb:
        newpath=path+'/'+i
        if os.path.isfile(newpath) and i==f:
            os.remove(newpath)
            print('deletedfile:',newpath)
            c+=1
        if os.path.isdir(newpath):
            c+=delfile(newpath,f)
    return c
dirname=sys.argv[1]
filename=sys.argv[2]
c=delfile(dirname,filename)
print(f'共删除了{c}个文件')

Ln: 20 Col: 20
```

图 8 - 40 递归遍历删除文件示例程序

程序运行时需要指定扫描的文件夹及要删除的文件名，运行结果如图 8 - 41 所示。

```
C:\Windows\System32\cmd.e
Microsoft Windows [版本 10.0.22631.3880]
(c) Microsoft Corporation。保留所有权利。

F:\例题\第八章>python 例8_4.py ./test del.txt
-------递归遍历删除文件---------
deletedfile: ./test/aa/dd/del.txt
deletedfile: ./test/aa/del.txt
deletedfile: ./test/bb/ee/ff/del.txt
deletedfile: ./test/bb/ee/del.txt
deletedfile: ./test/bb/del.txt
deletedfile: ./test/cc/gg/del.txt
deletedfile: ./test/cc/del.txt
deletedfile: ./test/del.txt
共删除了8个文件

F:\例题\第八章>
```

图 8 - 41 递归遍历删除文件示例程序运行结果

习题

1. 判断题

（1）Python 在操作文件时需要先使用 open() 函数打开文件。（　　）

（2）Python 文件打开时如果没有指定打开方式，则默认只读打开。（　　）

（3）Python 文件打开后根据打开的方式不同，只能读取或写入，不能同时进行读写。（　　）

（4）以"w"模式打开文件，则文件不存在时会报错。（　　）

（5）以"r"模式打开文件，则文件不存在时会自动创建。（　　）

（6）"r+"模式和"w+"模式打开文件时没有区别，都是既可读又可写。（　　）

（7）文件读写完毕后会自动关闭，所以无须关闭文件的操作。（　　）

（8）文本文件也可以采用二进制模式打开来读写，只是需要人工进行字符的编解码操作。（　　）

（9）读取文件时文件指针会自动移动，总是指向当前将要读写的位置。（　　）

（10）使用 seek() 函数可以随意移动文件指针。（　　）

（11）JSON 文件本质上是文本文件。（　　）

（12）os 模块包含常用的文件或目录操作相关的函数。（　　）

2. 填空题

（1）使用________函数可以打开文件，读写后可以调用________方法关闭文件。

（2）根据现有程序片段及运行结果，请在横线上填上合适的代码。

```
>>> f = open(____________) #打开 d:\test\a.txt 文件
>>> ________________#读取第一行
>>> ________________#关闭文件
```

3. 选择题

（1）打开一个文件，在文件的末尾添加信息，正确的打开模式是（　　）。

A. r　　　　B. w　　　　C. a　　　　D. w+

（2）当文件不存在时，使用以下哪种模式打开文件会报错？（　　）

A. r　　　　B. w　　　　C. a　　　　D. w+

（3）可以读取文本文件一行内容的方法是（　　）。

A. read()　　　　B. read(1)　　　　C. readline()　　　　D. readlines()

（4）下列方法用于写入文件内容的是（　　）。

A. open()　　　　B. close()　　　　C. read()　　　　D. write()

（5）若文本文件 a.txt 的内容如下：

```
A
B
C
```

则下列程序执行后的运行结果是（　　）。

```
with open('a.txt') as f:
    data = f.readlines()
print (data)
```

A. ['ABC']　　B. ['A\nB\nC\n']

C. ['A','B','C']　　D. ['A\n','B\n','C\n']

4. 简答题

（1）简述文本文件和二进制文件的区别。

（2）简述“w”“r”“a”“x”“r+”“w+”“a+”等模式的功能和区别。

（3）简述读取文件内容的 read()、readline()、readlines()这三种方法的区别。

（4）简述持久化和反持久化的目的和几种实现方法。

实训

1. 读取文件

使用记事本建立一个文件 mytest.txt，内容如下：

```
宝剑锋从磨砺出,梅花香自苦寒来
书山有路勤为径,学海无涯苦作舟
学如逆水行舟,不进则退
```

请编写程序，读取此文件，并显示在屏幕上。

2. 一次性写入文件

提示并接收用户输入的姓名、性别、年龄，然后存储到 stuinfo.txt 文件中。运行效果如下：

请输入姓名: <u>*张三*</u>
请输入性别: <u>*男*</u>
请输入年龄: <u>*18*</u>

其中斜体并标注下划线的数据为用户输入。程序生成当前目录下的文件 stuinfo.txt 的内容如下：

```
张三,男,18
```

3. 多次追加写入文件

改进第2题的程序，使之能连续接收多个用户信息，存储到文件时每个信息一行，并且可以多次执行，stuinfo.txt 文件中之前存储的信息不丢失，新信息附加到文件的后面。

4. 使用自定义函数复制文件

编写一个自定义函数 mycopy(s, d)，实现复制文件功能，其中 s 参数是要复制的原始文件，d 参数是复制到的目标地址（文件名）。然后编写测试程序，调用 mycopy 函数实现文件的复制。

5. 基于文件存储的用户管理系统

请用户输入用户名和密码，判断用户名是否存在，用户名存在并且密码正确可以进入修改密码界面进行密码修改。

如果用户不存在，可以询问是否注册，注册的话可以把用户名和密码保存。此程序可以多次运行，用户名和密码可以保存到文件。

要求采用两种做法分别实现：

第一种方法：普通文本文件，自定义格式存储。

第二种方法：使用 pickle 模块，持久化 {'用户名 1'：'密码 1'，'用户名 2'：'密码 2'} 格式组成的字典。

第9章 面向对象

在前面的学习过程中，我们写程序时主要使用的是面向过程编程（Procedure Oriented Programing，POP）。面向过程编程直接关注问题的解决步骤细节，把解决问题的过程拆解为一个一个的函数和数据，然后按照一定的顺序和逻辑执行这些函数。面向过程编程方案在解决简单问题时比较高效和直接，但是随着软件规模的日益庞大，这种方案越来越暴露出其维护、复用和扩展等方面的不足。

面向对象编程（Object Oriented Programing，OOP）是对面向过程编程的改进，现代的C++、Java、Python等高级语言都支持面向对象编程。面向对象编程通过抽象的方法把现实世界的万物建模成计算机世界的对象，对象具有方法和属性，并且支持封装、继承、多态等。

面向对象编程把计算机程序视为一组对象的集合，而每个对象都可以接收其他对象发过来的消息，并处理这些消息，计算机程序的执行就是一系列消息在各个对象之间传递。

基于面向对象的思想设计出的程序具有低耦合、高内聚、易维护、易复用、易扩展等大规模软件开发必备的特性。

学习目标

知识目标	1. 理解面向对象的概念 2. 掌握类与对象的创建及使用 3. 理解封装、继承、多态的含义及目的
技能目标	1. 具有基本的面向对象的思维及分析与设计能力 2. 具有基本的面向对象编程能力 3. 具有合理利用封装、继承、多态等优化面向对象程序的能力
素养目标	1. 具有主动学习的能力和强烈的好奇心 2. 具有逻辑思维和创新思维 3. 具有系统思考和分析能力 4. 具有运用编程解决实际问题的能力

知识导图

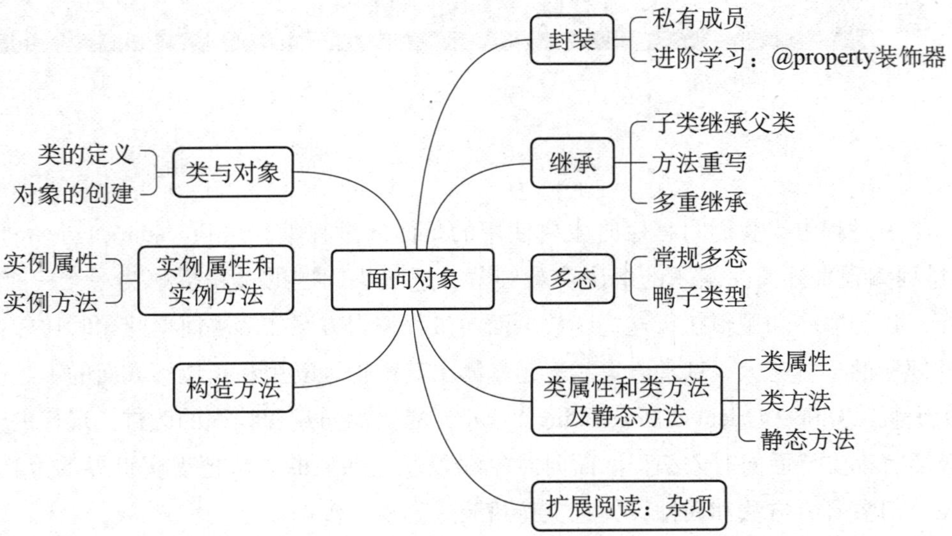

9.1 类与对象

类和对象是面向对象编程中的两个核心概念。

“类”即“类型”，通过它可以自定义一个类型。类是抽象的，是从多个具有相同特征和行为的事物中抽取出的共同特征。类有名称，通过对这一类事物进行命名以便区别其他类型的事物。例如我们平时所说的“人类”，它代表的是“人”这种“类型”，而不是具体的“张三”或者“李四”，通过命名为“人类”可以方便地和另一类生物进行区别（如“动物”或“植物”）。

“对象”是具体的，是现实世界真实存在的个体，在类别上它属于某一个类型。例如“张三”“李四”等，他们是两个不同的人，但是他们都属于“人类”。“张三”“李四”都具有“姓名”“性别”等特征，也都具有“说话”“吃饭”等行为，但是他们的“姓名”和“性别”的具体值有可能是不同的。

类是模板或图纸，对象是根据类创建出来的。对象也叫类的实例。一个类可以实例化出很多对象，这些对象各不相同，但是他们都属于一类。

9.1.1 类的定义

下面以“人类”为例，定义一个 Person 类，示例代码如下所示：

```
>>> class Person:
        pass
```

上面的代码在 Python 中创建了一个 Person 类。其中“class”是关键字，“Person”是自定义类的名称。简单起见，我们定义的是一个空的类，使用“pass”关键字作为类体，表示暂时略过类体的语句。

9.1.2　对象的创建

通过类可以创建出对象。例如下面的代码创建出 Person 类的两个对象：

```
>>> p1 = Person()
>>> p2 = Person()
```

通过 Person() 方法可以创建 Person 类的对象。p1、p2 是根据 Person 类创建出的两个对象，它们是互相独立的，但是它们的类型都是 Person。测试代码及运行结果如图 9－1 所示。

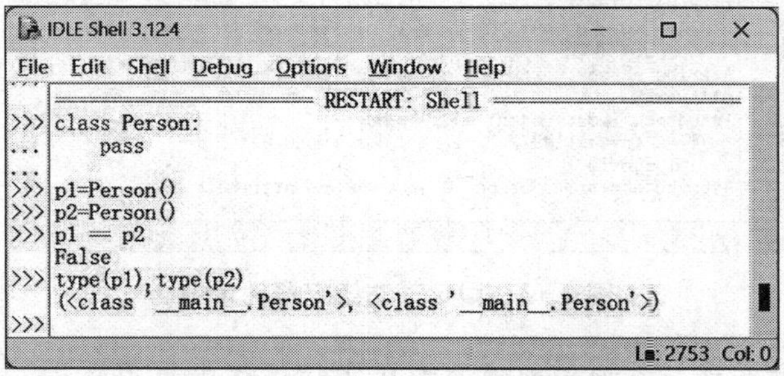

图 9－1　类和对象的创建及测试示例

9.2　实例属性和实例方法

9.2.1　实例属性

实例属性用来描述对象的特征，实际上是定义在对象实例上的一个变量，属性名字通常使用名词。引用时通过“对象名．属性名”形式。

实例属性可以通过对象动态添加或删除。示例代码及运行结果如图 9－2 所示。

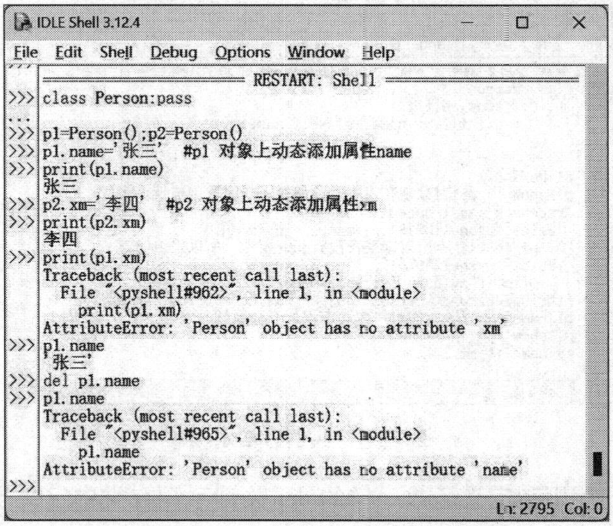

图 9－2　动态添加或删除实例属性示例

从上面的代码可以看出 p1 对象动态添加了 name 属性存储姓名“张三”，p2 对象动态添加了 xm 属性存储姓名“李四”，name 和 xm 属性名字上的不一致容易造成混乱。

可以通过定义类时使用“__slots__”（slots 前后都是两个下划线）元组来限定允许对象动态绑定的属性。示例代码及运行结果如图 9－3 所示。

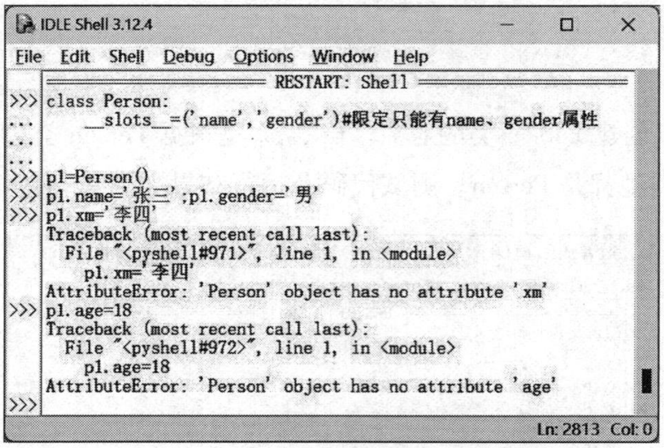

图 9－3　限定动态绑定属性示例

提示 此处介绍的为对象动态添加属性的方式在实际编程中应用较少，一般情况下都是使用后续介绍的构造方法在生成对象时为对象初始化相应的属性。

9.2.2　实例方法

实例方法用来描述对象的行为，相当于定义在类内部的函数，方法代表对象的行为，所以方法名字通常使用动词或动名词。在类中定义实例方法时会自动绑定调用实例方法的当前对象到方法的第一个参数，所以定义实例方法时至少需要定义一个参数。

在类中定义方法同样使用 def 关键字。为 Person 类增加一个实例方法 show()，用来介绍自己。示例代码及运行结果如图 9－4 所示。

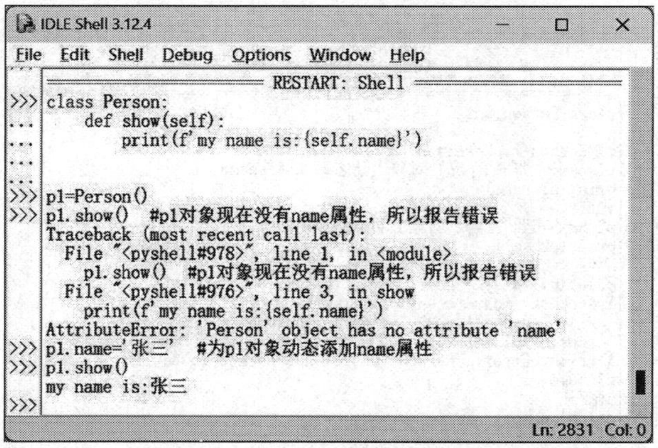

图 9－4　实例方法示例

从示例代码可以看到，使用和定义函数一样的 def 关键字，在类中定义了一个 show(self) 方法。其中 self 是方法的第一个参数，其名称不重要（可以任意命名），重要的是它的位置。第一个参数代表的是当前类的对象。所以此处方法体内的 self. name 代表的就是后续生成的具体对象 p1 的姓名（p1. name）。

实例方法使用“对象名．方法名（实参）”的形式调用，但是需要注意的是 Python 会把当前的对象作为实参，自动传递给实例方法的第一个参数，书写调用实例方法的代码时务必不能传递第一个参数。例如上面的代码在类中定义为 show(self)，是有一个参数 self 的，但是调用时是 p1.show()，不需要传递 self 参数，Python 会自动隐式地把 p1 传递给 self 参数，所以可以认为 p1.show() 相当于 show(p1)。

9.3 构造方法

在对象建立后对其进行初始化的方法是构造方法。构造方法在调用时永远和类名相同，相当于类名加括号。其语法如下：

```
对象 = 类名()
```

例如前面的 Person 类，由于我们在 Person 类的定义中并没有专门定义构造方法，所以前面创建 p1、p2 对象时调用的 Person() 方法是 Person 类的默认构造方法（不用定义就隐式存在）。

如果希望在构造对象的同时做更多的初始化，比如在构造 Person 类对象的时候直接给对象指定姓名和性别，则可以通过在 Person 类中自定义构造方法来完成。

改进上一节中的 Person 类，增加自定义的构造方法，示例代码及运行结果如图 9－5 所示。

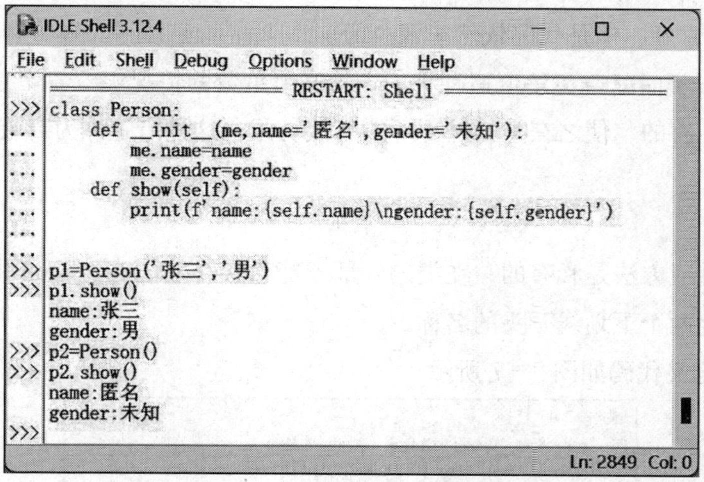

图 9－5　构造方法示例

上述代码在定义 Person 类时定义了一个特殊的“__init__()”（init 前后都是两个连续的英文半角下划线）方法，这个方法就是构造方法。

当我们在使用 Person('张三', '男') 形式调用构造方法生成 p1 对象时，实际上调用的就是__init__('张三','男')。和普通实例方法一样，第一个参数 me 在定义时可以随意命名，代表当前对象，调用时无须传递，Python 会自动把调用这个方法的 p1、p2 对象传递给参数 me。

上述代码通过构造方法在对象 p1、p2 构造时就自动初始化了对象的 name 和 gender 属性，确保 p1、p2 在后续调用 show() 方法时各自都已经具有了 name 和 gender 属性，而不需要程序员时刻注意先提前动态添加这些属性后才能调用 show() 方法的麻烦。

9.4 封装

属性或方法默认是公开的，在类的外部是可以直接访问的，这在某些情况下不够安全。例如图 9－6的代码定义的 Person 类：

```
IDLE Shell 3.12.4
File Edit Shell Debug Options Window Help
======================== RESTART: Shell ========================
>>> class Person:
...     __slots__=('name','age')
...     def __init__(self,name,age):
...         self.name=name
...         self.age=age
...     def show(self):
...         print(f'name:{self.name}\nage:{self.age}')
...
...
>>> p1=Person('张三',18)
>>> p1.show()
name:张三
age:18
>>> p1.age=-19
>>> p1.show()
name:张三
age:-19
>>>
Ln: 2868 Col: 0
```

图 9－6　公开属性的缺点示例

从图 9－6 的代码中我们可以看到，由于 age 属性是公开的，因此可以随意赋值，当被赋值为“－19”时显然不符合常理，但是代码依然正常执行。

如何在定义 Person 类时就避免发生这种把 age 赋值为负数的情况呢？答案是使用封装。可以通过把属性或方法设置为私有的，使之在类的外部不能直接访问，这种措施称为封装。

9.4.1　私有成员

私有成员是指属性或方法是私有的，在类的外部不能直接访问。在 Python 中定义私有的方式是把属性或方法名称定义为两个下划线开头的名称。

改进 Person 类的定义代码如图 9－7 所示。

```
IDLE Shell 3.12.4
File Edit Shell Debug Options Window Help
======================== RESTART: Shell ========================
>>> class Person:
...     __slots__=('name','__age')  #年龄属性以两个下划线开头
...     def __init__(self,name,age):
...         self.name=name
...         self.__age=age  #年龄属性以两个下划线开头
...     def show(self):
...         print(f'name:{self.name}\nage:{self.__age}')
...
...
>>> p1=Person('张三',18)
>>> p1.show()
name:张三
age:18
>>> p1.age=-19
Traceback (most recent call last):
  File "<pyshell#1008>", line 1, in <module>
    p1.age=-19
AttributeError: 'Person' object has no attribute 'age'
>>> p1.__age=-19
Traceback (most recent call last):
  File "<pyshell#1009>", line 1, in <module>
    p1.__age=-19
AttributeError: 'Person' object has no attribute '__age'
>>>
Ln: 2893 Col: 0
```

图 9－7　私有属性示例

从上面的测试代码及运行结果可以看到，在类的外部 name 属性可以直接访问，但是__age 属性却无法访问到，这样就避免了外部随意修改年龄值的问题。但是这样又带来了一个新的问题：正常且合理地对年龄属性进行修改也无法实现了。

对于私有属性的访问可以通过增加公开的方法间接进行。在方法中编写代码，可以对访问私有属性的合理性进行检查。

再次改进后的 Person 类的示例代码及运行结果如图 9－8 所示。

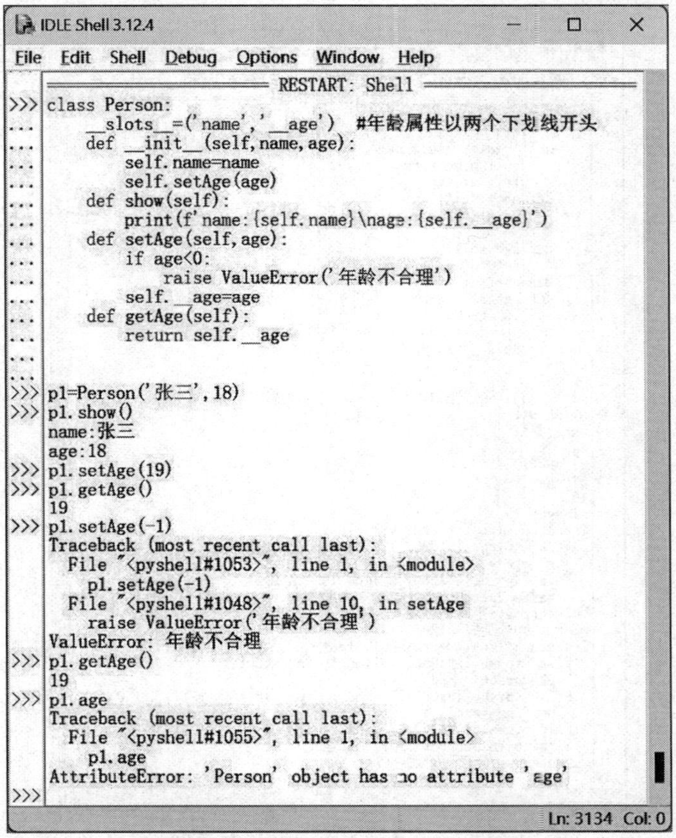

图 9－8　私有属性通过公开方法访问示例

上述代码中的 getAge() 和 setAge() 方法是公开的，所以在外部可以通过这两个方法来间接操作__age属性。其中 setAge() 方法先判断传递过来的 age 参数是否合法，不合法抛出异常，合法了才赋值给__age 属性。

从图 9－8 运行结果可以看出经过封装，既不耽误__age 属性的合理访问，又能实现阻断非合理访问。

此处代码是以属性为例介绍了类中的私有属性的实现方式，类中的方法也是一样的，如果某个方法不想让外部访问，同样以双下划线开头进行命名，双下划线开头的方法也是私有的，外部无法直接访问。

提示 Python 的私有是伪私有，实际上私有成员在外部也是可以访问的，只需要在它们的名字前面加上“_类名”（类名前是一个下划线）前缀即可访问。例如上面的__age 属性，在外面使用_Person__age 即可访问，但是一般不这么做。

9.4.2 进阶学习：@property 装饰器

上面的示例把__age 定义为私有属性，为了合理情况下能访问__age 属性又配套编写了公开的 setAge() 和 getAge() 方法，这样虽然可以达到封装的目的，但是使用这个属性时只能通过方法调用而略显复杂。Python 自带@ property 装饰器，可以把一个方法“变成”属性，可以直接使用属性赋值或取值的方式来自动调用对应的方法，达到两全其美的效果。

改进 Person 类，使用@ property 装饰器的示例代码及运行结果如图 9－9 所示。

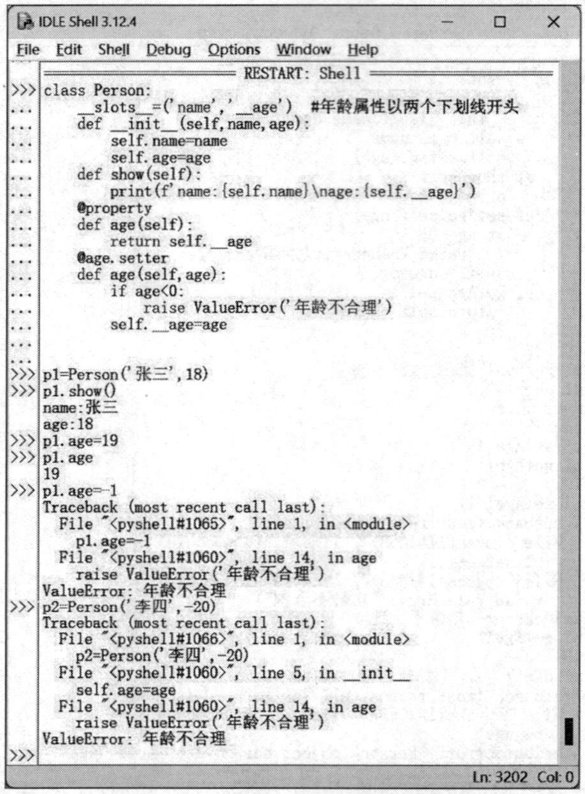

图 9－9　**@property 装饰器示例**

在上述示例中，@ property 装饰器修饰了 age(self) 方法的同时又生成了@ age. setter 装饰器，所以可以随后使用这个@ age. setter 装饰器修饰 age(self. age) 方法。

9.5 继承

继承是面向对象程序设计中提高代码重用性的重要措施。如果一个类和另一个类在逻辑上有层级关系，只需要在另一个类的基础上稍加改动，并不用从头定义这个类，通过继承极少的代码就能方便地实现定义一个新类，并且由于继承关系的存在，可以实现更灵活的编程，比如后续介绍的多态等。

比如人类（Person）和学生类（Student），它们之间在逻辑上就有层级关系，并且学生也是属于人的范畴，都具有姓名（name）、年龄（age）等属性，都有自我介绍（show）方法。但是学生相对于人来说多了专业（major）属性和学习（study）方法。这种情况下，只需要先定义好 Peron 类，然后让 Student 类继承 Person 类即可。

上层被继承的类被称为父类（或称为基类、超类），下层继承而来的新类被称为子类（或称为派生类）。上面的继承关系中 Person 就是父类，Student 就是子类。

9.5.1 子类继承父类

在定义子类继承父类时使用的语法如下：

```
class 子类名(父类名 1, 父类名 2, …):
    类体语句
```

通过继承实现 Person 类和 Student 类的示例代码如图 9 - 10 所示。

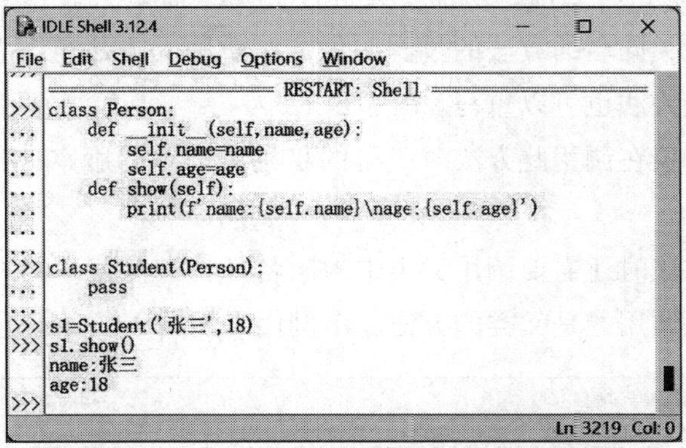

图 9 - 10 继承示例

图 9 - 10 中定义了 Student 类，继承自 Person 类。为了凸显继承功能的强大，在定义 Student 类时我们只进行继承，并不添加新代码。示例代码如下所示：

```
>>> class Student(Person):
        pass
```

从图 9 - 10 运行结果可以看到，s1 对象具有 show() 方法，也具有 name、age 属性，这些功能全是从父类继承而来的。

子类只继承父类的属性和方法并不是最终目的，继承之后子类还需要进一步完善，添加子类需要的而父类没有的属性和方法（继承并发扬光大）。比如学生需要的专业（major）属性和学习（study）方法。改进后的 Student 类的定义代码如图 9 - 11 所示。

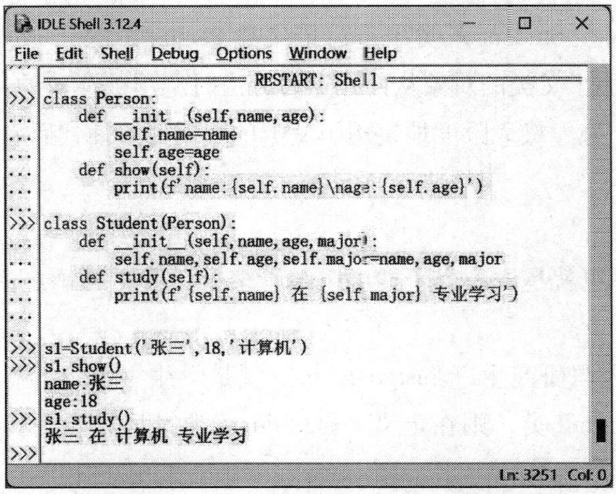

图 9 - 11 继承并增加方法示例

9.5.2 方法重写

子类继承了父类的全部功能，复用了父类的代码，减轻了子类的代码量，但有时继承而来的方法在子类中并不完全合适。

比如 Person 类中的 show() 方法只输出 name 和 age 的信息，但是 Student 类的 show() 方法除了输出原有的 name 和 age 信息外还需要输出学生增加的 major 信息。这种情况下可以在 Student 类中对从 Person 类继承而来的 show() 方法进行重写，从而使其符合子类的需要。

子类重新定义一个和父类同名的方法的过程叫做方法重写。方法重写发生在子类和父类之间。不止普通方法可以重写，构造方法也可以重写。

在方法重写中，子类对象在调用此方法时执行的将是重写后的版本，从父类继承而来的同名方法将会被覆盖。

如果在子类重写父类方法时还需要调用父类中的同名（将被覆盖）的方法，可以使用 super() 函数引用父类的对象，从而标识调用的是父类的方法。示例代码如图 9-12 所示。

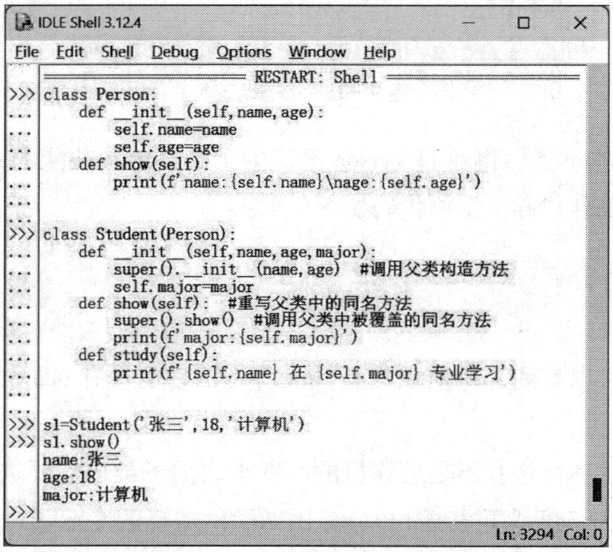

```
IDLE Shell 3.12.4
File Edit Shell Debug Options Window Help
========================= RESTART: Shell =========================
>>> class Person:
...     def __init__(self,name,age):
...         self.name=name
...         self.age=age
...     def show(self):
...         print(f'name:{self.name}\nage:{self.age}')
...
...
>>> class Student(Person):
...     def __init__(self,name,age,major):
...         super().__init__(name,age)  #调用父类构造方法
...         self.major=major
...     def show(self):  #重写父类中的同名方法
...         super().show()  #调用父类中被覆盖的同名方法
...         print(f'major:{self.major}')
...     def study(self):
...         print(f'{self.name} 在 {self.major} 专业学习')
...
...
>>> s1=Student('张三',18,'计算机')
>>> s1.show()
name:张三
age:18
major:计算机
>>>
Ln: 3294 Col: 0
```

图 9-12　方法重写示例

从示例代码可以看到，在 Student 子类中重写了父类 Person 中的__ init __() 构造方法和 show() 方法，并使用 super() 函数引用了父类的对象从而在重写方法时调用被覆盖的父类方法，而不用把父类被覆盖的方法中的代码重写一遍，最大限度地复用了父类的代码并且使代码看起来更加简洁优雅。

9.5.3 多重继承

Python 支持多重继承，也就是说一个子类可以继承多个父类，继承之后的子类同时具有多个父类的功能。

比如在现实生活中，在职研究生（Postgraduate）既是学生（Student），又是职员（Staff）。如果我们已经有了 Student 类和 Staff 类，则在定义 Postgraduate 类时只需要使其同时继承 Student 类和 Staff 类即可。

先准备好 Student 类和 Staff 类（简单起见，我们全新定义 Student 类和 Staff 类），示例代码如图 9-13

中第2~16行所示。

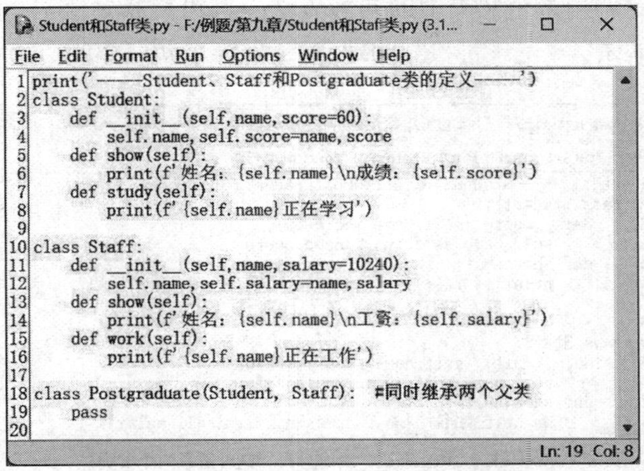

```
Student和Staff类.py - F:/例题/第九章/Student和Staff类.py (3.1...
File Edit Format Run Options Window Help
1 print('-----Student、Staff和Postgraduate类的定义-----')
2 class Student:
3     def __init__(self,name,score=60):
4         self.name,self.score=name,score
5     def show(self):
6         print(f'姓名:{self.name}\n成绩:{self.score}')
7     def study(self):
8         print(f'{self.name}正在学习')
9 
10 class Staff:
11     def __init__(self,name,salary=10240):
12         self.name,self.salary=name,salary
13     def show(self):
14         print(f'姓名:{self.name}\n工资:{self.salary}')
15     def work(self):
16         print(f'{self.name}正在工作')
17 
18 class Postgraduate(Student, Staff):  #同时继承两个父类
19     pass
20 
Ln: 19 Col: 8
```

图9-13 多重继承示例程序

为了凸显多重继承的强大，图9-13的示例代码中第18及19行定义一个空壳类Postgraduate，只继承Student类和Staff类，本身类体为空。

然后可以实例化Postgraduate类的对象，测试其继承而来的功能，示例代码如图9-14所示。

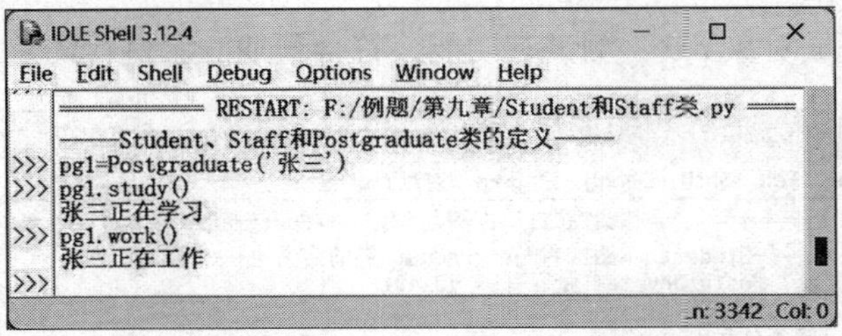

```
IDLE Shell 3.12.4
File Edit Shell Debug Options Window Help
========== RESTART: F:/例题/第九章/Student和Staff类.py ==========
-----Student、Staff和Postgraduate类的定义-----
>>> pg1=Postgraduate('张三')
>>> pg1.study()
张三正在学习
>>> pg1.work()
张三正在工作
>>>
Ln: 3342 Col: 0
```

图9-14 study和work方法运行结果

从图9-14的运行结果可以看到，Postgraduate类确实既从Student类继承了study()方法，又从Staff类继承了work()方法。

对于__init__()构造方法及show()方法需要注意，这两个方法在两个父类中都有，那么子类对象调用时会执行哪个父类中的呢？我们通过pg1对象调用show()方法做一下测试，示例代码及运行结果如图9-15所示。

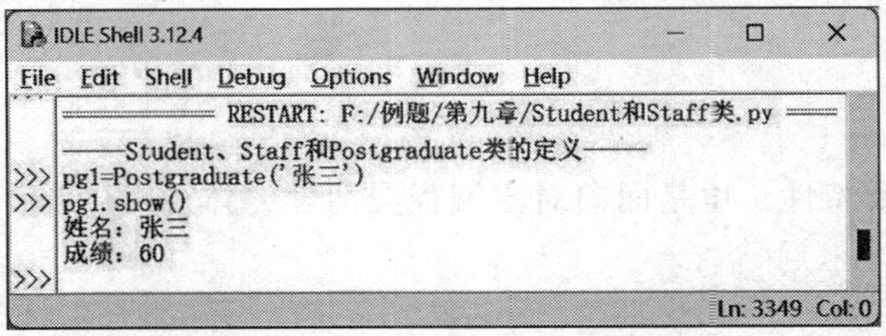

```
IDLE Shell 3.12.4
File Edit Shell Debug Options Window Help
========== RESTART: F:/例题/第九章/Student和Staff类.py ==========
-----Student、Staff和Postgraduate类的定义-----
>>> pg1=Postgraduate('张三')
>>> pg1.show()
姓名:张三
成绩:60
>>>
Ln: 3349 Col: 0
```

图9-15 show方法运行结果

从上述代码运行结果可以看到，pg1.show()执行的是Student类中定义的方法。从score的值为60也可以看到，其构造方法也是执行Student类中的__init__()方法。

在Python中，子类从多个父类中继承，如果多个父类中有同名的方法，则子类对象在调用这些方

法时会按照继承时括号里列出的父类的先后顺序搜索，并执行搜索到的第一个方法。

在子类中如果需要指定调用某个父类中的同名方法，则可以指定类名，明确调用的是父类中的方法。示例代码如图 9－16 所示。

```
Postgraduate.py - F:/例题/第九章/Postgraduate.py (3.12.4)
File Edit Format Run Options Window Help
print('-----Student、Staff和Postgraduate类的定义------')
class Student:
    def __init__(self, name, score=60):
        self.name, self.score=name, score
    def show(self):
        print(f'姓名：{self.name}\n成绩：{self.score}')


class Staff:
    def __init__(self, name, salary=10240):
        self.name, self.salary=name, salary
    def show(self):
        print(f'姓名：{self.name}\n工资：{self.salary}')

class Postgraduate(Student, Staff):  #同时继承两个父类
    def __init__(self, name, score, salary):
        Student.__init__(self, name, score)
        Staff.__init__(self, name, salary)
    def show(self):
        Student.show(self)
        Staff.show(self)

Ln: 21 Col: 24
```

图 9－16　子类指定调用父类方法示例程序

调用 Postgraduate 类生成对象 pg1，测试其功能，符合预期。示例代码及运行结果如图 9－17 所示。

```
IDLE Shell 3.12.4
File Edit Shell Debug Options Window Help
========== RESTART: F:/例题/第九章/Postgraduate.py ==========
-----Student、Staff和Postgraduate类的定义------
>>> pg1=Postgraduate('张三', 99, 10240)
>>> pg1.show()
姓名：张三
成绩：99
姓名：张三
工资：10240
>>>
Ln: 3384 Col: 0
```

图 9－17　子类指定调用父类方法示例程序运行结果

提示 继承层次可以有很多层，子类的父类有可能又是另一个类的子类。如果一个类没有指明继承的父类，则隐式地继承自 Object 类（所有类的基类）。

9.6 多态

多态是面向对象的重要特性，也是面向对象编程灵活性的体现。Python 中的多态非常灵活，既支持常规多态，又支持“鸭子类型”多态。

9.6.1 常规多态

常规多态的含义是指在需要父类对象的地方，都可以使用子类对象来代替，并且父类的方法如果在其不同的子类中被重写，则运行时会执行子类重写后的方法。

常规多态的示例代码及运行结果如图 9－18 所示。

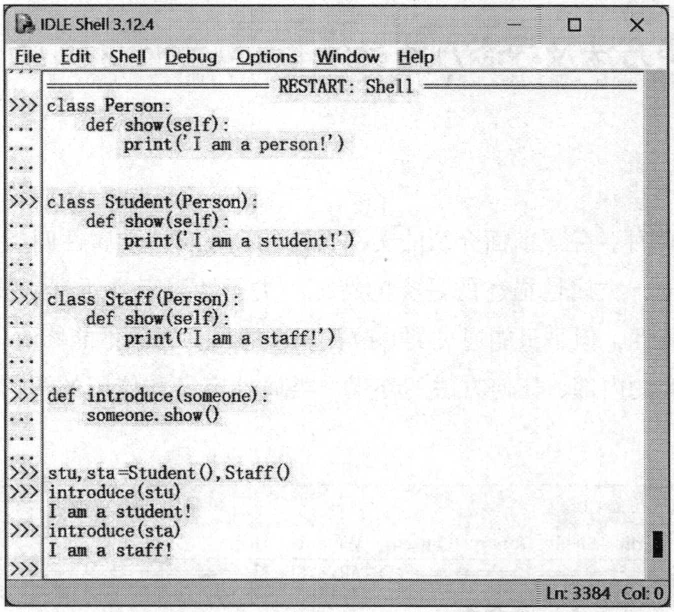

```
IDLE Shell 3.12.4
File Edit Shell Debug Options Window Help
================ RESTART: Shell ================
>>> class Person:
...     def show(self):
...         print('I am a person!')
...
...
>>> class Student(Person):
...     def show(self):
...         print('I am a student!')
...
...
>>> class Staff(Person):
...     def show(self):
...         print('I am a staff!')
...
...
>>> def introduce(someone):
...     someone.show()
...
...
>>> stu,sta=Student(),Staff()
>>> introduce(stu)
I am a student!
>>> introduce(sta)
I am a staff!
>>>
Ln: 3384 Col: 0
```

图 9－18　常规多态示例

从运行结果可以看到，introduce( ) 函数虽然固定调用的是其参数对象的 show( ) 方法，但运行结果是不固定的（即结果是多种状态）。

9.6.2　鸭子类型

Python 崇尚“鸭子类型（duck typing）”。对于“鸭子类型”常见的说法是：“如果看到一只鸟走起来像鸭子、游泳起来像鸭子、叫起来也像鸭子，那么这只鸟就可以被称为鸭子，而不必要求它必须有一个鸭子的父母。”

比如上面的代码中，introduce( ) 函数只是调用其参数对象的 show( ) 方法，所以传递给 introduce( ) 函数的参数对象只需要保证有 show( ) 方法即可，也就是说 Student 类和 Staff 类并不必须从 Person 类继承，父类 Person 也不是必须的。

“鸭子类型”下多态的示例代码如图 9－19 所示。

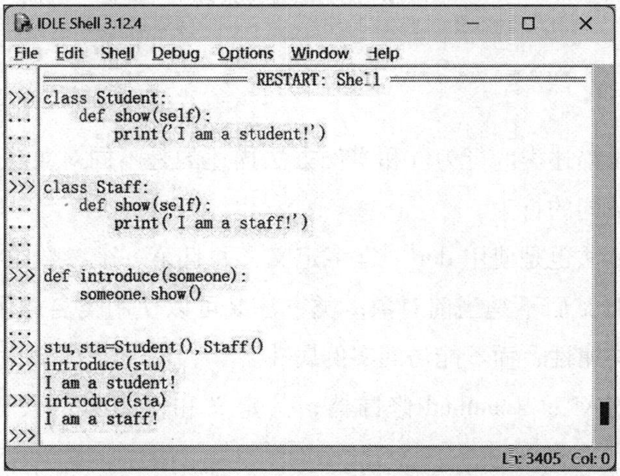

```
IDLE Shell 3.12.4
File Edit Shell Debug Options Window Help
================ RESTART: Shell ================
>>> class Student:
...     def show(self):
...         print('I am a student!')
...
...
>>> class Staff:
...     def show(self):
...         print('I am a staff!')
...
...
>>> def introduce(someone):
...     someone.show()
...
...
>>> stu,sta=Student(),Staff()
>>> introduce(stu)
I am a student!
>>> introduce(sta)
I am a staff!
>>>
Ln: 3405 Col: 0
```

图 9－19　鸭子类例多态示例

9.7 类属性和类方法及静态方法

9.7.1 类属性

属性在 Python 中有两种，除了前面介绍的实例属性外，还有一种属性叫类属性。和实例属性描述的是每个实例的特征不同，类属性描述的是类的特征。类属性属于类所有，被类的所有对象所共享。每个对象都可以读取类属性，但是只能通过类修改类属性的值，对象不能修改。

类属性需要定义在类的内部、任何方法的外部。类属性定义和使用的示例及运行结果如图 9－20 所示。

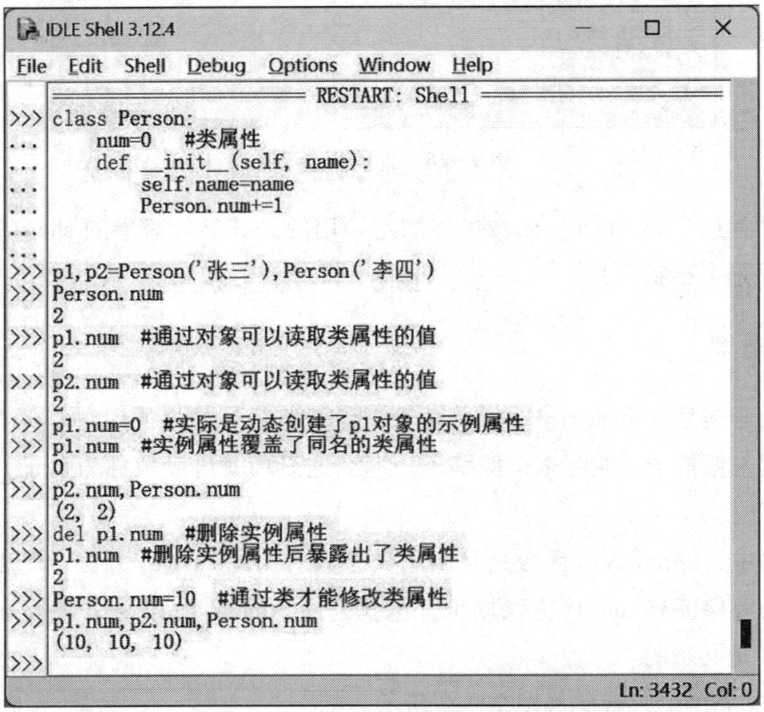

```
IDLE Shell 3.12.4
File Edit Shell Debug Options Window Help
===================== RESTART: Shell =====================
>>> class Person:
...     num=0    #类属性
...     def __init__(self, name):
...         self.name=name
...         Person.num+=1
...
...
>>> p1,p2=Person('张三'),Person('李四')
>>> Person.num
2
>>> p1.num  #通过对象可以读取类属性的值
2
>>> p2.num  #通过对象可以读取类属性的值
2
>>> p1.num=0  #实际是动态创建了p1对象的示例属性
>>> p1.num  #实例属性覆盖了同名的类属性
0
>>> p2.num,Person.num
(2, 2)
>>> del p1.num  #删除实例属性
>>> p1.num  #删除实例属性后暴露出了类属性
2
>>> Person.num=10  #通过类才能修改类属性
>>> p1.num,p2.num,Person.num
(10, 10, 10)
>>>
Ln: 3432 Col: 0
```

图 9－20 类属性示例

9.7.2 类方法

和类属性相似，类方法描述类的行为。和实例方法描述的是不同对象各自的行为不同，类方法描述的行为相当于各个对象共同的行为。

和实例方法相似，类方法也是使用 def 关键字定义，并且第一个参数也会默认传递，只是类方法第一个参数传递的是类本身，而不是当前对象。类方法既可以使用类名调用，也可以使用对象调用，但是在类方法中只能访问类属性，而不能访问实例属性。

类方法定义时需要指定@ classmethod 修饰器，其定义和使用示例代码及运行结果如图 9－21 所示。

```
==================== RESTART: Shell ====================
>>> class Person:
...     num=0  #类属性
...     __slots__=('name',)
...     def __init__(self, name):
...         self.name=name
...         Person.num+=1
...     @classmethod
...     def count(cls):  #第一个参数可以随意命名
...         print(f'人数：{cls.num}')
...
...
>>> p1,p2=Person('张三'),Person('李四')
>>> Person.count()  #调用时第一个参数会自动传递
人数：2
>>> p1.count()  #类方法既可以使用类也可以使用对象访问
人数：2
>>> p2.count()
人数：2
>>>
```

图 9-21　类方法示例

9.7.3 静态方法

与实例方法和类方法不同，静态方法没有任何默认参数，既不会自动传递当前对象也不会自动传递类本身。静态方法相当于定义在类中独立的、单纯的函数，适合创建与类无关的操作或者无须使用类成员的操作，它仅仅托管于某个类的名称空间中，便于使用和维护，常见于工具类中使用。

静态方法在定义时需要使用@ staticmethod 修饰器，其定义和使用的示例代码如图 9-22 所示。

```
print('--------静态方法示例程序--------')
class DocTools:
    @staticmethod
    def printHeader():
        print(f'{"="*25}文档开始{"="*25}')
    @staticmethod
    def printFooter():
        print(f'{"="*25}文档结束{"="*25}')

DocTools.printHeader()  #静态方法通常使用类名直接调用
print('这里是正文1')
print('这里是正文2')
dt=DocTools()
dt.printFooter()  #静态方法也可以通过对象调用
```

图 9-22　静态方法示例程序

运行结果如图 9-23 所示。

```
============ RESTART: F:/例题/第九章/静态方法.py ============
--------静态方法示例程序--------
=========================文档开始=========================
这里是正文1
这里是正文2
=========================文档结束=========================
>>>
```

图 9-23　静态方法示例程序运行结果

9.8 扩展阅读：杂项

关于面向对象，还有内置函数和类的特殊成员等杂项内容需要关注。详细内容可扫描右方二维码进行学习。

►扩展阅读◄
杂项

案例

案例：计算图形周长和面积

问题：

请编写软件，可以方便地计算圆形、矩形、三角形等常见形状的周长和面积。

分析：

采用面向对象的编程思想分析，可以抽象出形状 Shape 类，具有计算周长 calc_length() 方法和计算面积 calc_area() 方法。

圆形（Circle）、矩形（Rectangle）、三角形（Triangle）都可以继承图形 Shape 类。

解决：

（1）先定义公共父类 Shape，具有计算周长 calc_length() 方法和计算面积 calc_area() 方法。

（2）Circle、Rectangle、Triangle 继承 Shape 类。

（3）Circle、Rectangle、Triangle 都需要重写 calc_length()、calc_area() 方法。

（4）根据用户选择的图形形状，生成对应类的对象，调用 calc_length()、calc_area() 方法计算周长和面积。

编程：

根据上面的分析思路和解决步骤，可以编写程序代码如图 9－24 所示。

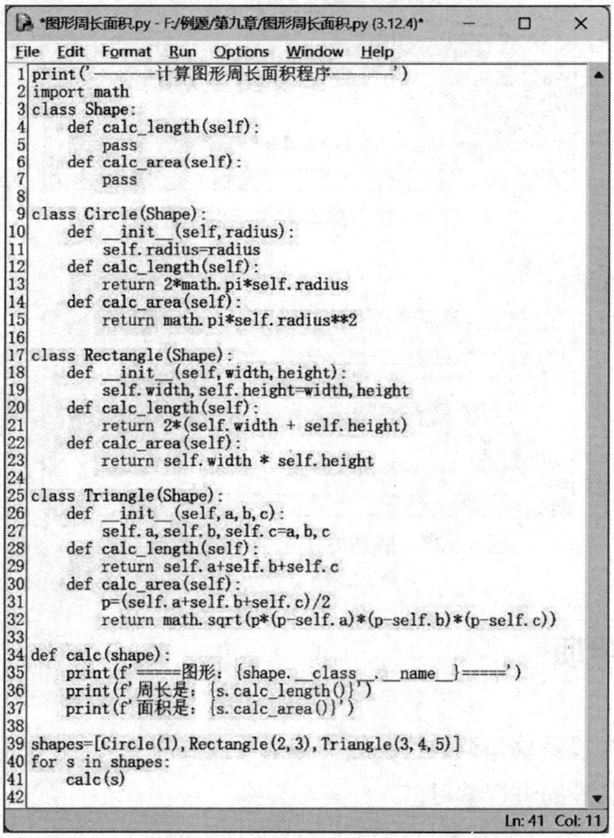

图 9－24　计算图形周长和面积示例程序

程序运行结果如图 9－25 所示。

图 9－25 计算图形周长和面积示例程序的运行结果

扩展案例：人机大战——猜拳游戏

▶扩展案例◀
人机大战
——猜拳游戏

问题：

“剪刀、石头、布”是经典的猜拳游戏，可以用来简单、高效地解决争议。判胜规则为：石头胜剪刀，剪刀胜布，布胜石头。

请编写程序，采用面向对象的编程方法，编写人和计算机的猜拳游戏。

习题

1. 判断题

（1）Python 既支持 POP（面向过程编程）又支持 OOP（面向对象编程）。（　　）

（2）类是抽象的，定义一类事物的共同特征。对象是具体的，一个类可以实例化出很多个互不相同的对象，但它们都属于同一类。（　　）

（3）在 Python 中，类使用 class 关键字定义，类名首字母必须大写。（　　）

（4）类的定义中类体必须有具体代码，不能使用 pass 语句作为类体来定义空类。（　　）

（5）一个类的多个实例对象，它们的 type() 函数返回值相同。（　　）

（6）对象可以动态添加实例属性，所以即使多个对象属于同一个类，它们的实例属性个数、名字、值都可能不一样。（　　）

（7）在类的定义中，通过__slots__列表来限定对象可以绑定的属性。（　　）

（8）在 Python 类中定义构造方法就是定义一个和类名相同的方法。（　　）

（9）在 Python 类中的构造方法是__new__()，这个方法在构造对象时会自动调用。（　　）

（10）Python 中所有方法的第一个参数都必须是 self，代表类的当前对象，会在运行时自动传递给方法。（　　）

（11）静态方法和类方法需要分别使用@ staticmethod 和@ classmethod 装饰器修饰。（　　）

（12）Python 中一个类只能直接继承一个父类，即单继承。（　　）

（13）子类继承父类的方法时，如果子类重写了父类中的同名方法，则子类无法调用父类中被覆

盖的方法。(　　)

(14) 创建类的对象时，系统会自动调用类中的构造方法进行初始化。(　　)

2. 填空题

(1) Python 中使用________关键字来声明一个类。

(2) 在继承关系中，被继承的类称为________，继承其他类的类称为________。

(3) 在 Python 类中定义构造方法，实际是重写名为________的特殊方法。

(4) 名字以________开头的属性或方法在 Python 类中被认为是私有成员，外部无法访问。

(5) 在 Python 类中定义静态方法的装饰器是________。

(6) 在 Python 类中定义类方法的装饰器是________。

3. 选择题

(1) 关于类和对象的关系，下列描述正确的是(　　)。

A. 类和对象是等价的，是同一事物的不同说法

B. 类是现实中事物的个体

C. 对象是根据类创建的，一个类只能对应一个对象

D. 对象描述的是现实的个体，它又叫作类的实例

(2) 以下关于构造方法的说法正确的是(　　)。

A. 用来进行类的初始化　　B. 在类中定义时和类名同名

C. 用来进行对象的初始化　　D. 类中必须定义构造方法

(3) 构造方法是一个特殊方法，在 Python 类中定义它的名字是(　　)。

A. 与类同名　　B. __init__　　C. _construct　　D. init

(4) 关于实例方法或构造方法中的第一个参数，下列说法正确的是(　　)。

A. 必须叫 self　　B. 代表类的当前对象

C. 可有可没有　　D. 调用时必须把当前对象传递给它

(5) A 类多继承自 B 和 C 类，下列语法正确的是(　　)。

A. class A: B, C　　B. class A: (B, C)

C. class A(B, C)　　D. class A(B: C)

(6) 若子类和父类中有同名的实例方法，则子类对象调用这个方法，其执行的是(　　)中的方法。

A. 子类　　B. 父类

C. 先子类后父类　　D. 先父类后子类

4. 简答题

(1) 举例说明什么是类，什么是对象。

(2) 什么是实例属性、实例方法？举例说明定义实例属性、实例方法的语法。

(3) 什么是类属性、类方法？举例说明并对比它们与实例属性、实例方法的区别。

(4) 什么是封装、继承和多态？举例简要说明其实现方法和目的。

实训

1. Circle 类

设计一个圆（Circle）类，包括圆心位置（position）、半径（radius）、颜色（color）等属性及取周长（getLength）和取面积（getArea）方法。请编写程序实现此类并生成对象进行验证测试。

2. Course 类

课程（Course）包含编号、名称、学分、任课老师等属性，其中学分必须大于 0 小于 10，请定义类及构造方法和__str__() 等方法，并生成不同的课程对象进行测试。

3. Pet 类

猫（Cat）、狗（Dog）都是宠物（Pet），都具有名字（name）属性和叫（speak）方法。请分析它们之间的继承关系并定义类，然后生成对象进行测试。

第10章 常用模块

模块和包（为方便起见，本章统称为模块）是 Python 中代码重用的一种方案，通过把常用代码封装到模块中，我们可以很方便地重用这些代码。Python 模块主要有三种，分别是内置模块、第三方模块和自定义模块，本章通过举例，介绍常用的内置模块和第三方模块的使用方法。

学习目标

知识目标	1. 了解常用的内置模块 2. 了解常用的第三方模块 3. 掌握第三方模块的安装方法 4. 掌握 random、datetime 等内置模块的使用 5. 掌握 requests、pyinstaller 等第三方模块的基本使用
技能目标	1. 具有借助其他模块来解决问题的思维 2. 具有使用 pip 命令安装、管理第三方模块的能力 3. 具有正确使用常用模块解决具体问题的能力
素养目标	1. 具有主动学习的能力和强烈的好奇心 2. 具有团队合作能力 3. 具有运用编程解决实际问题的能力

知识导图

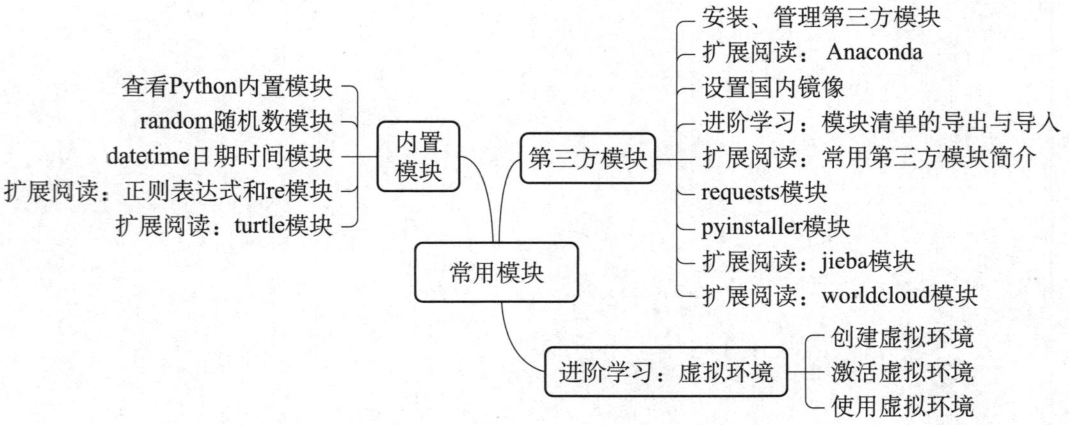

10.1 内置模块

Python 自带了很多常用模块，这些模块在 Python 安装时就自动安装到用户的电脑上，不需要任何单独安装和配置就可以根据需要随时导入使用，这些模块被称为内置模块（或标准模块、官方模块）。

10.1.1 查看 Python 标准模块

1. 通过官方文档查看

通过官方网站上的在线文档（https://docs.python.org/zh-cn/3/）可以查看这些模块的名称、功能和使用方法，如图 10-1 所示。

图 10-1 通过官方文档查看内置模块（标准库）

2. 通过 help() 函数查看

在 Python 交互式提示符下通过 help('modules') 可以查看本机可用的 Python 模块（内置模块或第三方模块），如图 10-2 所示。

前面的章节中我们已经用过其中的一些模块，例如 sys、os、json、pickle 等。由于 Python 的标准模块众多，无法一一介绍，我们挑选其中的两个模块作为示例来进行介绍。

10.1.2 random 随机数模块

常见的电视台幸运观众抽奖程序、电脑随机派位程序等都会用到随机数。Python 自带一个 random 随机数模块，通过这个模块可以方便地得到各种随机数。

1. 随机生成整数

random 模块中常用的生成整数的函数见表 10-1。

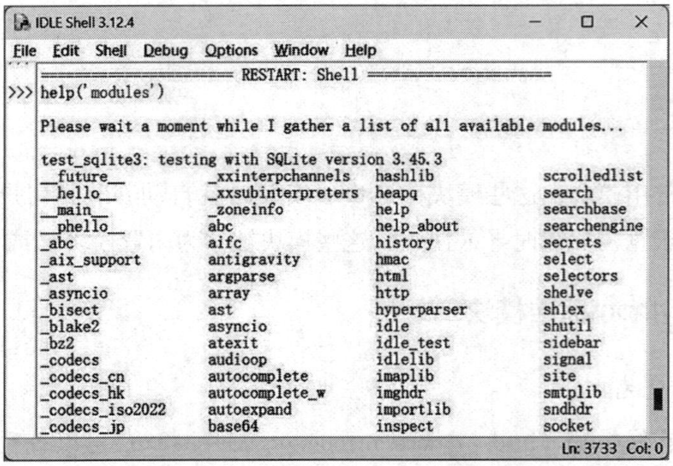

图 10－2　通过 help 函数查看本机模块

表 10－1　random 模块中常用的生成整数的函数

函数	说明
random. randrange(stop)	从 range(stop) 返回一个随机选择的元素
random. randrange (start, stop[, step])	从 range(start, stop, step) 返回一个随机选择的元素。这相当于 choice(range(start, stop, step)) ，但实际上并没有构建一个 range 对象
random. randint(a, b)	返回满足 a <= N <= b 的随机整数 N，相当于 randrange(a, b + 1)

使用 random 模块生成 10 个 0 ~ 10 之间的随机整数的示例代码及运行结果如图 10－3 所示。

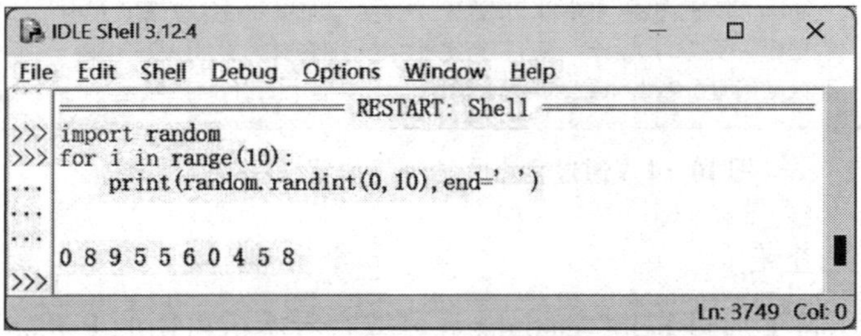

图 10－3　生成随机整数示例

2. 随机生成浮点数

random 模块中随机生成浮点数的函数见表 10－2。

表 10－2　random 模块中生产浮点数的函数

函数	说明
random. random( )	返回[0. 0，1. 0）范围内的一个随机浮点数
random. uniform(a, b)	返回一个随机浮点数 N，当 a <= b 时，a <= N <= b；当 b < a 时，b <= N <= a

使用 random 模块生成 3 个 0 ~ 1 之间的随机浮点数的示例代码及运行结果如图 10－4 所示。

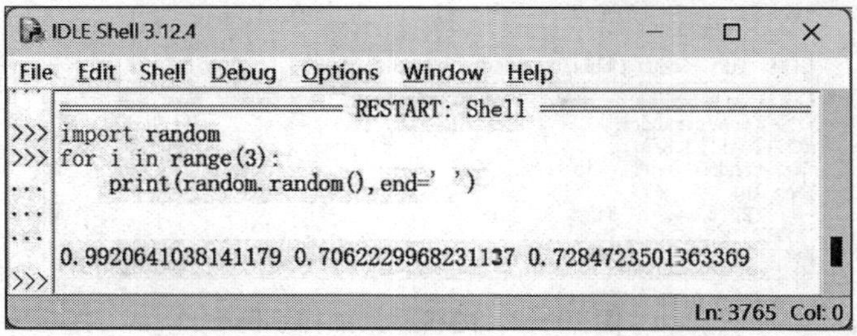

图 10－4　生成随机浮点数示例

3. 序列相关随机函数

random 模块不但可以生成数字随机数，而且可以在序列上进行随机选择元素或随机取样，相关的函数见表 10－3。

表 10－3　random 模块中序列相关的函数

函数	说明
random. choice(seq)	从非空序列 seq 返回一个随机元素。如果 seq 为空，则引发 IndexError
random. shuffle(x)	将序列 x 随机打乱位置
random. sample(population, k, *, counts = None)	返回从总体序列或集合中选择的唯一元素的 k 长度列表。用于无重复的随机抽样

使用 choice( ) 函数从序列中随机返回一个元素（重复 10 次）的示例代码及运行结果如图 10－5 所示。

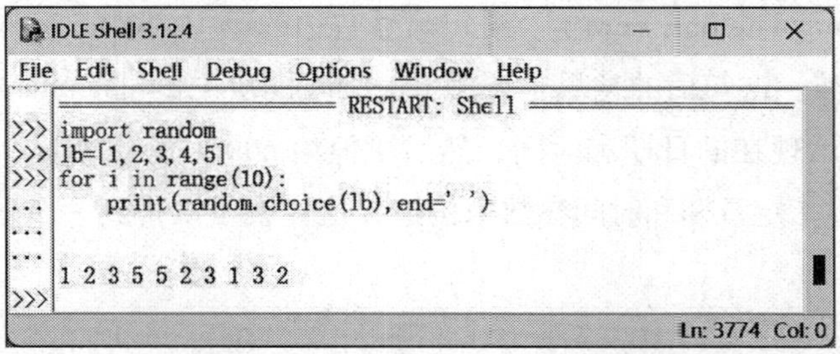

图 10－5　随机返回序列元素示例

使用 shuffle( ) 函数随机打乱序列元素顺序的示例代码及运行结果如图 10－6 所示。

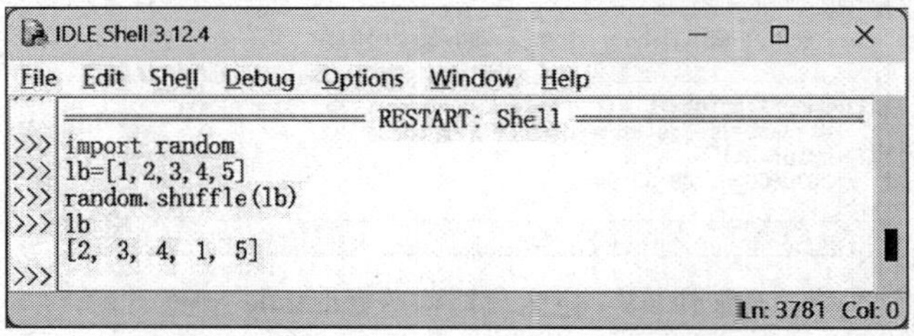

图 10－6　随机打乱序列示例

使用 sample( ) 函数从列表中进行无重复随机抽样（重复 3 次）的示例代码及运行结果如图 10－7 所示。

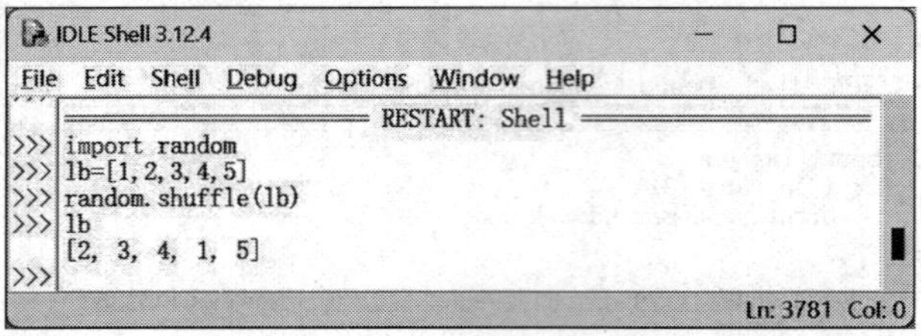

图 10－7　随机序列抽样示例

10. 1. 3　datetime 日期时间模块

datetime 是 Python 处理日期和时间的标准模块。这个模块提供了 date、time、datetime、timedelta 等常用类。其中 date 只包含日期有关信息，time 只包含时间有关信息，而 datetime 既包含日期信息又包含时间信息，使用最为广泛。

1. datetime 类

datetime 类具有 now( ) 方法，可以返回当前的日期时间。示例代码及运行结果如图 10－8 所示。

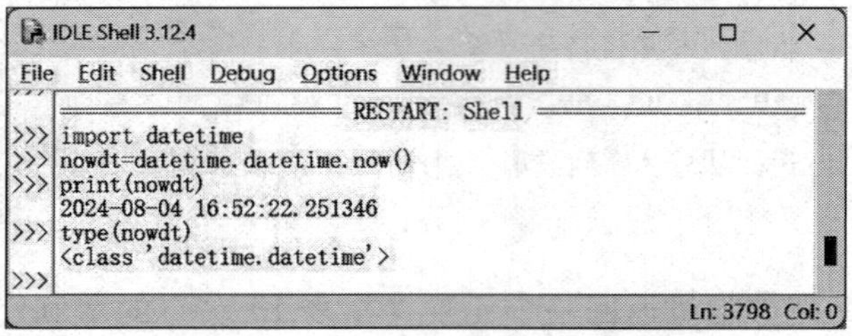

图 10－8　datetime 示例

其中"nowdt = datetime. datetime. now( )"语句等号右边的第一个 datetime 表示 datetime 模块，第二个 datetime 表示 datetime 类。这句话的意思是调用 datetime 模块中的 datetime 类的 now( ) 方法，返回一个 datetime 类的对象，表示现在的日期和时间，然后赋值给 nowdt 变量（datetime 类的对象）。

datetime 对象可以通过指定日期和时间参数来构造，这样就可以得到一个对应日期和时间的 datetime 对象。其语法如下：

```
datetime. datetime( year, month, day[ , hour[ , minute[ , second[ , microsecond[ , tzinfo] ] ] ] ] )
```

示例代码及运结果如图 10－9 所示。

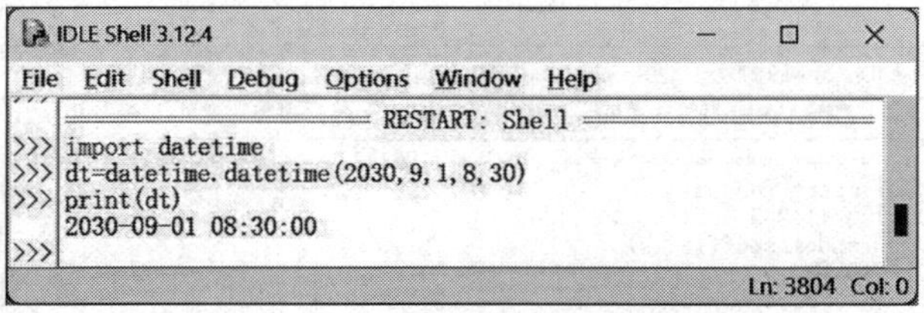

图 10－9　指定日期构造 datetime 示例

2. datetime 与 str 互相转换

很多时候，用户输入的日期和时间是字符串，要处理日期和时间，首先必须把 str 转换为 datetime。

datetime. strptime()方法可以解析字符串类型，把字符串按照指定的格式解析成对应的日期时间对象。其语法如下：

```
datetime. strptime('日期字符串','格式字符串')
```

示例代码及运行结果如图 10－10 所示。

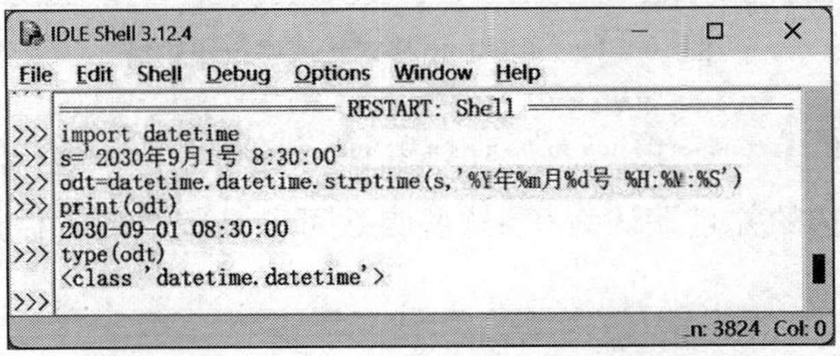

图 10－10　字符串解析或 datetime 示例

其中字符串'%Y－%m－%d %H:%M:%S'规定了日期和时间部分的格式。这些格式字符（指令）的完整信息可以参考 Python 官方文档。其中常用的格式字符（指令）见表 10－4。

表 10－4　常用的日期时间格式字符

指令	含义	示例
%Y	十进制数表示的 4 位年份	1998，2001，2030
%y	十进制数表示的 2 位年份	00，01，…，99
%m	以十进制数表示的月份	01，02，…，12
%d	以十进制数表示的月份中的一天	01，02，…，31
%H	十进制数表示的小时（24 小时制）	00，01，…，23
%I	十进制数表示的小时（12 小时制）	01，02，…，12
%p	本地化的 AM 或 PM	AM，PM，am，pm
%S	以十进制数表示的秒	00，01，…，59
%w	十进制数表示的工作日，其中 0 表示星期日，6 表示星期六	0，1，…，6
%%	字面的“%”字符	%

在输出日期时间信息时，可以通过 datetime. strftime()方法，把 datetime 对象格式化为相应格式的字符串，语法格式如下：

```
datetime. strftime('格式字符串')
```

其中格式字符串中使用的格式字符（指令）见表 10－4。

使用此方法输出当前日期时间的示例代码及运行结果如图 10－11 所示。

3. timedelta 时间间隔对象

timedelta 对象表示两个 date、time 或 datetime 的时间间隔。构造 timedelta 对象的语法如下：

图 10－11 datetime 格式化成字符串示例

```
datetime.timedelta(days=0, seconds=0, microseconds=0, milliseconds=0, minutes=0, hours=0, weeks=0)
```

其中所有参数都是可选的并且默认为 0。这些参数可以是整数或者浮点数，也可以是正数或者负数。

> **注意** 注意：构造 timedelta 对象时可以指定 milliseconds、minutes、hours、weeks 单位的值，但是 timedelta 对象只存储 days、seconds 和 microseconds。参数单位的换算规则如下：
>
> 1 毫秒会转换成 1 000 微秒
>
> 1 分钟会转换成 60 秒
>
> 1 小时会转换成 3 600 秒
>
> 1 星期会转换成 7 天
>
> 日期（days）、秒（seconds）、微秒（microseconds）都是标准化的，所以它们的表达方式也是唯一的，其值范围如下：
>
> 0 <= microseconds < 1 000 000
>
> 0 <= seconds <3 600 * 24（一天的秒数）
>
> −999 999 999 <= days <= 999 999 999

datetime 对象可以通过“+”“−”运算符和 timedelta 对象进行运算，从而方便地计算两个日期时间的间隔或得到一段时间间隔后（前）的时间。

下面的示例演示了 1 000 天后（相对于 2024 年 8 月 4 日）对应的日期时间。示例代码及运行结果如图10－12所示。

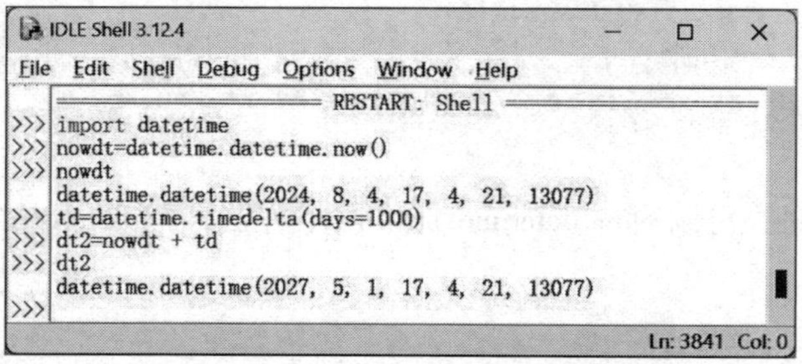

图 10－12 timedelta 示例 1

两个 datetime 对象也可以直接进行加减运算，结果是一个 timedelta 对象，可以通过 timedelta 中存储的 days、seconds 和 microseconds 来得到具体的时间间隔。

下面的示例演示了 2024 年 8 月 4 日距离 2030 年 6 月 1 日的时长的计算方法。示例代码及运行结果如图 10－13 所示。

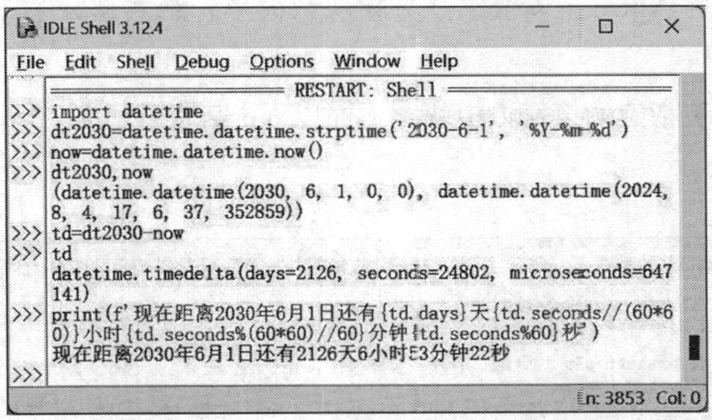

图 10－13　timedelta 示例 2

10.1.4　扩展阅读：正则表达式和 re 模块

正则表达式是一个特殊的字符序列，通过正则表达式可以方便地检查一个字符串是否与某种模式匹配。

re 模块是 Python 使用正则表达式处理复杂的文本匹配、查找和替换任务的标准模块。

详细内容可扫描右方二维码进行学习。

▶扩展阅读◀
正则表达式和
re 模块

10.1.5　扩展阅读：turtle 模块

turtle 模块主要提供绘图功能。想象一只小海龟，在一个横轴为 x、纵轴为 y 的坐标系原点（0，0）位置开始，根据一组函数指令的控制，在这个平面坐标系中移动，从而在它爬行的路径上绘制了图形。

详细内容可扫描右方二维码进行学习。

▶扩展阅读◀
turtle 模块

10.2　第三方模块

Python 是一个开放的语言，任何人都可以为其编写模块，并且共享到网络上。需要的人可以下载、安装、使用这些模块，这极大地提高了 Python 程序的开发效率，这些模块被成为第三方模块。

Python 官方非常支持为 Python 开发模块并进行共享，专门建立了 Python 模块的仓库（www.pypi.org），方便集中保存和分享这些模块，如图 10－14 所示。

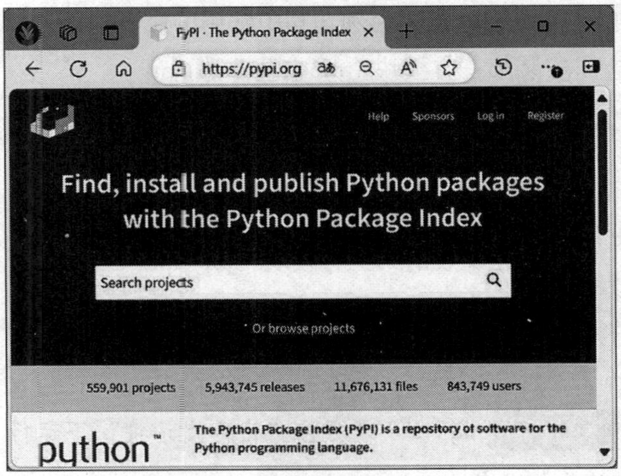

图 10－14　PyPI 网方网站

10.2.1　安装、管理第三方模块

由于第三方模块不在本机上，所以在使用之

前需要先安装这些模块。在 Python 上安装第三方模块很简单，绝大部分第三方模块都支持使用 pip 工具进行安装。

pip install 命令可以安装指定的第三方模块，下面以 pip 安装第三方“numpy”模块为例进行介绍，安装过程如图 10－15 所示。

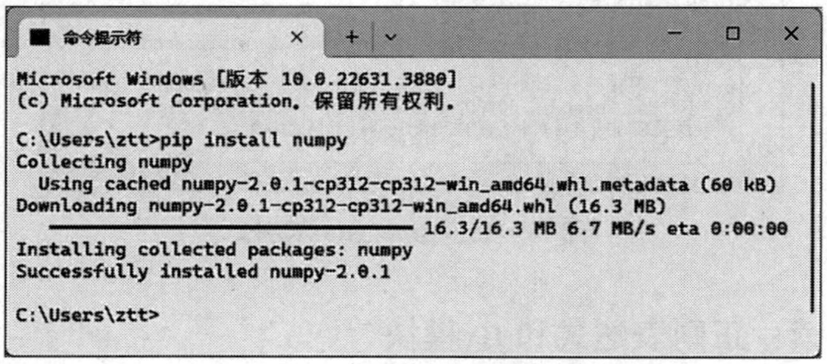

图 10－15　numpy 模块安装过程

pip 工具除了 install 命令，还有 uninstall、list 等命令，使用 pip --help（注意：help 前是两个减号）可以查看所有命令，如图 10－16 所示。

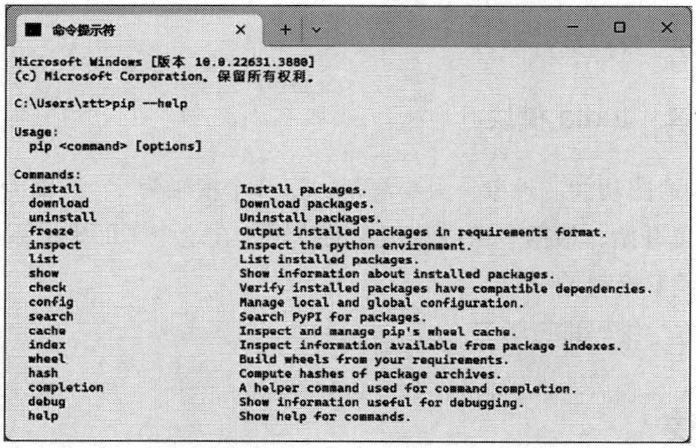

图 10－16　查看 pip 工具支持的命令

以 numpy 模块为例，其中常用的命令如下：

安装第三方模块：pip install numpy

安装指定版本：pip install numpy ==1.21.0

更新第三方模块：pip install --upgrade numpy

查看模块的详细信息：pip show numpy

卸载已安装的第三方模块：pip uninstall numpy

查询已安装的模块的清单：pip list

输出已安装模块清单到文件（冻结模块清单）：pip freeze > requirements.txt

> **注意**　pip 命令需要在“命令提示符”下运行（例如：“C:\Users\ttz >”），而不是 Python 的交互式提示符（“>>>”）。

10.2.2 扩展阅读：Anaconda

▶扩展阅读◀
Anaconda

Anaconda 是一个用于科学计算的 Python 发行版，支持 Linux、Mac、Windows 系统，提供了包管理与环境管理的功能，可以很方便地解决多版本 Python 并存、切换以及各种第三方包安装问题。Anaconda 利用工具 conda 来进行 package 和 environment 的管理，并且已经包含了 Python 和相关的配套工具。

详细内容可扫描右方二维码进行学习。

10.2.3 设置国内镜像

pip 工具默认从 Python 的官方仓库“pypi. org”检索和下载我们要安装的第三方模块，这个服务器在国外，并且访问量巨大。如果模块比较大，在国内下载会比较慢。为了解决这个问题，清华大学、阿里云、豆瓣、网易等在国内都建立了镜像站（其中清华大学镜像站如图 10－17 所示）。通过设置 pip 的源为这些镜像提供的镜像仓库，能极大地提高下载速度。

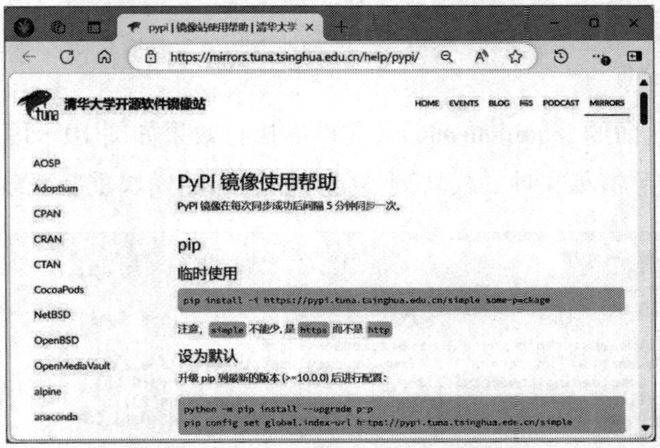

图 10－17 清华大学 PyPI 镜像

正如图 10－17 中“PyPI 镜像使用帮助”所示，使用清华大学的镜像站有两种方法：

1. 临时使用

```
pip install -i https: // pypi. tuna. tsinghua. edu. cn / simple some-package
```

其中，“-i”参数用来指定索引网址。“some-package”为需要安装的第三方模块名称。

2. 设为默认

按照如图 10－17 所示的方法，使用如下命令设置 pip 的全局索引网址：

```
pip config set global. index-url https: // pypi. tuna. tsinghua. edu. cn / simple
```

10.2.4 进阶学习：模块清单的导出与导入

在一台电脑（或虚拟环境）中安装的模块的清单可以通过 pip freeze 命令导出到清单文件，命令格式如下：

```
pip freeze 模块清单文件
```

使用 pip freeze 导出当前环境的模块清单到 requirements. txt（文件名可任意命名）文件中的执行效果如图 10－18 所示。

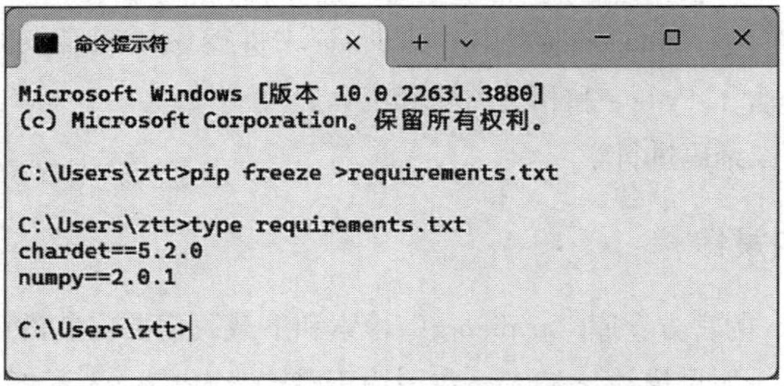

图 10－18　导出模块清单

在新的电脑（或新的虚拟环境）中可以通过 pip install 的“-r”参数按指定的清单再次批量安装相应的模块。命令格式如下：

```
pip   install   -r 模块清单文件
```

在新环境中重新导入上面的 requirements. txt 文件的执行效果如图 10－19 所示，可以看到其功能相当于使用 pip install 命令按照清单文件的模块列表把其中列出的模块重新下载安装一遍。

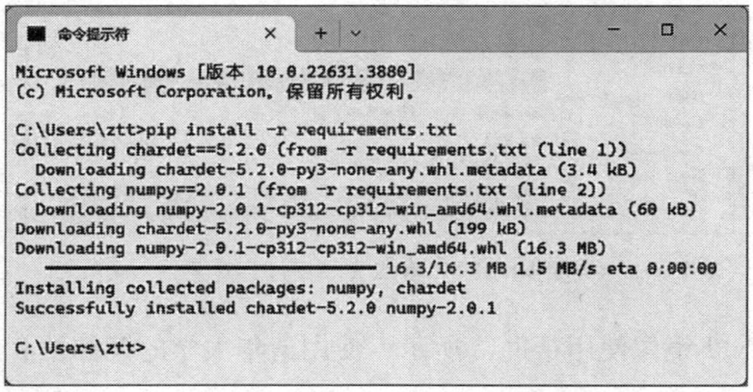

图 10－19　使用清单文件重新安装模块

10. 2. 5　扩展阅读：常用第三方模块简介

Python 语言之所以能够如此流行，除了本身内置许多模块来保障快速开发之外，目不暇接的第三方模块也是一大主因。例如：文本处理、数据分析、网络爬虫、Web 开发、机器学习、游戏开发等。可以在 PyPI 上查看第三方模块。

详细内容可扫描右方二维码进行学习。

▶扩展阅读◀
常用第三方
模块简介

10. 2. 6　requests 模块

Python 内置有 urllib 模块，可以用于访问网络资源，但是用起来比较麻烦，而且缺少很多实用的高级功能。

Python 中获取 Web 资源最常用的方案是使用 requests 模块，它功能强大、使用简单，常用来制作简单的爬虫程序。

1. 安装 requests 模块

由于 requests 是一个第三方模块，所以使用前需要使用 pip 命令来安装。安装 requests 模块的命令如下：

```
pip install requests
```

由于 pip 工具需要连网下载模块文件，所以安装前需要确保网络通畅。

2. 发送简单请求

requests 模块具有 get()、post()、put()、delete() 等函数（见表 10-5），可以很方便地对指定的 url 发送请求。

表 10-5 requests 模块中可以发送请求的相关函数

方法	说明
delete(url, ** kwargs)	发送 DELETE 请求到指定 url
get(url, params, ** kwargs)	发送 GET 请求到指定 url
head(url, ** kwargs)	发送 HEAD 请求到指定 url
patch(url, data, ** kwargs)	发送 PATCH 请求到指定 url
post(url, data, json, ** kwargs)	发送 POST 请求到指定 url
put(url, data, ** kwargs)	发送 PUT 请求到指定 url
request(method, url, ** kwargs)	向指定的 url 发送指定的请求方法

下面的代码及运行结果演示了使用 get() 向 Python 官方网站发送 GET 请求的基本操作，如图 10-20 所示。

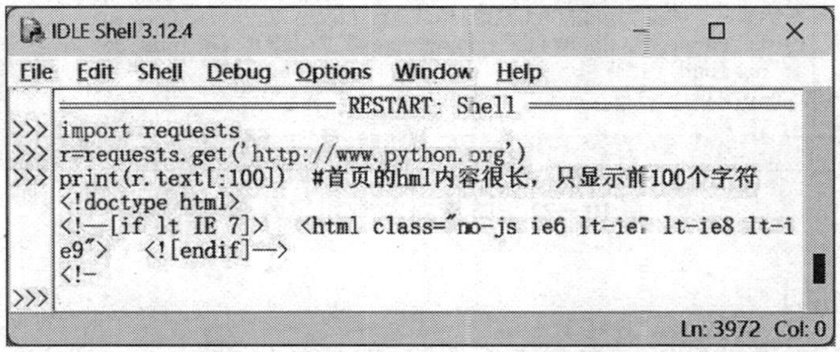

图 10-20 简单 GET 请求示例

3. 响应

requests 模块的 get()、post() 等函数向目标 url 发送 GET、POST 等请求后会得到服务器的响应，返回一个 Response 对象，例如上例中的返回值 r。Response 对象常用的属性和方法见表 10-6。

表 10－6 Response 对象常用的属性和方法

属性/方法	说明
status_code	响应状态码（常见的：200 表示请求成功，500 表示服务器内部错误，404 表示请求资源不存在）
text	响应文本（str 类型，请求内容是文本时使用）
content	响应内容（bytes 类型，请求内容是图片等非文本内容时使用）
apparent_encoding	从内容中分析出的响应内容编码
encoding	从 http header 中提取响应内容编码
headers	返回响应头，字典格式
json()	返回结果的 JSON 对象
close()	关闭与服务器的连接

图 10－21 的代码及运行结果演示了表 10－6 中响应的各属性内容。

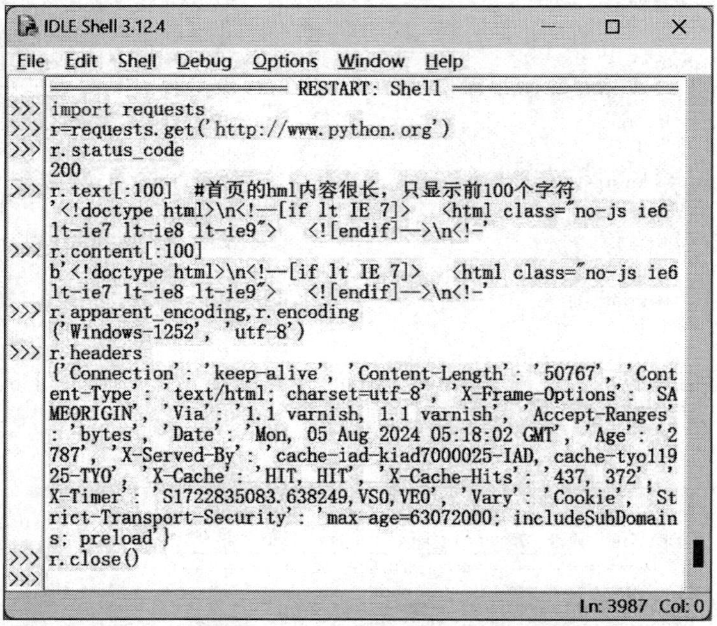

图 10－21 响应对象常用属性示例

4. 发送带参数的请求

如果在发送请求时需要携带参数，只需要在 get() 函数中指定 params 或在 post() 函数中指定 data 参数即可。params 或 data 参数是 dict 类型，在传递给 get() 或 post() 函数时会自动处理编码问题。

使用 get() 函数向“http://www.httpbin.org/get”网址发送带参数的请求，从服务器返回的信息可以看到，传递的 xm、gender、age 参数已经被服务器接收并作为页面内容返回。示例代码及运行结果如图 10－22 所示。

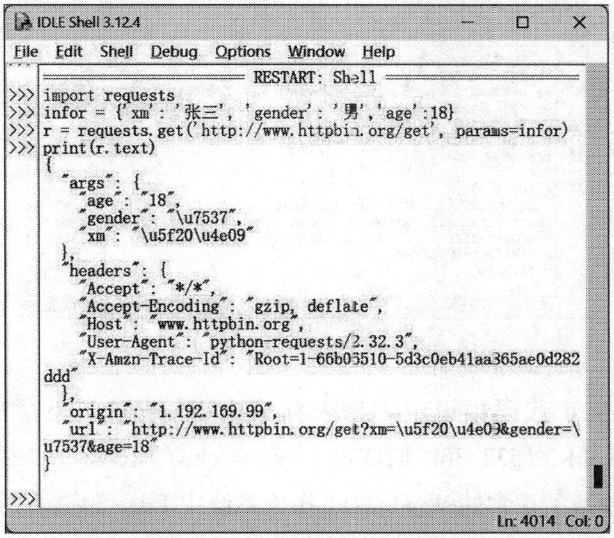

图 10-22　带参数请求示例

提示 “http://www.httpbin.org”是一个简单的请求响应测试网站，它提供了 GET、POST 等 url，可以向这些地址发送请求，网站会返回请求的参数及请求标头（headers）等信息。

5. 设置请求标头（headers）

请求标头是客户端（浏览器或爬虫程序等）向服务器提交请求时发送给服务器的关于自己的一些描述信息和对服务器响应信息的一些要求。在使用 get()、post() 等函数发送请求时会自动根据当前环境构造此标头，如上例中的“headers”部分。

由于我们向“www.httpbin.org”网站发送请求时使用的是 Python 的 requests 模块，所以可以从“headers”中看到“User-Agent”（用户代理，即用户通过什么软件向服务器发送的请求）向服务器发送了自己的信息“python-requests/2.32.3”。

很多网站根据用户请求标头信息（比如“User-Agent”的值包含“python-requests”信息可以判定访问者是使用 Python 的 requests 模块编写的爬虫）来进行反爬虫，或者是确定用户是使用移动设备访问，从而返回给用户专门的移动设备优化后（简洁、触屏友好）的界面。

直接使用 requests 访问某网站，查看响应对象的 status_code 为 418，可以知道此网站具有反爬虫措施，没有对此次访问响应网页内容。示例代码及运行结果如图 10-23 所示。

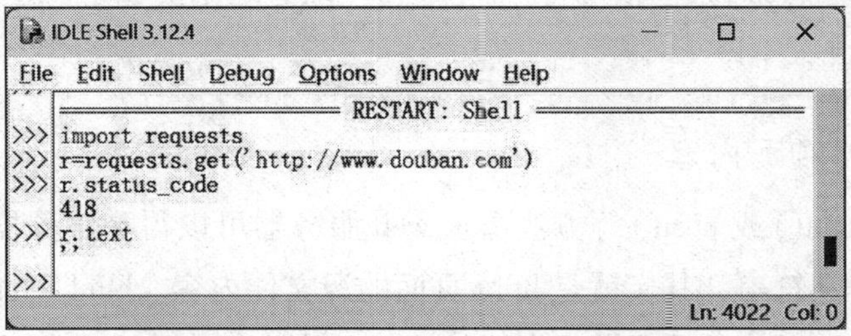

图 10-23　访问带有爬虫措施网站示例

requests 模块允许自定义请求标头。需要先构造 dict 类型的请求标头，然后在 get() 函数中指定为 headers 参数的值。示例代码及运行结果如图 10-24 所示。

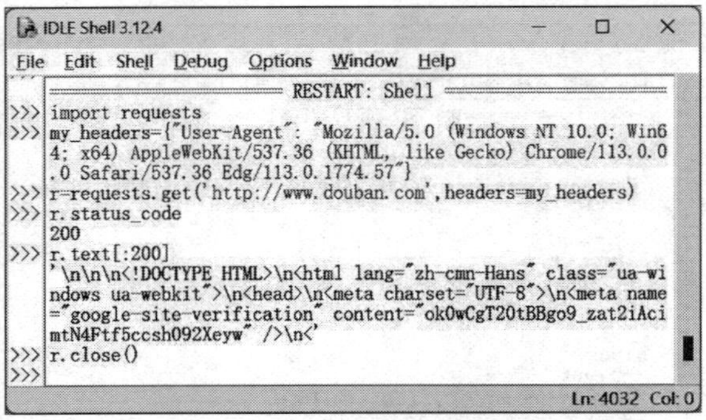

图 10－24 自定义请求标头示例

从上例中可以看到，由于代码中设定了请求标头中 User-Agent 为“Mozilla / 5.0（Windows NT 10.0；Win64；x64）AppleWebKit / 537.36（KHTML，like Gecko）Chrome / 113.0.0.0 Safari / 537.36 Edg / 113.0.1774.57”，相当于模拟了正常的 Windows11 操作系统中 Edge 浏览器访问，所以不会再触发反爬虫机制，requests 模块顺利地从某网站取得了网页内容信息。

其中 User-Agent 可以复制电脑或手机浏览器的真实信息。用电脑或手机的浏览器访问：https://www.httpbin.org/get，页面显示的“User-Agent”部分即是自己浏览器的真实信息，如图 10－25 所示。

图 10－25 查看浏览器请求标头信息

> **注意** 《中华人民共和国刑法》《中华人民共和国网络安全法》《中华人民共和国数据安全法》等法律都有明文规定，未经授权通过网络爬虫访问、收集一般网站所存储、处理或传输的数据，可能构成非法获取计算机信息系统数据罪；如果在数据抓取过程中实施了非法控制行为，可能构成非法控制计算机信息系统罪。

6. 扩展阅读：解析网页内容

通过 requests 模块的 get() 或 post() 等方法请求 web 服务器可以得到服务器的响应，一般情况下得到一个字符串，其实就是 html 页面的源文件内容。html 页面为了美观需要，其中混杂 HTML 标记、CSS 样式表、Javascript 脚本等内容，我们需要的数据信息也混杂其中。

▶扩展阅读◀
解析网页内容

在 Python 中有很多方案可以解析 html 页面，提取出我们需要的数据信息，比如：BeautifulSoup、lxml、requests-html、正则表达式等。详细内容可扫描右方二维码进行学习。

10.2.7 pyinstaller 模块

我们知道 Python 是解释型的语言，Python 程序运行时需要电脑上预装好 Python 解释器。

当我们希望将自己编写好的程序传送给他人使用时，如果对方没有安装 Python 环境就无法使用。普通用户是否可以在未安装 Python 环境的情况下也能顺利使用 Python 程序呢？

答案是肯定的，Python 第三方模块 pyinstaller 可以完成此任务。pyinstaller 模块可以将程序及程序运行时需要依赖的解释器和其他文件、模块等一起打包，生成一个目录或一个单一 exe 可执行文件（Windows 平台），这样普通用户不用再需要提前安装 Python 环境即可直接使用这个打包好的 Python 程序。

pyinstaller 针对 Windows、MacOS 和 GNU/Linux 进行了测试，可以在这些不同的操作系统平台上进行打包。但它不是交叉编译器，如果需要制作特定操作系统下打包的程序，就要在对应操作系统下运行 pyinstaller 进行打包。

1. 安装 pyinstaller 模块

和其他第三方模块一样，pyinstaller 模块在使用前也是使用 pip 工具来安装的。安装 pyinstaller 模块的命令如下：

```
pip installpyinstaller
```

2. pyinstaller 命令

在 pyinstaller 模块安装成功之后，在 Python 的安装目录中的 Scripts 目录下会增加一个 pyinstaller. exe 程序，接下来就可以使用该工具将 Python 程序打包生成 exe 程序了。

和大部分其他库不一样，pyinstaller 并不通过在程序中导入然后编程调用，而是通过命令行界面使用，其命令语法如下：

```
pyinstaller 选项　源文件
```

其中的源文件就是我们编写的 Python 程序，不管这个 Python 应用是单文件的应用还是多文件的应用，只要在使用 pyinstaller 命令时指定作为程序入口的 Python 程序即可。

通过执行“pyinstaller -h”命令可以显示 pyinstaller 的命令使用方法，其常用选项见表 10－7。

表 10－7　pyinstaller 命令常用选项

选项	说明
-h 或 --help	查看该模块的帮助信息
-F 或 --onefile	产生单个的可执行文件
-D 或 --onedir	产生一个目录（包含多个文件）作为可执行程序
-i 或 --icon	指定生成可执行文件的图标
-w 或 --windowed 或 --noconsolc	指定程序运行时不显示命令行窗口（仅对 Windows 有效，如果 Python 源文件是“. pyw”扩展名，此选项可以省略）

3. 打包 Python 程序

下面以一个案例演示 pyinstaller 的具体使用过程。

第一步，准备待打包的程序：如图 10－26 所示的 Python 程序（通过 turtle 模块绘制会走动的数字时钟）。

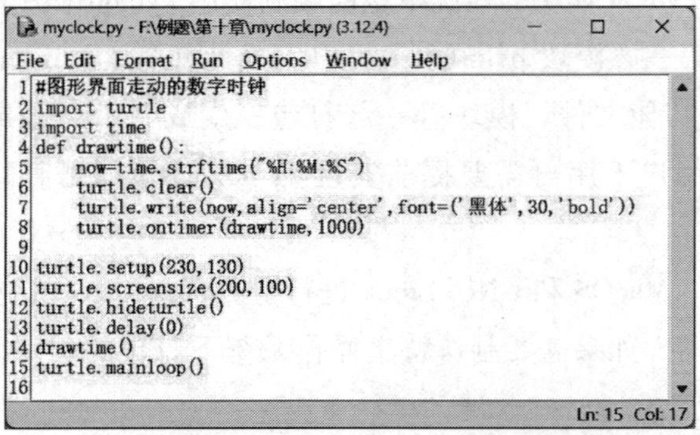

图 10－26　图形界面数字时针示例程序

第二步，打开命令行界面，进入待打包的 Python 源文件所在的路径。

第三步，执行打包命令：

```
pyinstaller    -F    -w myclock.py
```

pyinstaller 执行过程默认会输出多行打包信息，如图 10－27 所示。

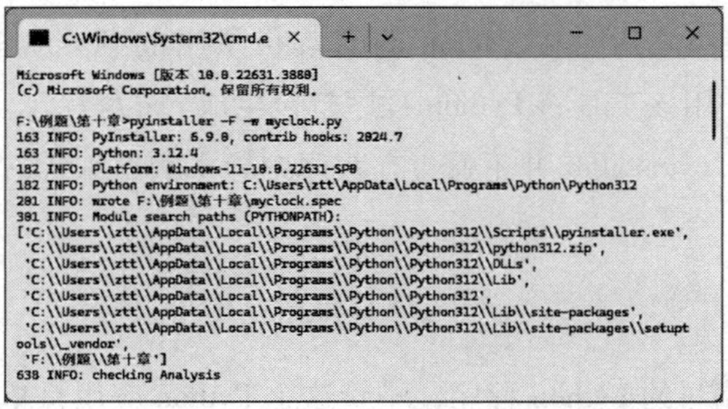

图 10－27　pyinstaller 打包过程

第四步，查看并测试运行打包后的程序。

上面命令中的-F 选项指定生成单个的可执行程序，-w 选项指定生成图形用户界面程序（隐藏命令行黑窗口界面，也可以不用此参数而是把 Python 源文件的扩展名改成“. pyw”来实现）。

运行上面命令，会在当前目录下生成一个“dist”子目录，并在该子目录下生成一个“myclock. exe”文件，如图 10－28 所示。

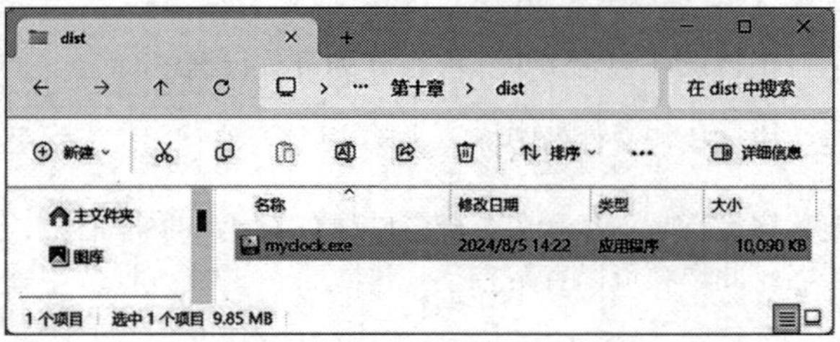

图 10－28　打包生成的 exe 文件

直接双击运行“myclock. exe”程序，即可看到时钟程序的图形界面，如图 10－29 所示。

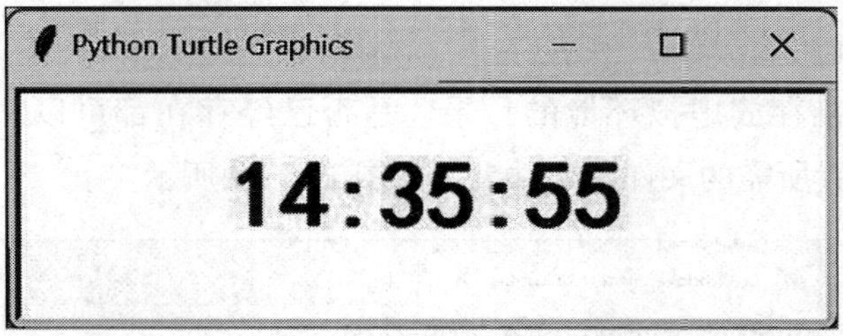

图 10－29　运行中的时钟程序界面

可以把此文件复制到另一台没有安装 Python 的电脑上，或把本机 Python 完全卸载后再次运行，进一步测试程序是否能顺利运行。

10. 2. 8　扩展阅读：jieba 模块

为了让计算机更容易理解文本，通常中文信息处理的第一步是中文分词。中文句子不像英文那样词与词之间有明显空格边界，使得词和词组边界模糊。中文分词是在中文句子中词与词之间加上边界标记。

jieba 模块的主要功能是做中文分词，可以进行简单分词、并行分词、命令行分词，当然它的功能不限于此，目前还支持关键词提取、词性标注、词位置查询等。

详细内容可扫描右方二维码进行学习。

▶扩展阅读◀
jieba 模块

10. 2. 9　扩展阅读：worldcloud 模块

使用 worldcloud 模块可以方便地在 Python 中制作词云。词云是一种可视化的数据展示方法，也称为文字云或标签云，一般是一幅包含若干个关键词的图片。它根据词语在文本中的出现频率（或出现的先后顺序）设置词语在词云中的大小、颜色和显示层次，让人一目了然地获取关键词和数据的重点。

详细内容可扫描右方二维码进行学习。

▶扩展阅读◀
worldcloud 模块

10. 3　进阶学习：虚拟环境

Python 第三方模块众多，大部分模块都在持续维护，比如增加功能，修复 Bug 等。虽然模块维护的原则是尽量向之前版本兼容，但是不排除个别新版本的模块与老版本 API 有调整或删减（有意或无意），导致其他使用这个模块的 Python 应用程序与新版本的模块不兼容。

假设一个应用程序 A 需要特定模块的 1. 0 版本，但是另一个应用程序 B 需要同一个模块的 2. 0 版本，则就需要在同一台电脑上安装同一个模块的 1. 0 和 2. 0 两个版本，才能保证应用程序 A 和 B 都能运行。

Python 使用虚拟环境（Virtual Environment）的方式解决了上述问题。虚拟环境实际上是一个目录，在这个目录中有相应版本的模块环境。

10. 3. 1　创建虚拟环境

Python 自带了一个 venv 模块，可以用来创建虚拟环境。在需要创建虚拟环境目录的上层目录使用如下命令：

```
python -m venv myenv1
```

其中“myenv1”是当前存放虚拟环境的目录，是否已经存在都可以，如果不存在会自动创建。venv 模块会在此目录中放置所需的文件及文件夹，如图 10－30 所示。

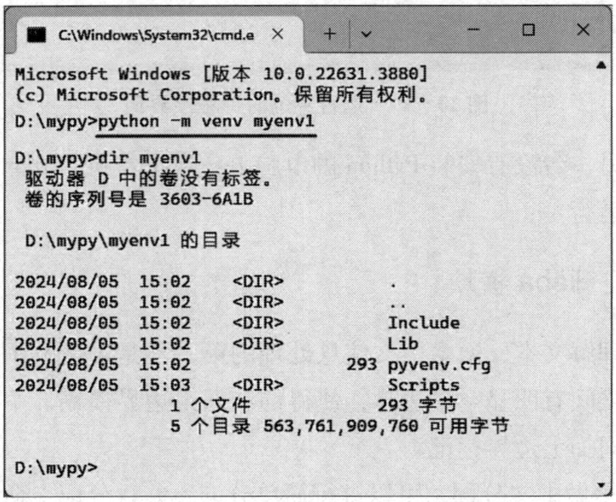

图 10－30 创建虚拟环境

10.3.2 激活虚拟环境

激活虚拟环境实际上是设置一些系统环境变量，使以后的操作和程序调用局限在此虚拟环境目录而不再是默认的全局环境。在 Windows 的命令提示符下执行虚拟环境目录中“Scripts”目录下的“activate.bat”命令即可激活此虚拟环境，如图 10－31 所示。

图 10－31 激活虚拟环境的命令

激活后的虚拟环境会改变终端提示符，标识现在的状态处于虚拟环境中，如图 10－32 所示。

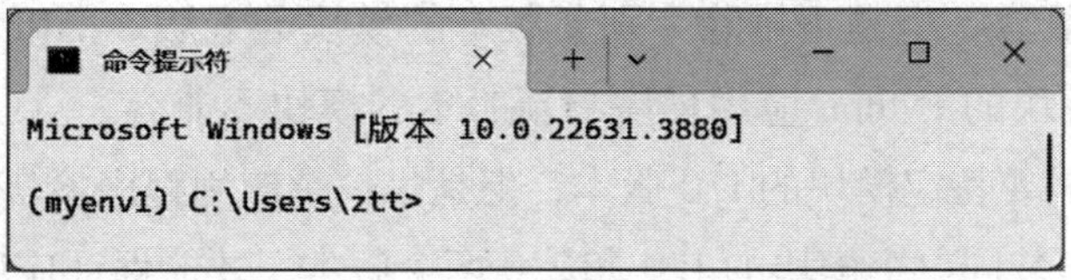

图 10－32 激活后的虚拟环境

10.3.3 使用虚拟环境

在激活后的虚拟环境下可以使用 pip 命令安装需要的第三方模块的特定版本。一台电脑可以根据需要创建多个虚拟环境（目录），每个环境下安装不同的模块，或者同一个模块的不同版本，它们之间互不影响（包括默认环境）。如图 10－33 和图 10－34 所示，在同一台电脑的两个虚拟环境中安装了不同的模块，同一个 pyinstaller 模块的版本也不同（分别为 3.0 和 6.9.0）。

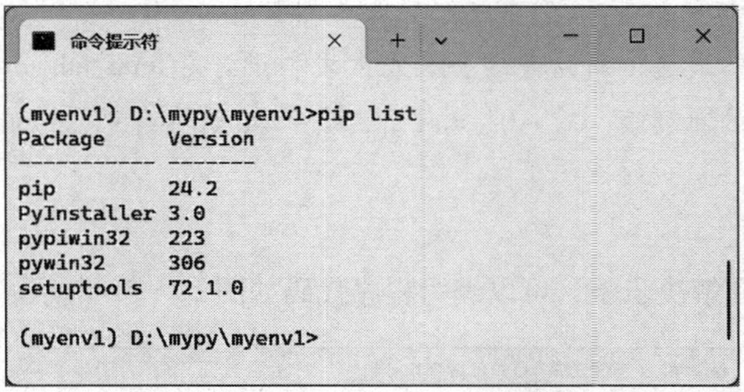

```
(myenv1) D:\mypy\myenv1>pip list
Package     Version
----------- -------
pip         24.2
PyInstaller 3.0
pypiwin32   223
pywin32     306
setuptools  72.1.0

(myenv1) D:\mypy\myenv1>
```

图 10－33　myenv1 虚拟环境中的模块列表及版本

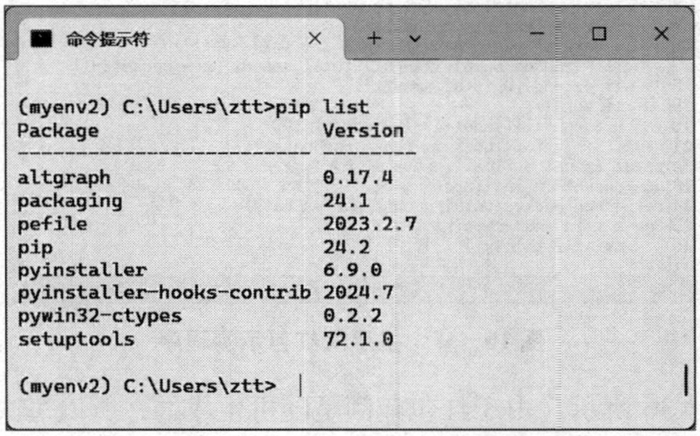

```
(myenv2) C:\Users\ztt>pip list
Package                   Version
------------------------- --------
altgraph                  0.17.4
packaging                 24.1
pefile                    2023.2.7
pip                       24.2
pyinstaller               6.9.0
pyinstaller-hooks-contrib 2024.7
pywin32-ctypes            0.2.2
setuptools                72.1.0

(myenv2) C:\Users\ztt>
```

图 10－34　myvenv2 虚拟环境中的模块列表及版本

案例

案例一：拼手气红包

问题：

请编写 Python 程序模拟微信中“拼手气红包”功能，请用户输入总金额和红包数量，然后随机发出红包，显示每一个红包的金额。

分析：

拼手气红包要求红包的金额不等，可以使用 Python 的 random 模块。发红包时需要考虑：

（1）总金额是否够分，要求每个人都至少分到 0.01 元的金额；

（2）所有红包的金额之和等于总金额。

解决：

（1）定义生成红包的函数，接收总金额和红包数量，返回值是红包金额列表；

（2）为了方便，统一单位为“分”，判断总金额是否足够发红包，如果每个红包不足 1 分（0.01 元），则抛出异常；

（3）在 range(1, total_amount) 内进行随机取样，取得 num_packets − 1 个数字（假设为 x_1，x_2，x_3，x_4，x_{n-1}），再加上 0 和 total_amount，组成 $n+1$ 个元素的列表［0，x_1，x_2，x_3，x_4，x_{n-1}，total_amount］；

（4）对列表［0，x_1，x_2，x_3，x_4，x_{n-1}，total_amount］进行排序，然后让两两相邻的元素后面的元素减去前面的元素，得到 num_packets 个数字组成的新列表［x_1-0，x_2-x_1，x_3-x_2，x_4-x_3，…，total_amount $-x_{n-1}$］。根据计算知道这个新列表的所有元素之和正好是 total_amount。

（5）返回上一步生成的新列表［x_1-0，x_2-x_1，x_3-x_2，x_4-x_3，…，total_amount $-x_{n-1}$］，即为生成的 num_packets 个红包。

编程：

根据上面的分析思路和解决步骤，可以编写程序代码如图 10－35 所示。

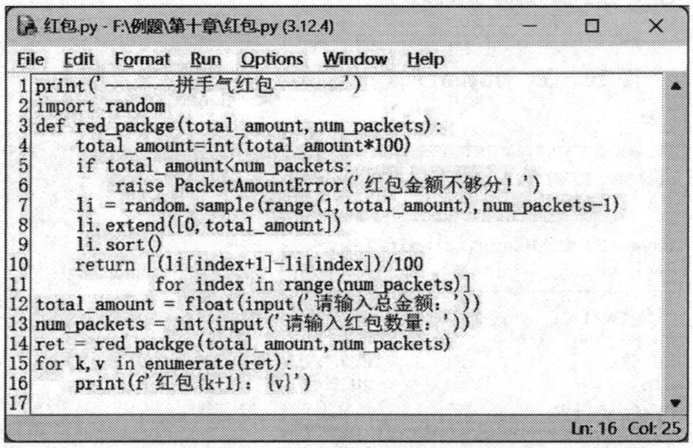

```
红包.py - F:\例题\第十章\红包.py (3.12.4)
File Edit Format Run Options Window Help
print('-------拼手气红包-------')
import random
def red_packge(total_amount,num_packets):
    total_amount=int(total_amount*100)
    if total_amount<num_packets:
        raise PacketAmountError('红包金额不够分！')
    li = random.sample(range(1,total_amount),num_packets-1)
    li.extend([0,total_amount])
    li.sort()
    return [(li[index+1]-li[index])/100
            for index in range(num_packets)]
total_amount = float(input('请输入总金额：'))
num_packets = int(input('请输入红包数量：'))
ret = red_packge(total_amount,num_packets)
for k,v in enumerate(ret):
    print(f'红包{k+1}：{v}')
Ln: 16 Col: 25
```

图 10－35　拼手气红包示例程序

某次运行结果如图 10－36 所示（由于红包金额是随机生成的，所以每次运行结果不确定）。

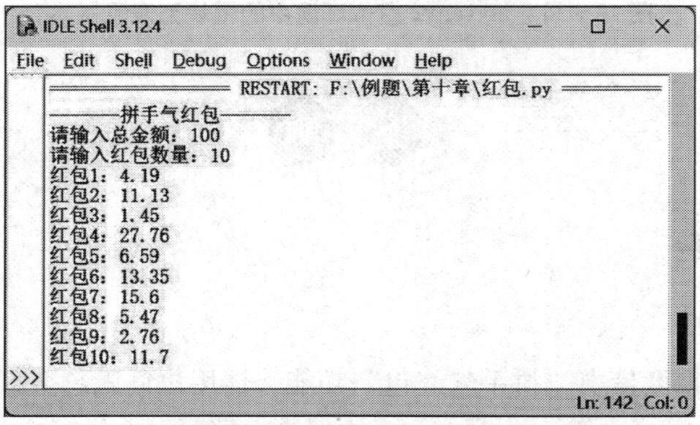

```
IDLE Shell 3.12.4
File Edit Shell Debug Options Window Help
========== RESTART: F:\例题\第十章\红包.py ==========
-------拼手气红包-------
请输入总金额：100
请输入红包数量：10
红包1：4.19
红包2：11.13
红包3：1.45
红包4：27.76
红包5：6.59
红包6：13.35
红包7：15.6
红包8：5.47
红包9：2.76
红包10：11.7
>>>
Ln: 142 Col: 0
```

图 10－36　拼手气红包示例程序运行结果

案例二：一万小时定律

问题：

“十年寒窗无人问，一举成名天下知”“十年磨剑终成锋，一朝破竹势如虹”……中国古代的这些话表达了努力和坚持不懈的重要性。只有认准目标，耐住寂寞和诱惑，经过长时间的磨炼，才能在关键时刻表现出色，取得非凡成就。

格拉德威尔在《异类》一书中也说过：“人们眼中的天才之所以卓越非凡，并非天资超人一等，而是付出了持续不断的努力。一万小时的锤炼是任何人从平凡变成超凡的必要条件。”他将此称为“一万小时定律”。

1973 年，诺贝尔经济学奖得主、人工智能研究的开拓者赫伯特 · 西蒙（Herbert Simon）和威廉 · 蔡斯（William Chase）在《美国科学家》杂志上刊登了一篇论文，在研究专业知识方面得出一个著名结论：“国际象棋是没有速成专家的，也没有速成的高手或者大师。目前所有大师级别的棋手都花了至少 10 年的时间，在国际象棋上投入了大量精力，无一例外。我们可以非常粗略地估计，一位国际象棋大师可能花了 1 万至 5 万个小时盯着棋盘……”

在此之后，心理学发展出一个分支，专门研究西蒙和蔡斯的发现。研究者一次次地得出了相同的结论：要擅长复杂任务，需要大量的练习。

小明同学在得知“一万小时定律”之后受到极大鼓舞，立志从现在开始好好学习计算机编程。请编写 Python 程序计算一下，根据“一万小时定律”，如果小明同学从现在开始努力学习（每天学习 8 个小时），什么时候有可能成为计算机专家？

分析：

在 Python 中，与日期时间相关的操作可以使用内置 datetime 模块。每天学习时间 8 个小时是一天时间的三分之一，相当于需要计算的是三万小时后的日期。

解决：

datetime. now() 可以取得当前日期时间，三万小时的时长可以通过构造一个 timedelta 对象表示，当前时间对象加上这个 timedelta 对象即是三万小时后的日期。为了方便阅读，可以使用 datetime 对象的 strftime() 方法对得到的时间进行格式化后显示。

编程：

根据上面的分析思路和解决步骤，可以编写程序代码如图 10 - 37 所示。

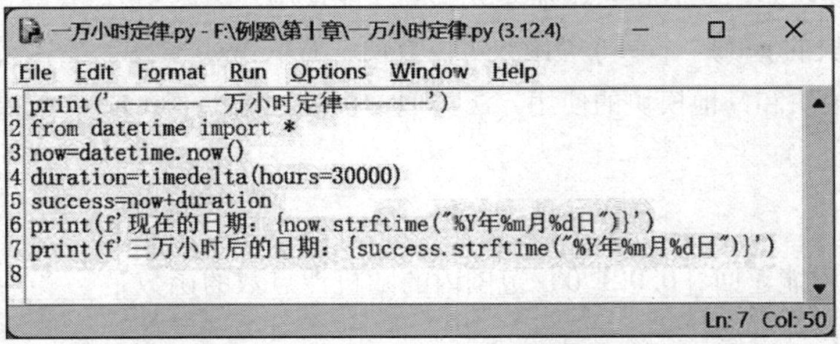


```python
print('--------一万小时定律--------')
from datetime import *
now=datetime.now()
duration=timedelta(hours=30000)
success=now+duration
print(f'现在的日期：{now.strftime("%Y年%m月%d日")}')
print(f'三万小时后的日期：{success.strftime("%Y年%m月%d日")}')
```

图 10 - 37　一万小时定律示例程序

运行结果如图 10 - 38 所示。

```
============ RESTART: F:\例题\第十章\一万小时定律.py ===
--------一万小时定律--------
现在的日期：2024年08月06日
三万小时后的日期：2028年01月08日
>>>
```

图 10 - 38　一万小时定律示例程序的运行结果

10.4.2　扩展案例：QQ 音乐排行榜

问题：

请编写爬虫程序，抓取 QQ 音乐网站上的排行榜栏目的“流行指数榜”中的序号、歌曲名称、歌手、时长等信息。

详细内容可扫描右方二维码进行学习。

▸扩展案例◂
QQ 音乐排行榜

习题

1. 判断题

（1）Python 中的内置模块不用导入也可使用。(　　)

（2）Python 的第三方模块在安装 Python 时已经安装到了用户计算机上，直接导入即可使用。(　　)

（3）random 模块和 datetime 模块都是内置模块。(　　)

（4）random 模块的主要功能是生成随机数字和在序列上随机选择元素或随机取样。(　　)

（5）datetime 模块的主要功能是处理与日期、时间相关的操作。(　　)

（6）在 Windows 操作系统上 Python 安装时默认会安装 pip 工具。(　　)

（7）在 Python 中通过 pip 工具可以对第三方模块进行安装、卸载、更新、查看等操作。(　　)

（8）pip 默认从官方仓库检索、下载要安装的第三方模块，也可以对其设置其他镜像仓库，加快模块文件的下载速度。(　　)

（9）requests 模块是第三方模块，需要先安装才能使用。(　　)

（10）pyinstaller 模块是第三方模块，需要先安装才能使用。(　　)

（11）requests 模块的 get()、post() 等函数可以方便地获取 Web 资源。(　　)

（12）pyinstaller 模块和其他模块的使用方法类似，都是通过 import 或 from 语句导入，然后编写相关的代码来调用。(　　)

2. 填空题

（1）random 模块中能返回［0.0,1.0）范围内的随机浮点数的函数是______，randint(a, b) 函数返回的随机整数的范围是________。

（2）使用 random 模块，从非空序列 s 中随机返回一个元素，可以使用________，随机打乱 s 的元素顺序，可以使用________，从 s 中无重复随机抽样 k 个元素可以使用________。

（3）datetime 模块中 datetime 类的________方法可以返回当前的日期时间。

（4）datetime 类的________方法可以把字符串解析为对应的 datetime 对象。

（5）datetime 类的________方法可以把日期时间对象格式化为字符串。

（6）datetime 模块中表示时间间隔的类是________。

3. 选择题

（1）下列 random 模块中得到随机数的两个函数效果等价的是（　　）。

A. randrange(10) randrange(0, 11)

B. randint(0, 10) randrange(11)

C. random() uniform(1, 0)

D. randint(1, 10) uniform(10, 1)

（2）下列说法错误的是（　　）。

A. datetime 模块中的 date 类只表示日期不表示时间

B. datetime 模块中的 time 类只表示时间不表示日期

C. datetime 模块中的 datetime 类可以同时表示日期和时间

D. datetime 模块中的 timedelta 只能表示两个 time 的间隔

（3）下列模块属于第三方模块，使用前需要安装的是（　　）。

A. datetime　　B. random　　C. os　　D. requests

（4）Python 自带的安装、管理第三方模块常用的工具是（　　）。

A. pypi　　B. installer　　C. pip　　D. setuper

（5）下列不属于 pip 工具合法命令的是（　　）。

A. pip install　　B. pip install --update

C. pip uninstall　　D. pip list

4. 简答题

（1）Python 中的模块分为哪几种类型？

（2）使用 pip 工具如何安装、更新、查看（具体模块信息）、列出已安装模块、卸载模块？

（3）pip 工具如何设置国内镜像从而加快下载速度？

（4）简述使用 requests 模块制作简单爬虫的步骤。

实训

1. 猜数字游戏

编写程序随机生成一个 10 以内的整数 X，然后请用户猜测并输入，如果用户猜测不对，则提示用户是偏大了还是偏小了。用户最多可以有 4 次机会，如果用户在 4 次及以内猜对了则提示“就是 X，你赢了！”否则提示“你输了，答案是 X”，最后提示“Game Over!”。

其中某次运行示例如下：

```
我有一个 10 以内的数字，请你猜是几：8
偏大了，请重猜：4
偏小了，请重猜：6
偏大了，请重猜：5
就是 5，你赢了！
Game Over!
```

其中斜体并标注下划线的数据为用户输入。

2. 随机显示“励志名言”

请新建文本文件“励志名言.txt”，然后录入下列文字（一行一句）：

少壮不努力，老大徒伤悲
宝剑锋从磨砺出，梅花香自苦寒来
只要功夫深，铁杵磨成针
吃得苦中苦，方为人上人
不怕路长，只怕志短
一寸光阴一寸金，寸金难买寸光阴
黑发不知勤学早，白首方悔读书迟
不经一番寒彻骨，怎得梅花扑鼻香
有志不在年高，无志空活百岁
天才是百分之一的灵感加上百分之九十九的汗水

请编写程序读取此文件内容，然后随机选择一行显示在屏幕上。请使用两种方法完成：

第一种方法：生成随机数字，根据随机数字对应相应的行。

第二种方法：从序列中随机选择一个元素，元素对应相应的行。

3. 计算现在距离毕业还剩的天数

“一寸光阴一寸金，寸金难买寸光阴”。小明同学明年 6 月 15 日就要毕业离开学校了。为了更加高效、合理地利用在学校学习的时光，小明决定要好好规划一下毕业离校前的时间安排，尽量多的在离开学校前汲取知识，提高自己的技能。

请使用 Python 程序帮小明计算一下现在距离毕业还有多少天。

4. “大干一百天”后是几号？

小明同学今天在网络上看到一篇“大干一百天，奋进新征程……”的报道，他想知道一百天后是几月几号。请你编写 Python 程序显示今天的日期，然后再显示一百天后的日期。

5. 新闻/通知爬虫

请编写程序，爬取本校网站的新闻或通知栏目的内容。

参考文献

［1］刘凡馨，夏帮贵. Python 3 基础教程［M］. 2 版. 北京：人民邮电出版社，2020.

［2］黑马程序员. Python 快速编程入门［M］. 3 版. 北京：人民邮电出版社，2024.

［3］Alex，武沛齐，王战山. Python 编程基础（视频讲解版）［M］. 北京：人民邮电出版社，2020.

［4］李粤平，聂哲，林伟鹏. Python 语言及其应用［M］. 北京：中国铁道出版社，2020.

［5］廖雪峰. Python 教程［EB/OL］. https://liaoxuefeng.com/books/python/introduction/index.html.

［6］菜鸟教程. Python 3 教程［EB/OL］. https://www.runoob.com/Python 3/python 3 - tutorial.html.

图书在版编目（CIP）数据

Python 编程基础 / 李纪云，张铁头主编. --北京：中国人民大学出版社，2025. 1. --（新编 21 世纪高等职业教育精品教材）. --ISBN 978-7-300-32956-7

Ⅰ. TP311. 561

中国国家版本馆 CIP 数据核字第 2024ZH1664 号

新编 21 世纪高等职业教育精品教材·电子与信息类

Python 编程基础

主　编　李纪云　张铁头

副主编　董俊磊　马会杰

参　编　曾丽娟　张　艳　王俊平　孙　睿　乔　陆　杨红心　屈　威

Python Biancheng Jichu

出版发行	中国人民大学出版社		
社　　址	北京中关村大街 31 号	**邮政编码**	100080
电　　话	010－62511242（总编室）		010－62511770（质管部）
	010－82501766（邮购部）		010－62514148（门市部）
	010－62515195（发行公司）		010－62515275（盗版举报）
网　　址	http://www.crup.com.cn		
经　　销	新华书店		
印　　刷	北京昌联印刷有限公司		
开　　本	787 mm×1092 mm　1/16	**版　　次**	2025 年 1 月第 1 版
印　　张	16	**印　　次**	2025 年 1 月第 1 次印刷
字　　数	405 000	**定　　价**	48.00 元
